U0287125

国家科学技术学术著作出版基金资助出版

罗布泊盐湖钾盐矿床形成条件与规律

刘成林　焦鹏程 等　著

科学出版社

北京

内 容 简 介

罗布泊盐湖是世界上最大的第四纪干盐湖之一，沉积了地球上尚罕见的巨量钙芒硝，伴随的钾盐成矿也具独特性。本书内容涉及罗布泊盐湖钾盐大规模超前成矿的科学问题，积累了大量实际地质调查资料，从宏观的青藏高原隆升、塔里木盆地构造演化及区域气候水文演变，到罗布泊盐湖的中-微观地质特征（构造、地貌、岩石、矿物、晶间卤水等）等；内容包含了罗布泊盐湖的形成演化、气候环境、物质来源、古湖水化学特征、巨量钙芒硝成因、钾盐矿床特征及大规模钾聚集机理的大量数据资料和新成果认识；基本厘清了罗布泊盐湖的形成条件、演化历史与钾盐成矿规律；提出罗布泊是我国又一个钾盐成矿区，建立钾盐成矿新模式与资源量预测模型，圈定新成钾区，获得了预测资源量。总之，本书不仅丰富了陆相盐湖钾盐成矿理论，同时对中国其他盐湖找钾预测具有理论指导作用，对中国西北第四纪气候环境研究具有参考意义。

本书可作为从事钾盐矿床学、陆相沉积学、第四纪干旱气候环境、盐湖资源勘查与开采等方面工作的高校师生、科研院所研究人员及盐湖钾盐企业技术人员的参考书。

图书在版编目（CIP）数据

罗布泊盐湖钾盐矿床形成条件与规律／刘成林等著 . —北京：科学出版社，2020. 10

　ISBN 978-7-03-064187-8

　Ⅰ.①罗… Ⅱ.①刘… Ⅲ.①罗布泊–盐湖–钾盐矿床–形成–研究 ②罗布泊–盐湖–钾盐矿床–分布规律–研究 Ⅳ.①P619.21

中国版本图书馆 CIP 数据核字（2020）第 017358 号

责任编辑：王　运　柴良木／责任校对：张小霞
责任印制：吴兆东／封面设计：铭轩堂

科 学 出 版 社 出版
北京东黄城根北街 16 号
邮政编码：100717
http://www.sciencep.com

北京建宏印刷有限公司 印刷
科学出版社发行　各地新华书店经销
*

2020 年 10 月第 一 版　开本：787×1092　1/16
2020 年 10 月第一次印刷　印张：16
字数：380 000

定价：239.00 元
（如有印装质量问题，我社负责调换）

主要作者名单

刘成林　焦鹏程　王弭力　颜　辉

陈永志　孙小虹　伯　英　宣之强

吕凤琳　张　华　王永志　赵元艺

李延河

第一作者简介

刘成林，男，1963 年生，研究员，博士生导师，现就职于中国地质科学院矿产资源研究所。"新世纪百千万人才工程"国家级人选，获第四届黄汲清青年地质科学技术奖、柳大纲优秀青年科学技术奖、中国地质科学院新华联科技奖的突出贡献奖，入选第一批国土资源部科技创新领军人才、中国地质调查局杰出地质人才，获全国优秀科技工作者、第二届全国地勘行业"最美地质队员"称号，享受国务院政府特殊津贴。

主持国家 973 计划项目、国家科技支撑计划课题、国家自然科学基金重点项目、地质调查项目、国家级整装勘查项目及横向课题等十多项。合作发现我国第二个超大型钾盐矿床——罗布泊罗北凹地钾盐矿，发现了罗北外围多个中型规模钾盐矿床、深部富钾卤水和低品位固体钾盐资源，揭示江陵凹陷深层高产富钾锂卤水矿等。合作建立罗布泊"高山深盆迁移"和"两段式成钾"模式，揭示出罗布泊地堑式断裂带，提出"含水墙"成钾模式，建立华南陆块卤水型钾锂成矿区理论及东特提斯域小陆块海相成钾模式。合作研制第四纪盐湖低品位固体钾盐液化开发技术、盆地深部固/液体钾盐的探测技术等。

获国家科学技术进步奖一等奖两项，国土资源科学技术奖一等奖一项等。在国内外期刊发表论文 100 多篇，获得国家发明专利 3 项。

序

钾肥是粮食的"粮食",但钾盐是我国紧缺的大宗矿产资源,长期依赖进口,对外依存度一直很高。立足国内找钾是缓解我国钾盐紧缺的重要途径,钾盐找矿突破问题也一直受国内矿床学界关注。《罗布泊盐湖钾盐矿床形成条件与规律》主要作者团队长期以来在国内开展钾盐科研与找矿攻关,20世纪90年代中期,主动提出罗布泊具有找钾前景,在各方支持下,联合新疆维吾尔自治区当地地勘队伍开展了调查研究工作,克服了各种困难,通过野外一线及室内的细致研究,取得重大突破性科研和找矿成果,发现和与地勘队伍评价了一个超大型的钾盐矿床,总结了成矿规律,创造性地提出罗布泊钾盐成矿模式,研究成果获得国家科技进步奖一等奖。研究团队把研究评价成果无偿提供给国家,很快建成国内生产规模最大的钾盐矿山之一,目前年产硫酸钾已超过一百万吨。研究团队为国找矿、探索创新、艰苦奋斗、不计名利的精神值得肯定与发扬。

罗布泊盐湖是世界最大的第四纪干盐湖之一,其独特性是:沉积了地球上尚罕见的巨量钙芒硝,并伴随钾盐大规模成矿,即盐湖演化至钙芒硝阶段,就出现了钾元素富集并形成超大型钾盐矿,这是"超前富集"成矿作用。目前,罗布泊已建设成为全球最大的硫酸钾生产基地,在保障我国粮食安全和钾盐定价话语权中发挥了重要作用。为了保障罗布泊钾盐矿床的后备资源,研究团队连续开展了近20年的罗布泊盐湖钾盐成矿作用与外围资源调查。在前期工作基础上,团队依托国家自然科学基金重点项目、国家科技支撑计划项目及企业科技项目等,围绕"罗布泊盐湖巨量钙芒硝沉积阶段的超前成钾机理"和"深部钾盐成矿规律"等科学问题,开展多学科综合研究,从区域地质、构造、第四纪气候环境、沉积学、矿物学、水文地球化学等方面,探讨罗布泊盐湖的形成演化、控制因素、钾富集规律,建立新的成钾模式与钾盐富集数学模型等,并对矿区深部及外围进行了钾盐资源调查与评价,其研究成果汇集在该书内。该书的主要亮点有:①依据罗布泊凹陷的石膏沉积时空分布,确定罗布泊古湖开始形成于上新世末期;②研究查明了罗布泊的主要补给源水体(塔里木河流域河水)富硫酸根与钾、相对贫氯,补给水体的富钾程度与海水相近;③建立石盐等盐类矿物单个流体包裹体组成分析方法,首次打开钙芒硝等单个流体包裹体,揭示钙芒硝流体包裹体中钾离子含量已富集达到工业品位;④确定罗布泊是一个钾盐成矿区,在平面上,除罗北凹地外,外围次级凹地内也蕴藏有富钾卤水,钾盐矿床的空间分布表现为"卫星式"模式;在垂向上,罗布泊盐湖钾盐,除浅部外(200m以浅),还有断陷带构造深部富钾卤水成矿(200~1000m);⑤罗北钾矿区外围次级凹地钾盐资源调查,获得了数千万吨氯化钾预测资源量;⑥揭示罗布泊盐湖超前富集成钾机理,即钾元素经多阶段积累-原生沉积成钾、埋藏-改造，断裂作用致使晶间卤水迁移、汇集，形成垂向分布的卤水储集体。此外，该书还展现了罗布泊第四纪气候环境、构造、地貌、水文、盐湖沉积与成岩作用等方面研究成果。

　　总之，该书是作者研究团队二十多年来在罗布泊矿区及外围进行调查研究的成果的精华汇集，介绍了罗布泊盐湖演化与成钾规律的最新研究成果，创新和丰富了陆相钾盐成矿理论，可用于指导罗布泊地区进一步扩大钾盐找矿，同时也可为其他第四纪盐湖找钾提供理论支撑，值得一读。

中国工程院院士　郑绵平

2020 年 5 月 22 日

前　言

我国是一个农业大国，粮食生产是立国之本，钾肥是粮食的"粮食"，在农作物尤其粮食生产中作用至关重要。但我国目前的钾盐现状是，现有钾盐储量难以长期满足当前钾肥生产规模的需求，对未来钾肥生产的可持续发展构成严重的隐患，进而威胁国家粮食安全。资料统计表明（姜树叶和王安建，2014；鲍荣华等，2018），我国目前钾肥自给率约50%，且钾肥消费仍处在上升阶段，并将在2020～2025年期间达到峰值；若按目前国内主要钾盐矿床保有储量和产能规模，要维持钾盐自给率50%左右，预测这些钾盐资源的服务年限可能为20年左右。因此，立足国内找钾，进一步加强钾盐勘探工作，对摆脱我国钾盐需求长期受制于人的局面具有重要意义。

罗布泊位于塔里木盆地东端，是世界上最大的干盐湖之一，蕴藏着丰富的钾盐矿产资源。自2004年国家投入大规模开发建设后，罗布泊已成为全球最大的硫酸钾生产基地，在保障我国粮食安全中发挥了重要作用。然而，随着该区钾盐资源大规模开发利用，资源保障问题日益突出。因此，深化罗布泊盐湖成钾规律研究，指导发现新区域、新层位、新类型的钾盐资源，找到战略接替资源，是当前亟待解决的重大科学问题。

罗布泊盐湖钾盐找矿可追溯至20世纪60年代初到90年代中期前，但均未取得具有工业开采价值的矿床找矿突破，主要原因之一是，对于罗布泊这样演化程度不高的盐湖能否形成大型钾盐矿以及在什么部位成矿等，存在很大争议，即对罗布泊盐湖成钾规律的认识不足制约了找钾工作。

自1995年以来，罗布泊盐湖钾盐成矿规律研究与找矿工作进入新的探索阶段。在原地质矿产部定向基金项目和国家科技攻关新疆305项目等支持下，1995～2000年期间，笔者团队开展罗布泊盐湖钾盐成矿研究，融入构造迁移动态观点，加入时空坐标，提出"矿随盆移"的概念，将袁见齐先生创立的"高山深盆"理论发展成为"高山深盆迁移"理论；同时基于罗布泊独特的巨量硫酸盐钙芒硝沉积及其与富钾卤水成因关系研究，提出了"两段式"成钾理论。在上述理论指导下，合作先后在罗北凹地发现中-大型、超大型卤水钾盐矿床，取得罗布泊钾盐找矿重大突破。

自21世纪初以来，笔者团队在国家自然科学基金项目、国家科技支撑计划项目、地质大调查等项目的支持与资助下，围绕"罗布泊盐湖巨量钙芒硝沉积阶段的超前成钾机理"和"深部钾盐成矿规律"等科学问题，进一步开展大量野外调查与科学研究，在罗布泊盐湖形成演化、古湖水化学特征、盐湖物质来源、巨量钙芒硝沉积及大规模钾富集机理等方面，取得重要的新认识、新成果，主要有：①罗布泊古湖演化过程及古环境背景——依据石膏等蒸发岩时空分布特征，确定罗布泊古湖形成于上新世末期，揭示罗布泊古湖不同演化阶段的古气候特征，为盐湖成钾规律研究提供了古环境数据支撑。②罗布泊古盐湖成钾物质来源——查明罗布泊的主要补给源（塔里木河流域河水）具有"富硫钾、贫氯"特征，揭示罗布泊成盐成钾过程中存在深部水补给，它们是罗布泊盐湖巨量钙芒硝沉积和钾盐成矿重要的物质基础。③巨量钙芒硝沉积与富钾卤水成因关系——国内首次开发利用 LA-ICP-MS 盐类矿物流体包裹体定量分析技术，获取钙芒硝沉积阶段古盐湖卤水成分信息，揭示钙芒硝沉积阶段时卤水中钾离子已富集并到达品位；获取现存晶间卤水形成年代，其明显晚于钙芒硝地层沉积时代，同时钙芒硝包裹体水 δD 值明显小于钙芒硝晶间的富钾卤水，指示钙芒硝沉积后晶间卤水经受到进一步的蒸发浓缩及混合演化等作用。④成钾理论与钾盐找矿新突破——揭示罗布泊盐湖超前富集成钾规律，提出"深部流体补给成钾"、"含水墙"和"成矿要素的极端成分耦合成钾"等成钾理论模式。以这些理论为指导，笔者开展罗北钾矿区外围次级凹地成钾调查，获得了数千万吨氯化钾预测资源量，同时发现盆地碎屑地层蕴藏有巨量的低品位固体钾盐等。总之，新的成钾规律研究突破了"成钾需长期稳定的构造与干旱环境"和"盐湖演化到石盐阶段成钾"等传统认识，并指导勘查取得了罗布泊盐湖钾盐找矿的新突破，将为盐湖钾盐调查与成矿作用研究提供理论借鉴。

有关罗布泊盐湖钾盐矿床形成规律研究的科学问题及解决方案由刘成林等提出，参加有关专题研究工作的主要人员有：中国地质科学院矿产资源研究所的焦鹏程、陈永志、王弭力、孟贵祥、姚佛军，宣之强（外聘）、杨智琛（外聘）、李延河、孙小虹、王永志（外聘）、赵元艺、伯英、吕凤琳、马黎春、李钟模（外聘）、王笛、曹养同、钱作华（外聘）及王春连等；新疆华光地质勘察总公司的顾新鲁、丁光发、杜江岩、李明、雷永军；国投新疆罗布泊钾盐有限责任公司的颜辉、张凡凯、李文学、于咏梅、王江、陈伟及杨宝恒等；青岛大学的王亮、张建伟、夏冰；中国地质大学（北京）的赵海彤、王鑫、王文祥、程捷及关鹏等；东华理工大学的聂逢君、张占彬和闫素娟；中国地质科学院水文地质环境地质研究所的齐继祥和段宝谦；中国地质环境监测院的李文鹏、殷秀兰等。

本书主要编写人员如下：前言，刘成林、焦鹏程；第一章，吕凤琳、孙小虹；第二章，焦鹏程、吕凤琳、张华；第三章，刘成林、焦鹏程；第四章，吕凤琳、刘成林、张华；第五章，孙小虹、宣之强、刘成林；第六章，陈永志、焦鹏程、刘成林；第七章，刘成林、焦鹏程、陈永志、王弭力；第八章，刘成林、伯英、焦鹏程、李延河、孙小虹；第九章，刘成林、焦鹏程、王永志、颜辉、赵元艺；第十章，刘成林、焦鹏程、王弭力、颜辉。本书部分图件绘制由张小梅、陈鹏、王凤莲、葛毅等完成。

本项研究得到以下项目支持：国家自然科学基金重点项目（罗布泊盐湖钾盐大规模超前富集成矿机理研究，2009~2012）；国家科技支撑新疆 305 项目（罗布泊及其邻区盐湖钾盐资源评价研究，2001~2005）；地质大调查项目（罗布泊钾矿区外围钾盐资源潜力研究与评价，2000~2002）；国土资源部科技项目（罗布泊含盐系成岩作用及卤水钾矿储集性评价，1999~2001）；国投新疆罗布泊钾盐有限责任公司科技项目（罗布泊盐湖深部钾盐资源调查研究，2009~2012）；等等。

笔者20多年来，在上述项目的支持下，持续开展罗布泊盐湖钾盐成矿规律研究与资源环境调查，在此过程中得到了国家305项目办公室、国家自然科学基金委员会、原国土资源部科技与国际合作司、中国地质调查局基础调查部、中国地质科学院矿产资源研究所、国投新疆罗布泊钾盐有限责任公司、新疆地质矿产勘查开发局第二水文地质工程地质大队和第三地质大队等部门与单位的领导、专家与相关工作人员的关心、支持和大力协作，在专著撰写过程中，还得到众多专家学者的指导和帮助，在此不一一列举。在此，笔者对上述各方领导、专家及相关工作人员表示衷心的感谢和良好的祝愿！

目　录

序

前言

第一章　自然地理概况 ……………………………………………… 1

　　第一节　地理位置 ……………………………………………… 1

　　第二节　现代气候特征 ………………………………………… 3

　　第三节　现代水文特征 ………………………………………… 4

　　第四节　社会经济 ……………………………………………… 5

　　第五节　小结 …………………………………………………… 6

第二章　区域地质与古气候环境 ………………………………… 7

　　第一节　地层 …………………………………………………… 7

　　第二节　区域构造背景 ………………………………………… 9

　　第三节　古气候环境背景 ……………………………………… 13

　　第四节　小结 …………………………………………………… 17

第三章　构造特征与应力机制 …………………………………… 19

　　第一节　凹陷构造特征 ………………………………………… 19

　　第二节　地堑式断陷带构造特征 ……………………………… 21

　　第三节　应力场分析 …………………………………………… 33

　　第四节　构造模拟研究 ………………………………………… 37

　　第五节　小结 …………………………………………………… 41

第四章　盐湖沉积演化 …………………………………………… 42

　　第一节　沉积地层划分 ………………………………………… 42

　　第二节　沉积韵律特征 ………………………………………… 45

　　第三节　沉积特征演化 ………………………………………… 47

　　第四节　小结 …………………………………………………… 58

第五章　盐类矿物学 ……………………………………………… 60

　　第一节　类型及特征 …………………………………………… 60

　　第二节　盐类矿物时间序列分布 ……………………………… 72

　　第三节　钙芒硝特征及成因 …………………………………… 74

　　第四节　小结 …………………………………………………… 85

第六章　成岩作用 ………………………………………………… 86

　　第一节　压榨作用 ……………………………………………… 86

　　第二节　溶蚀作用 ……………………………………………… 88

第三节　重结晶作用 …………………………………………………………… 91

第四节　交代作用 ……………………………………………………………… 93

第五节　胶结作用 ……………………………………………………………… 96

第六节　碎裂作用 ……………………………………………………………… 97

第七节　成岩作用相 …………………………………………………………… 98

第八节　小结 …………………………………………………………………… 100

第七章　钾盐矿床特征 ………………………………………………………… 101

第一节　罗北凹地钾盐矿床 …………………………………………………… 101

第二节　罗西洼地钾盐矿床 …………………………………………………… 114

第三节　铁南断陷带钾盐矿床 ………………………………………………… 123

第四节　铁矿湾钾盐矿床 ……………………………………………………… 130

第五节　耳北凹地钾盐矿床 …………………………………………………… 134

第六节　小结 …………………………………………………………………… 142

第八章　卤水地球化学演化 …………………………………………………… 143

第一节　罗布泊源区水同位素地球化学 ……………………………………… 143

第二节　罗北凹地卤水同位素地球化学 ……………………………………… 149

第三节　盐类矿物流体包裹体成分分析 ……………………………………… 155

第四节　小结 …………………………………………………………………… 160

第九章　成钾条件与机理 ……………………………………………………… 161

第一节　成矿时代 ……………………………………………………………… 161

第二节　气候条件 ……………………………………………………………… 167

第三节　成矿凹地的形成 ……………………………………………………… 169

第四节　"矿源层"的地球化学特征 ………………………………………… 171

第五节　钾盐成矿过程与机理 ………………………………………………… 182

第六节　盐湖钾盐富集数学模型 ……………………………………………… 193

第七节　小结 …………………………………………………………………… 206

第十章　钾盐矿集区特征与资源预测 ………………………………………… 208

第一节　钾盐矿集区结构 ……………………………………………………… 208

第二节　资源量估算 …………………………………………………………… 211

第三节　小结 …………………………………………………………………… 216

结论 ……………………………………………………………………………… 217

参考文献 ………………………………………………………………………… 220

第一章 自然地理概况

第一节 地 理 位 置

按行政区划分，罗布泊属于新疆巴音郭楞蒙古自治州（简称巴州）若羌县管辖。地理坐标：90°00′E~91°30′E，39°40′N~41°20′N，面积约20000km²。距西部的巴州首府库尔勒市直线距离约450km，距北部的鄯善县城直线距离约300km，北东方向距哈密市约350km，东距敦煌市约300km（图1-1）。区内交通较为便利，哈密市至罗布泊镇现有三级柏油路相通，罗布泊镇至若羌县为砂石路面，近年哈密至罗布泊的哈罗铁路也已开通运营。

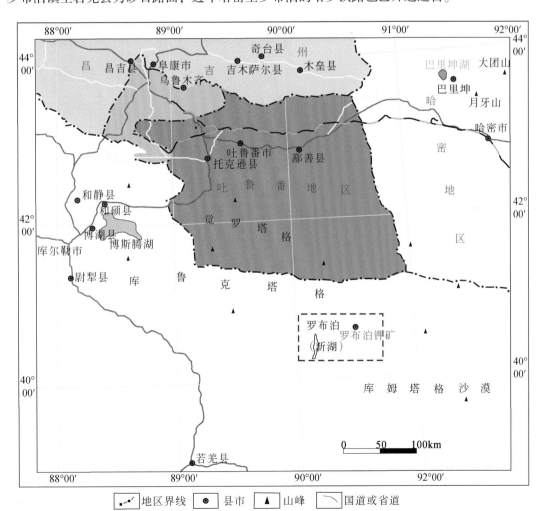

图1-1 罗布泊及邻区交通位置图

罗布泊位于塔里木盆地的东端,是塔里木盆地的最低洼处,最低处海拔仅780m。塔里木盆地是我国最大的内陆盆地,东西长约1300km,南北宽约500km,面积约$53×10^4km^2$。盆地形态呈不规则菱形(图1-2),地势自南西西往北东东呈"缓斜坡"状,海拔由1400m降至780m[图1-3(a)]。其东部有宽几十千米的谷地与河西走廊相连,自古以来是中原与西域的交通要道,也是古丝绸之路的一部分。

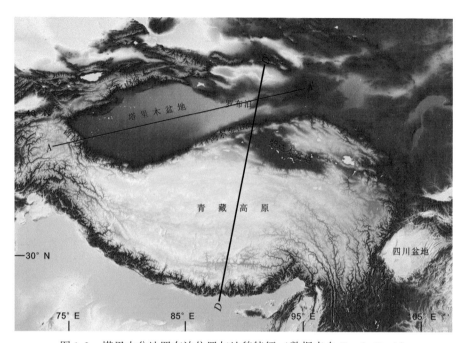

图1-2　塔里木盆地罗布泊位置与地貌特征(数据来自Google Earth)

罗布泊与其周缘山脉构成了典型的"高山深盆"地貌环境。其北部的库鲁克塔格山、东北部的北山,属天山东支,山体呈东西走向,山势起伏不大,平均海拔1000~1500m,最高峰白山海拔2017m,属于准平原化的干燥剥蚀低山。昆仑山位于罗布泊西南部[图1-3(b)],主脊海拔都在5000m以上,其中木孜塔格峰和布喀达坂峰海拔分别为6973m和6868m,雪线高程6100m。昆仑山为块状隆起的断块山,有三级夷平面:一级夷平面海拔3000~3500m;二级夷平面海拔4000~4500m;三级夷平面海拔5000~5500m。各级夷平面之间有梯状断裂分开。昆仑山又有自西向东缓降的趋势。在红柳沟以西,山前基岩丘陵断续分布,海拔1500~2000m,与戈壁平原高差为100~200m;往东逐渐被库姆塔克沙漠所覆盖。罗布泊南部的阿尔金山,海拔一般3000~4000m,主峰苏拉木塔格海拔6295m。在阿尔金山与昆仑山间分布有山间盆地和高原湖泊。

罗布泊凹陷属于断陷盆地,北界为库鲁克塔格南麓大断裂,南界为阿尔金北部山前断裂,西临南北向的七克里克断裂,东界为罗布泊东断裂。罗布泊凹陷内部主要为盐湖区,地势平缓,大致可分为两个地貌单元:平台区和干盐滩区。平台区海拔一般795~821m,东北部较高,自北东向南西缓慢降低。地表受河流冲蚀和风蚀作用而形成网状的干河谷和雅丹地貌交织分布,雅丹的相对高度基本一致,在龙城和铁板河口一带高度15~20m,最

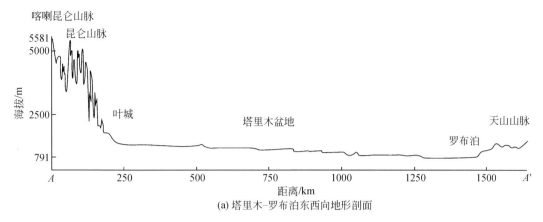

(a) 塔里木-罗布泊东西向地形剖面

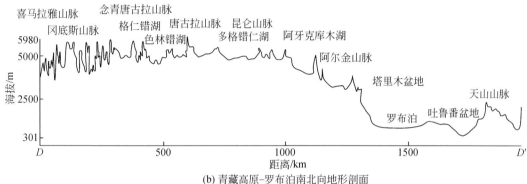

(b) 青藏高原-罗布泊南北向地形剖面

图 1-3 塔里木–罗布泊东西向地形剖面和青藏高原–罗布泊南北向地形剖面（数据来自 Google Earth）

高达 30m。罗北凹地周边的雅丹，低者 6～8m，高者 15m 左右。干盐滩区海拔 780～791m，自北东向南西缓慢降低，坡度小于 0.1‰。

第二节　现代气候特征

罗布泊气候属典型大陆性干旱气候，它是中国最干燥的地区，素有"旱极""死亡之海"之称。根据若羌县罗布泊气象站资料，2008 年 6 月～2009 年 6 月各气象要素特征见表 1-1、图 1-4。

该地区夏季炎热，冬季严寒，昼夜温差大，蒸发强，降水极少。年平均气温 10.0℃，6 月至 8 月为高温季节，最高温度达 43.5℃，12 月至 2 月为低温季节，最低可达–20.0℃；年蒸发量 4440.12mm，其中 6 月、7 月为极强蒸发期，蒸发量为 693.00～742.00mm；年平均降水量仅 17.4mm，月平均降水量 1.45mm，其中 8 月降水最大，达 8.8mm。

罗布泊气候最显著的特点是多风，一年四季几乎天天刮风，只有 11 月至 1 月为风力相对平静期，风力一般 1～3 级，最大可达 7 级，风向以北东东向为主；4 月至 6 月为风季，一般风力 3～6 级，最大可达 10 级，这段时间风速大，持续时间长，以北北东向为主。

表 1-1　罗布泊地区气象要素特征一览表

日期	最高气温 /℃	最低气温 /℃	最大风速 /(m/s)	极大风速 /(m/s)	蒸发量/mm		降水量/mm
					Φ20	E601	
2008 年 6 月	43.5	13.6	19.8	24.7	693.2	464.4	6.2
2008 年 7 月	41.6	17.8	18.8	22.9	724.5	481	2.5
2008 年 8 月	43.5	11.3	19.9	24.8	633.3	471.3	8.8
2008 年 9 月	38.2	9.4	16.9	21.6	439.4	350.4	0
2008 年 10 月	33.4	-3.7	14.8	18.5	258.8	—	—
2008 年 11 月	19.2	-11.3	15.8	19.5	109.2	—	—
2008 年 12 月	8.8	-18.8	12.2	15.8	33.7	—	—
2009 年 1 月	4.3	-20	12.2	15.8	31.1	—	—
2009 年 2 月	12.9	-16.8	18.6	23.5	80.7	—	—
2009 年 3 月	25.7	-11.2	13.9	18.4	157.4	—	—
2009 年 4 月	34.4	-1.2	15.4	20.6	416.7	—	—
2009 年 5 月	38.2	3.3	21.6	26.2	577.8	295.3	1.3
2009 年 6 月	39.1	8.5	—	—	706.3	483.6	—
平均值	29.45	-1.47	16.66	21.03	374.01	195.85	1.45

注：据若羌县罗布泊气象站资料。Φ20 为 20cm 口径小型蒸发器，E601 为大型蒸发器。

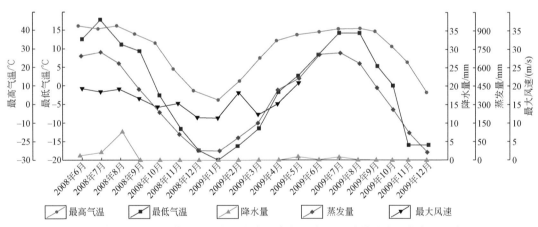

图 1-4　气象要素曲线图（据若羌县罗布泊气象站资料；中国地质科学院矿产资源研究所，2011）

第三节　现代水文特征

现代塔里木盆地处于极干旱的荒漠环境中，但在历史时期（距今 5000 ~ 400 年），塔里木盆地曾保持着庞大的水系（王进峰，1995），水资源十分丰富，在河流下游形成了一个面积很大的湖泊——罗布泊（图 1-5）。近百年以来，受气候和人类活动的影响，水量减少，河流改道，罗布泊水面逐步萎缩，罗布泊水域面积由 1921 年的 2000km^2 减至 1962 年的 660km^2（邢大韦和韩凤霞，1994），至 1972 年完全干涸，留下一片干裂的盐壳。

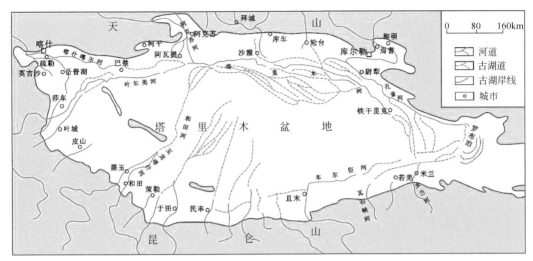

图 1-5　塔里木盆地古水系图（据王进峰，1995，修改）

罗布泊是塔里木盆地的最低处及汇流中心，区内发育主要河流有 12 条，其中常年性河流 9 条，季节性河流 3 条。其中，次要河流源自南部阿尔金山和昆仑山区的降水和冰雪融水（不包括塔里木河、孔雀河），年流量（含潜流）均大于 0.1×10^{8}m^3。河水与地下水的转换大致以出山口为界，山区河流接受地下水的补给，水量增加；河流出山口后，河水大量渗漏，转化成地下水，河水流量急剧下降。

塔里木河、孔雀河和车尔臣河（及疏勒河）是该区主要的河流。现在的塔里木河仍是我国最长的内陆河流，总集水面积 19.8×10^{4}km^2，全长 2179km，进入大西海子水库的水量，年平均约为 6×10^{8}m^3（程其畴，1988）；车尔臣河是新疆南部水量最大的河流，发源于昆仑山北坡，向北注入台特玛湖，全长 774km，且末水文站实测多年平均流量为 17.3m^3/s；孔雀河发源于博斯腾湖，全长 370km（李新贤和党新成，1995），流量受博斯腾湖的调节，终年水量变化很小，多年平均流量为 38.6m^3/s。

第四节　社会经济

罗布泊地区隶属新疆维吾尔自治区巴音郭楞蒙古自治州罗布泊地区管理委员会，位于若羌县东北部，西北与尉犁县为邻，北与哈密市、鄯善县接壤，面积约 5.1×10^{4}km^2。20 世纪末，在该区发现超大型富钾卤水矿，2000 年国家开发投资公司开始投资开发，此后人口不断增多。2002 年正式设置罗布泊镇，后在 2010 年改设立县级罗布泊地区管理委员会。罗布泊管委会管理区经济以工业为主，2018 年国投新疆罗布泊钾盐有限责任公司共生产硫酸钾 170×10^{4}t，完成工业总产值 45 亿多元，实现工业增加值 32 亿元，上缴税收 10 亿元以上。

罗布泊钾盐矿是西部大开发的重点工程之一。2004 年，国投新疆罗布泊钾盐有限责任公司完成了公司的股权重组、增资扩股工作。2006 年 4 月 25 日，国投新疆罗布泊钾盐有限责任公司 120×10^4 t 钾肥项目开工。作为"十一五"国家重大建设项目之一，2009 年建成 120×10^4 t 钾肥项目，罗布泊已成为世界最大的硫酸钾生产基地，至此，我国钾肥资源严重紧缺的状况得到缓解。总之，罗布泊钾盐的大规模开发使罗布泊成为我国西部欧亚大陆桥沿线的第二个大型钾肥生产基地，对缓解我国钾盐紧缺状况，促进地方经济发展、保持社会稳定、巩固边防均具有重要意义。

第五节　小　　结

（1）罗布泊是塔里木盆地的最低洼地区，海拔 780 ~ 800m，其南、北分别为阿尔金山、天山山脉。罗布泊与其周缘山脉构成了典型的"高山深盆"地貌环境。

（2）罗布泊气候极端干旱，年蒸发量达 4440.12mm，年降水量仅 17.40mm；最高气温 43.5℃，最低温度达 -20.0℃。

（3）罗布泊作为塔里木河流域的尾闾湖，受 12 条主要河流补给，其中常年性河流 9 条，季节性河流 3 条，但现代已没有河流直接流进湖区了。

第二章 区域地质与古气候环境

第一节 地 层

一、前第四系

罗布泊汇水区范围内，前第四系主要分布在库鲁克塔格山、阿尔金山和北山地区（图 2-1）。区内地层发育齐全，但各地差异较大（表 2-1）。前古生界：在库鲁克塔格地区，下部主要岩性为混合岩、片岩、片麻岩及大理岩，往上则为灰岩、大理岩等碳酸盐岩建造及以泥岩、砂岩、粉砂岩、石英岩为主的碎屑岩建造，顶部为由碎屑岩、板岩、火山岩及泥岩组成的冰期沉积物；在阿尔金山地区，为变粒岩、片麻岩、变质砂岩、粉砂岩、

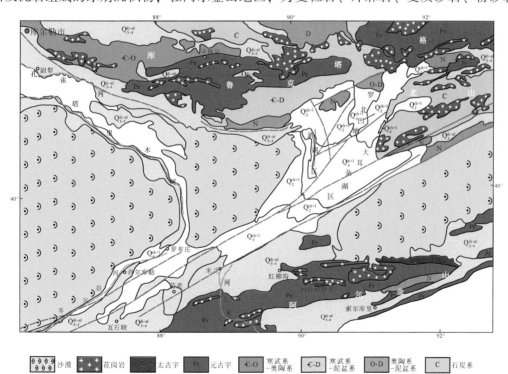

图 2-1 塔里木盆地东部及罗布泊地区区域地质简图（据 1985 年地质出版社出版的 1∶50 万新疆地质图；王弭力等，2001；Liu et al.，2015；遥感资料解译以及实际调查结果修改）

绿片岩、灰岩、大理岩；在北山地区，下部为混合岩、片麻岩、片岩，上部为大理岩、砂岩。古生界：在阿尔金山地区，主要为灰岩、砂砾岩；在库鲁克塔格地区，下部为灰岩，上部为砂岩、泥岩；在北山地区，下部为灰岩、大理岩，中部为凝灰岩、安山岩及砂岩，上部为泥岩。新生界古近系—新近系：地层为陆相沉积，在库鲁克塔格地区，岩性以泥岩、砾岩为主；阿尔金山地区以砂岩为主，北山地区则发育较厚的泥岩。上新统（N_2）岩性在铁干里克地堑中以湖相砂岩夹泥岩为主。在阿尔金山山前若羌河口，上新统为红褐色薄层砂岩，米兰河口主要为红色泥岩，阿奇克地堑谷中科什库都克为红褐色砂岩。

表 2-1 罗布泊地区及周边地层简表

地层系统		不同分布区的岩性特征		
		阿尔金山	库鲁克塔格山	北山
第四系（Q）		广泛分布于山前平原、山间盆地和罗布泊凹陷内，成因类型主要有冲积、洪积、冲洪积、湖积、风积、湖泊化学沉积和冰川沉积等		
新生界	古近系（E）—新近系（N）	在这三个地区均有分布，主要岩性为粉砂岩、砂岩、泥岩、泥灰岩、灰岩、砾岩及砂砾岩等，局部地区出现粉砂质泥岩和钙质粉砂岩，并夹有石膏。厚度各处不一，一般厚70～80m，最厚>2070m		
中生界	白垩系（K）	—	—	—
	侏罗系（J）	砂岩、砾岩和泥岩，厚度178m	主要为砂岩、泥岩	—
	三叠系（T）	—	—	—
上古生界	二叠系（P）	碎屑岩、灰岩、中基性火山岩和粗碎屑岩，厚度6264～6462m	—	—
	石炭系（C）	灰岩、砂岩、泥岩和白云质灰岩，总厚度为1229m	岩性为砾岩、泥岩、砂岩、砂质泥岩等，总厚度470～1880m	主要为碎屑岩和火山岩，总厚度为3699m
	泥盆系（D）	不发育	不发育	石英角斑岩、英安斑岩及凝灰岩等，厚度829～1170m
下古生界	志留系（S）	—	砂砾岩、砂岩和泥质粉砂岩，厚度1021～1298m	砂岩、粉砂岩、砂质灰岩、灰岩等
	奥陶系（O）	主要为灰岩、泥灰岩和泥质砂岩等，总厚度521m	灰岩、粉砂岩，总厚度2299m	灰岩及砂岩不均匀互层，总厚度1673m
	寒武系（Є）	粉砂岩夹少量钙质泥岩及泥晶灰岩，厚度118m	硅质岩、火山岩、碳酸盐岩、砂岩等，总厚度为1122～1988m	主要岩性为凝灰质砂岩、白云质灰岩及硅质板岩，厚173m

续表

地层系统		不同分布区的岩性特征		
		阿尔金山	库鲁克塔格山	北山
新元古界	震旦系（Z）	—	碎屑岩、板岩、火山岩、泥岩，全系总厚度为 3116～7880m	—
	青白口系（Qb）	主要岩性为灰岩、大理岩、砂岩等，厚 4307m，总厚度约为 8673m	下部为泥岩、砂岩等碎屑岩建造，上部主要为灰岩、大理岩等碳酸岩建造，厚 3912m	下部为变质长石石英砂岩夹灰岩，上部为硅质斑纹大理岩，条带状大理岩，总厚 727～764m
中元古界	蓟县系（Jx）	粉砂岩、砾岩、灰岩、绿片岩、石英片岩、基性火山角砾岩、集块岩、火山凝灰岩，总厚 8482m	岩性为砂岩、硅镁质大理岩、结晶灰岩，厚度 6915m	片麻岩、片岩、白云质大理岩及硅质大理岩，总厚度为 1889～6018m
	长城系（Chc）			
古元古界（Pt$_1$）		变质砂岩、粉砂岩、绿片岩等，最大厚度大于 16000m	片岩、大理岩、石英岩等，总厚度 4798m	下部为混合岩，中部为黑云斜长片麻岩，上部为片岩，出露厚度大于 5438m
新太古界（Ar$_2$）		变粒岩、片麻岩、麻粒岩、混合岩等，最大出露厚度 3287m	主要岩性为混合岩及片麻岩，最大出露厚度 4675m	—

资料来源：据新疆维吾尔自治区地质矿产局，1993。

注：“—”代表无。

二、第四系

第四系从下更新统至全新统广泛分布于盆地及山前平原区（图 2-2），其成因、岩性比较复杂。山前平原区主要为冲积、洪积（可能含部分冰积）成因的砂砾（岩）、中粗砂（岩），盆地内则主要为湖积的粉细砂、亚砂土、泥岩及化学沉积物。

现代罗布泊为第四纪干盐湖，可以划分为北部区（即钙芒硝沉积区，包括罗北凹地等及其两侧抬升区）、南部大耳朵湖区以及西部新湖三大块。北部抬升区出露地层为更新统上部，罗北凹地、大耳朵湖区及新湖地表出露均为全新统，由北向南逐渐变新。此外，罗布泊北部抬升区的边缘还出露有上新统（图 2-2）。

第二节　区域构造背景

一、构造位置

罗布泊在大地构造上位于塔里木地块、东天山褶皱带和阿尔金山的交汇处（图 2-3），构

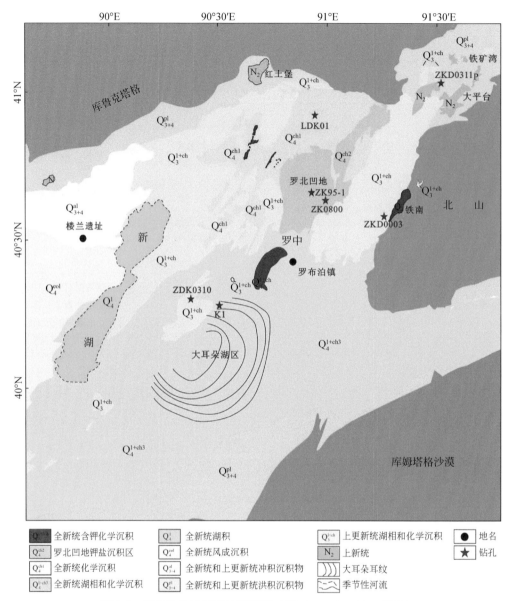

图 2-2　罗布泊地区遥感地质简图（据 Liu et al.，2015 修改）

ZK95-1 为笔者于 1995 年施工的第一个钾盐调查钻孔；LDK01 为笔者于 2009 年施工的罗布泊第一口钾盐科探深井

造运动较为强烈，地层和构造较为复杂。区内断裂主要有库鲁克塔格山南缘断裂、阿尔金断裂、孔雀河断裂、且末–若羌断裂、罗布泊断裂及罗布泊西缘断裂。地震、重力和航磁资料均显示，罗布泊凹陷基底东南部高、西北部低，为南高北低的斜坡形态，北部边缘向上抬升；航磁揭示沉积盖层最大埋深可达 9km，凹陷内断裂主要分布在南部，方向为近东西向、北东向，呈帚状、雁列状。而近南北向的罗布泊西缘断裂和罗布泊断裂直接控制了罗布泊沉积中心向东迁移过程。

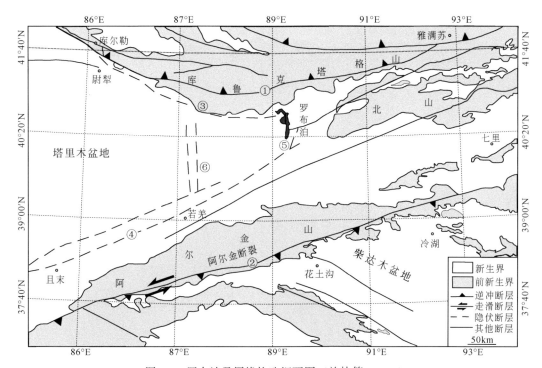

图2-3　罗布泊及周缘构造纲要图（施炜等，2011）
①库鲁克塔格山南缘断裂；②阿尔金断裂；③孔雀河断裂；④且末–若羌断裂；
⑤罗布泊断裂；⑥罗布泊西缘断裂

二、大地构造特征

罗布泊凹陷为塔里木盆地的东延部分，其基底特征与塔里木盆地大部分地区一致，该地块地壳平均速度较高，属稳定的刚性地块（冯锐等，1981）。地震资料（高锐等，2000）显示该地块存在山根，盆地的地壳厚度至少比两侧山区小10km，层状结构明显，层厚度横向变化不大，界面产状较一致（图2-4），地壳平均速度值高，盆地地壳的刚性程度大于两侧山区（高锐等，2002）。深地震反射剖面（图2-5）显示，塔里木板块向南倾斜与西昆仑向北倾斜的多组强反射，构成了塔里木岩石圈与青藏高原西北缘岩石圈双向俯冲碰撞构造样式，且西昆仑山下北倾的反射截断了南倾的反射（高锐等，2002）。罗布泊凹陷南缘的且末–若羌断裂向下延伸倾向南且切穿地壳，可能为阿尔金断裂带的最南支（图2-5）。

三、构造运动演化

综合现有研究成果，罗布泊地区的区域构造演化可分为如下几个阶段。
前震旦纪构造发展阶段：盆地基底由太古宇、古元古界深变质岩系和中、新元古界浅

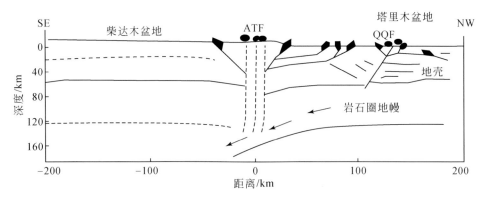

图 2-4　阿尔金地区地球物理剖面解释结果（高锐等，2000）

ATF 为阿尔金断裂；QQF 为且末–若羌断裂

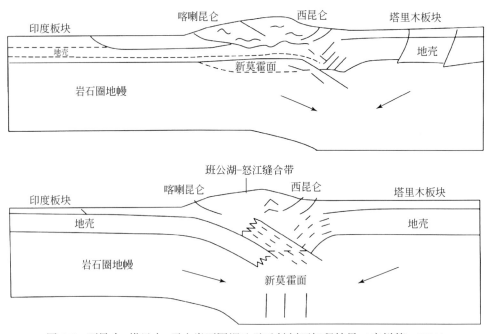

图 2-5　西昆仑–塔里木–天山岩石圈深地震反射剖面解释结果（高锐等，2002）

变质岩系组成。这一阶段经历了太古宙陆核形成阶段、古元古代稳定陆壳增生发展阶段和中—新元古代古塔里木板块形成阶段。青白口纪末的塔里木运动导致基底岩系普遍受到不同程度的区域变质作用，并使震旦系盖层角度不整合覆盖于基底之上，标志着塔里木板块和盆地陆壳基底形成。

　　早加里东期大陆边缘断陷盆地阶段（震旦纪—奥陶纪）：震旦纪—奥陶纪，塔里木盆地整体处于拉张环境，在库鲁克塔格地区南部形成典型的裂陷海槽沉积。震旦纪早期，古塔里木板块开始伸展、分裂与沉降，在其边缘和内部则发育大陆裂谷盆地，古大陆裂解形成塔里木古陆和伊宁–准噶尔古陆。库鲁克塔格、阿克苏地区广泛发育双峰式火山岩，库鲁克塔格地区太古宇结晶基底中侵入大量早震旦纪超基性岩脉。晚震旦世，裂陷作用加强，形成东北低、西南高的古地貌格局，盆地内部广泛沉积一套稳定的浅海相碳酸盐岩和碎屑岩。盆地东北缘的库鲁克塔格地区，沉积一套碎屑岩与碳酸盐岩的韵律层，夹有多层海底碱性岩系列，次为钙碱性和拉斑系列火山岩（杨克明等，1992）。周边露头和钻井揭示，寒武系—奥陶系为一套次深海槽盆相的灰黑色灰岩、泥质灰岩夹黑色泥岩和硅质岩，发育硅质海绵骨针-笔石-放射虫生物组合。早寒武世仍有火山活动，下寒武统发育基性火山岩，记录了盆地东部由早期裂陷到稳定沉降的演化过程（谢晓安等，1997）。

晚加里东期拗陷盆地阶段（志留纪—泥盆纪）：该阶段是塔里木北部活动大陆边缘发展阶段，奥陶纪末期构造事件使满加尔拗拉槽消亡，盆地区域抬升并遭受剥蚀，导致与上覆志留系的假整合或区域不整合。南天山榆树沟一带蛇绿岩带中的超基性岩年龄值为352~426Ma，表明早志留世南天山洋开始发生俯冲作用。塔里木古陆与南部中昆仑-羌塘古陆的陆陆碰撞，使得西昆仑-阿尔金陆间造山带形成，并逐渐向北扩展，在塔东北南部形成前陆盆地系统，其中，且末河断裂为前陆褶冲带的前缘断裂，塔东凸起属前隆带及隆后拗陷盆地的组成部分。

海西期前陆隆起阶段（石炭纪—二叠纪）：泥盆纪末—早二叠世，塔里木古陆与伊宁-准噶尔古陆先期沿库米什—榆树沟—大山口一带碰撞，库鲁克塔格作为前陆开始隆升并向北迁移，研究区由隆后带转化为前陆盆地缓斜坡带。早二叠世，南天山弧后盆地和北部古大洋消亡，塔里木板块与中天山地块、哈萨克斯坦-准噶尔板块最终碰撞拼贴，古天山造山带相继形成。盆地内部区域抬升，海水从东向西逐渐退出，罗布泊地区受到挤压抬升缺失二叠系和三叠系。

印支期—早燕山期冲断前陆盆地阶段（三叠纪）：自晚古生代晚期北天山-准噶尔洋和南天山残留洋盆闭合以后，欧亚大陆形成。西伯利亚古大陆俯冲于中亚古大陆之下，在中亚古大陆北缘形成阿尔泰陆间造山带。

晚燕山期陆内拗陷盆地阶段（侏罗纪—白垩纪）：印度古陆与冈瓦纳古大陆裂解，并向北漂移，处于特提斯北缘的中亚古大陆南缘由被动大陆边缘转化为主动大陆边缘。三叠纪末，由于羌塘陆块向欧亚板块拼贴增生，南部古特提斯洋闭合。侏罗纪晚期的拉萨碰撞和白垩纪晚期的科希斯坦碰撞事件（汤良杰，1997），使得塔东地区处于陆缘型造山带与北部阿尔泰造山带间，其受到挤压，形成隆拗相间的构造格局，成为陆内盆地。

喜马拉雅期断陷盆地阶段（新生代）：印度古陆于新生代开始俯冲于中亚古陆之下，形成巨型陆间造山带，中亚型前陆盆地沿造山带边缘发育，同时引起强烈的挤压走滑作用，本区快速沉降接受沉积，形成断陷盆地。

第三节　古气候环境背景

一、青藏高原隆升的干旱效应

晚新生代以来，全球环境最重要的特征就是温度的阶段性急剧下降，两极发育冰盖并逐步扩展到中低纬山地，全球大陆面积增加，大陆干旱区显著扩张。山地隆升是导致上述全球环境变化最重要的驱动因子之一。特别是，晚新生代以来青藏高原的隆升不仅导致了亚洲大陆内部强烈的构造变形，而且对周边地区的地貌格局和气候环境演化产生重大影响。刘东生和丁仲礼（1992）认为 2.5Ma 以来，气候波动的幅度较大，这标志着一个更为强大的冬季风系统和较大的大陆干旱度，这种变化可能与青藏高原剧烈隆升有关。高原隆升可能直接影响湖泊解体，高大山体扰乱大气环流，阻碍水汽到达湖区，促使湖泊向盐湖方向发展。

亚洲内陆是北半球最大、最广阔的中纬度干旱区，其新生代干旱历史、演化进程、动力机制与新生代全球变冷、青藏高原的隆升、中亚造山带的构造复活以及新特提斯海退密切相关（England and Molnar，1990；Li et al.，1991；Harrison et al.，1992；Rea，1992；Coleman，1995；Sun et al.，1999；Fang et al.，1999，2011；Tapponnier et al.，2001；An et al.，2001；Molnar，2005；Chang et al.，2012，2013）。印度板块与欧亚板块的碰撞，导致青藏高原大幅隆升，促成塔里木副特提斯海退，最终海水从塔里木盆地西南部完全退出（Bosboom et al.，2011；Sun et al.，2013；张华等，2013）。亚洲内陆地区干旱化驱动机制同样是由于青藏高原的隆升遮挡了水汽的运移（Raymo et al.，1988；Ruddiman and Kutzbach，1989；Kutzbach et al.，1993；An et al.，2001；Boos amd Kuang，2010；Molnar et al.，2010）和全球变冷（Miao et al.，2011），最终取代行星风系形成了世界上最强大的亚洲季风气候系统（李吉均，2006）。

青藏高原平均海拔约 5000m，与其周围地区相比，高出印度地形基准面约 4500m，高出塔里木盆地约 4000m，高出河西走廊 3500~4000m。目前关于青藏高原隆升启动时间和高度仍存在争论，更多来自高原内部和周缘盆地的证据表明其大幅度隆升发生在中新世（Tapponnier et al.，2001；Molnar，2005；Sun and Liu，2006），进而遮挡了随南亚季风进入塔里木盆地的水汽，加重了雨影效应（Sun et al.，2008；Boos and Kuang，2010；Molnar et al.，2010），导致中国西北内陆严重干旱化（Sun et al.，2015）。塔克拉玛干沙漠的形成就是这一重大地质事件的直接证据（Hattori et al.，2003；Zheng et al.，2009）。Sun 等（2008，2015a，b）基于塔里木盆地南部的风成沙丘证据研究表明自 5.3Ma 以来，气候突然开始加速干旱，导致了塔克拉玛干沙漠的形成。

青藏高原的阶段性隆升也直接控制着塔里木盆地的沉积环境、沉积韵律和发育历史。塔里木盆地深居内陆，远离海洋，夹持在昆仑山和天山之间。印度洋的西南季风受到抬升后的青藏高原阻挡，不能长驱直入；来自太平洋的东亚季风，也由于路途遥远，不易输送大量水汽到达塔里木罗布泊地区。地质构造的抬升，造成西风环流的加强，控制着本地区高空的反气旋气流，致使塔里木盆地降水减少，蒸发加强，夏季气候干热，冬季气候冷湿。

青藏高原第四纪时期的大幅度隆升，使来自印度洋和太平洋的气流无法达到内陆地区，对我国西北气候逐渐干化起到决定性作用；此外，天山山脉同期也发生大幅度隆升并阻挡来自北方的气流。因此我国西部第四纪盐湖，尤其罗布泊，是青藏高原、天山等同时期大幅度隆升与全球性气候变化共同作用的结果。

二、中新世—上新世气候变化背景

中、新生代以来，特提斯–喜马拉雅构造域的演化对中亚–东亚区域的气候变化产生了深远的影响：从古生代末期至中生代初期的大范围湿润气候，到中生代晚期大面积强烈的干旱气候，再到新生代中、晚期大范围的湿润气候和干旱化（Parrish，1993）。此变化过程虽然受全球气候的影响，但与特提斯–喜马拉雅构造域的演化密不可分，并在合适的构造条件下发育巨厚的蒸发岩沉积，形成钾盐矿床，如中、新生代以来中亚一系列盐盆及泰国–老挝的呵叻盆地（曲懿华，1997；高波，2007）。

晚新近纪全球气候开始变冷，新疆受西风气流影响，但因距离大西洋遥远，气候干旱。第四纪全球气温进一步下降，青藏高原强烈上升，激发了现代亚洲西南季风环流；新疆因周边山系的上升而位于西风气流的雨影区，气候干温（现代和间冰期）或干冷（冰期）（张林源和蒋北理，1992）。夏训诚（1987）、穆桂金（1994）等认为，塔里木盆地的干旱环境始于新近纪，成于第四纪，塔里木盆地新生代时期气候环境的演变至少经历以下几个阶段：古新世—始新世气候环境以暖湿为主，间以温干波动；中新世为温暖半湿润，从中新世晚期开始，气候环境由湿润向干旱发展，到上新世出现暖干。郝诒纯等（2002）通过对塔里木盆地西部地区新近系沉积相及沉积环境详细的划分，认为中新世气候较为炎热干旱，降雨量少，广泛发育了冲积扇、河流、浅水湖泊沉积，与王得林（2000）的认识较为一致，中新世以三角洲和湖泊相沉积为主，到上新世则以河流相淡水沉积为主。王永等（2009）、金小赤等（2001）认为西昆仑的加速隆升在距今5Ma，上新世早期气候开始变得更加干旱；司家亮等（2007）则把这一时间提早到中新世晚期；而杜鹃等（2010）对新疆西昆仑造山带典型的新近系其木干剖面的黏土矿物分析研究表明，以伊利石和绿泥石的出现为干旱气候标志，以蒙脱石和高岭石的出现为温湿标志物，新疆其木干地区中新世—上新世古气候以干旱为主，并且气候经历了干旱—相对湿润—干旱—相对湿润的循环演化过程，但总体上中新世比上新世更为干旱。郑洪波等（2009）对叶城剖面和阿尔塔什剖面的岩相分析表明，塔里木盆地南缘沉积环境在早中新世时为盆地平原和扇三角洲，在中中新世发育了干盐湖沉积，在距今约8Ma时开始出现风成沙丘沉积，指示当时的气候环境已经非常干旱，塔里木盆地南部在此时转变为干燥和封闭的盆地。阿图什组和西域组中的风成黄土沉积，表明上新世早期塔克拉玛干沙漠已初具规模（Zheng et al.，2004），当时的气候格局可能与现在已经基本类似。Sun等（2008）综合水溶盐、颜色指数、磁化率、粒径和孢粉组合等气候代用指标对塔里木盆地沉积剖面研究发现该地区5.3Ma以来干旱化加强；北疆准噶尔盆地开展了新生代沉积的综合研究，结果显示类似中国现今东部为季风区、西北内陆盆地为西风气候控制区的气候格局至少在距今24Ma的晚渐新世即已形成，大范围的亚洲内陆干旱化可能发生于晚中新世（Sun et al.，2010）。Sun等（2010）对塔里木盆地北缘库车前陆盆地中中新世以来的孢粉学记录研究表明，距今7Ma冷杉含量出现显著增加的趋势；距今5.3Ma代表干旱气候的蒿属植物和藜科植物含量突然增加。上述孢粉记录反映了库车盆地在中新世末期的干旱化加剧过程，而周缘山脉隆升导致的雨影效应的加强是其主要的驱动力，但也不排除全球变冷和副特提斯海退出的作用。Chang等

（2013）则利用罗布泊西部塔东地区 Ls2 钻井沉积物 Rb/Sr 值，重建了该区西风携带下的降水历史，通过与大洋钻探计划（Ocean Drilling Project，ODP）大洋钻孔海洋沉积物中黏土的中值粒径（Rea et al.，1998）、灵台剖面中黄土细组分的平均粒径（Sun et al.，2008a）、朝那黄土磁化率（Nie et al.，2008a，2008b）和全球深海氧同位素（Zachos et al.，2001）对比，发现在晚中新世化学风化作用减少，而干旱化加剧的特征，认为该区晚中新世的干旱化过程主要受控于西风带的南移，可能与北半球冰川作用或者塔里木盆地周边山脉的隆升有关。

三、更新世—全新世气候环境变化

湖泊沉积记录的环境演变是"过去全球变化研究计划"（Past Global Changes，PAGES）的重要研究领域之一（张振克等，1999），与其他记录相比，湖泊沉积具有储存信息量大，时间分辨率高和地理覆盖面广的优势（吉磊等，1995）。干旱区的湖泊对于气候变化的响应，前人已做了大量研究（王苏民和李建仁，1991；吴敬禄，1995；林瑞芬等，1996；曹建廷等，2000；陈发虎等，2001），并利用不同记录和指标恢复了过去不同时间尺度上气候、温度、降水、风沙等环境演变信息。

基于罗布泊地区处于亚洲内陆腹地特殊的地理位置，我国学者对其古气候环境变化也相继开展了一系列研究。自新近纪末以来，由于新构造运动的影响，罗布泊逐渐演化成为塔里木"高山深盆"中的次级深盆，而中更新世末期以来，罗布泊演化形成更次一级的深盆——罗北凹地，成为卤水最终汇集区，由于其远离补给区，气候极端干旱，有利于进入凹地的湖水蒸发浓缩（刘成林等，2009），进而富集成盐成钾。闫顺等（1998）指出在中更新世地层出现大量膏质泥岩与石膏沉积，大量的石膏沉积反映当时湖水盐度较高且富含 Ca^{2+} 和 SO_4^{2-}，当时湖水的蒸发量大于补给量，应属明显的干旱时期。晚更新世，在干旱气候控制下，气候波动显著，植物主要为旱生、极旱生的麻黄、蒿、藜、柽柳、霸王、白刺、沙拐枣，以及禾本科和菊科等种类，湖泊中香蒲、芦苇等植物繁衍，沼泽中有较多苔藓植物。刘成林等（1999）认为自第四纪以来，罗布泊经历了由淡-微咸至咸水环境到盐湖环境，最后强烈蒸发为干盐湖。王弭力等（2001）对罗布泊地区前期累积的大量研究资料进行了综合梳理，对新湖区的 K1 孔和 ZK 95-6 孔进行了孢粉组合分析，并基于古地磁定年结果，认为距今 1.2Ma 以来罗布泊气候变化经历了温带干旱—半干旱—寒温带半湿润—半干旱—干旱等阶段，总的趋势是向干旱化方向发展。

王永和赵振宏（2001）对罗布泊东部阿奇克谷地中部 AK1 孔及露头剖面第四纪沉积特征进行了综合研究，初步分析了阿奇克谷地第四纪以来的沉积环境与古地理演化：在早更新世中期谷地中开始出现湖相沉积，在中更新世晚期湖相沉积范围扩大，为罗布泊湖的大发展期；在晚更新世谷地两侧普遍出现砾石层，与中更新世沉积呈不整合接触，这表明构造抬升造成湖泊退缩；晚更新世以来湖泊沉积环境波动变化加快。罗超等（2008）应用磁化率、粒度、色度、有机质含量、pH 等 12 项环境代用指标，研究表明近 32ka 以来受到青藏高原隆升、西风加强的控制，罗北地区存在 4 个冷湿和暖干变化的气候-环境序列。基于孢粉组合的研究，罗布泊地区气候在早更新世中期至晚更新世末期（1.20Ma～20ka）

主要为干旱与半干旱半湿润气候交替，仅在距今20ka以后主要为干旱气候状况（Wang et al.，2000；王弭力等，2001）。高分辨率孢粉组合序列（Yang et al.，2013）划分出罗布泊地区晚更新世至早全新世4个冷湿-暖干阶段。Hao等（2012）收集了罗布泊地区的孢粉数据并通过共存分析法对古气候参数进行校对，发现罗布泊地区晚中新世的年平均温度为10.2℃，上新世为13.4℃，从上新世至更新世降低到4.7℃，之后在全新世温度增高到12.1℃，现代稳定在11.5℃；年降水量从晚中新世到晚更新世由900mm减少到300mm，甚至在全新世达到最低为17.4mm。

罗布泊较为完整的全新世气候变化，主要依据大耳朵湖区YKD0301孔研究结果（Liu et al.，2016；Mischke et al.，2017），其将全新世剖面划分出20个向上变细的粒度旋回和3个受控于塔河控制下的河流相沉积及塔克拉玛干沙漠控制下的风成沉积组合变化。结果表明，全新世时期罗布泊地区古气候总体经历了相对湿润—干旱—非常湿润—干旱—湿润—干旱的变化过程，湖泊经历了咸水湖、盐湖、微咸水湖、盐湖、咸水湖等阶段，最后演变为干盐湖。世界上其他地区全新世气候特征也是同样变化频繁（Chen et al.，2008；Yang et al.，2009）。罗布泊地区的气候环境演化与周边区域环境变化记录有很好的一致性，基本遵循全新世气候变化的西风模式。

华玉山等（2009）根据大耳朵地区L7-10剖面，基于AMS[14]C测年手段，根据沉积相、盐类离子组合，指出11795a以来区域气候持续干旱化，湖盆演化阶段变化于淡水湖—盐湖-干盐湖。贾红娟等（2017）同样基于大耳朵湖心DHX剖面，通过AMS[14]C确定距今12.8~5.5ka的年代框架，根据地球化学元素分析、粒度、TOC、C/N组合，建立了晚冰期至中全新世环境演变特征，表现为5个气候温度演变阶段，并与格陵兰冰芯记录、北大西洋降温、热带辐射带南移、季风减弱的趋势表现一致，说明罗布泊区域变化受控于全球变化背景。Ma等（2008）、朱青等（2009）根据西湖湖心浅剖面的粒度、微体古生物、植物种子、地球化学组合以及常规[14]C和AMS[14]C认为全新世大暖期为温暖湿润的淡水湖-微咸水湖环境，其余时段气候较干燥，且尘暴作用演化越加强盛。杨艺等（2014，2015）利用新湖区湖心KY01钻孔岩心，通过AMS[14]C和光释光等测年手段，提出以下观点：沉积物粒度20.7~63.4μm组分所代表的区域沙尘活动强度与格陵兰冰芯$\delta^{18}O$记录的北半球变冷事件对应良好，说明罗布泊的气候遵循全球气候变化规律；对沉积物常量和微量元素含量的主成分分析表明，自45ka以来塔里木河流域逐渐干旱，但极端干旱出现在中晚全新世；长链烯酮、TOC、$\delta^{13}C$、烷烃总量、孢粉的组合证据，说明7ka以来罗布泊出现温暖潮湿的大湖环境，与典型西风带冷湿-暖干型气候条件并不一致，与东亚季风区水热配置条件相似，推测该时段东亚季风增加对中国西北的贡献；随后在西风带主导下变为干旱气候。

第四节　小　　结

（1）罗布泊汇水区范围内，前第四系主要分布在库鲁克塔格、阿尔金山和北山，第四系从下更新统至全新统广泛分布于盆地及山前平原区。现代罗布泊为第四纪干盐湖，可以划分为北部区（即钙芒硝沉积区，包括罗北次级凹地等及其两侧抬升区）、南部大耳朵湖区以及西部新湖区三大块。北部抬升区出露地层为中更新统上部，罗北凹地、大耳朵湖区及新湖区地表均为全新统，由北向南逐渐变新。此外，罗布泊北部抬升区的边缘还出露有上新统地层。

（2）罗布泊位于塔里木地块、东天山褶皱带和北山褶皱带的交汇处，构造运动较为强烈。区内"控盆"断裂主要有孔雀河断裂、且末–若羌断裂、罗布泊西缘断裂、罗布泊断裂及罗布泊东岸断裂等。罗布泊凹陷基底属于塔里木盆地基底的一部分，即稳定的刚性地块；罗布泊凹陷基底东南部高、西北部低，呈南高北低的斜坡形态。

（3）罗布泊地区新生代气候干旱化受控于副特提斯海退、印度板块与欧亚板块碰撞导致青藏高原大幅隆升遮挡了水汽的运移以及全球变冷等多种因素。早更新世—晚更新世中期，气候为干旱–半干旱、半湿润交替，晚更新世末以来为干旱–极端干旱。

第三章 构造特征与应力机制

第一节 凹陷构造特征

一、构造运动与地貌环境

罗布泊凹陷的形成主要受阿尔金走滑断裂系及库鲁克塔格走滑断裂系控制（夏训诚，2007）。阿尔金断裂伴生断层——若羌断层呈左行走滑，库鲁克塔格断裂伴生断层——孔雀河断层呈右行走滑，由此在罗布泊地区产生一个近东西向的拉张背景，罗布泊即是产生于这一拉张背景的一个箕状凹陷（郭召杰和张志诚，1995）。在新近纪末至第四纪时期，罗布泊地区新构造运动比较活跃，主要表现为新生代地层掀斜和褶皱形成、断裂活动和地面不均匀升降等，造成罗布泊南部阿尔金山山前平原相对抬升，阿奇克谷地、罗布泊大湖盆相对沉降，白龙堆、龙城相对抬升（赵振宏等，2002）。中更新世以来，受到来自青藏高原的北北东向主压应力作用，罗布泊南部向北挤压和逆冲，导致罗布泊北部大部抬升，同时罗布泊以北的库鲁克塔格山沿着库鲁克塔格南断裂带向南逆冲压制，导致罗北凹地呈现"北深南浅"的箕伏凹地，成为一个封闭良好的次级深盆，为钾盐沉积提供了重要的空间（王弭力等，2001）。

罗布泊地区新构造演化与地貌环境划分为以下几个阶段（表3-1）。

1. 渐新世末期—中新世

罗布泊凹陷受近南北向构造挤压作用，阿尔金山脉显著隆升，此时塔里木古湖泊和柴达木古湖泊开始解体，但仍然相互连通。地处塔里木盆地东部的罗布泊地区开始发生沉降，罗布泊南侧的且末断裂形成并发生逆冲走滑活动，罗布泊凹陷受近东西向伸展作用，内部开始断陷，近南北向断裂系开始发育。

2. 上新世末—早更新世初期

上新世末期，罗布泊南侧的阿尔金山经历一次快速构造抬升，阿尔金断裂带发生强烈的逆冲活动，兼具走滑活动性质，导致七个泉组和下伏沉积物之间呈角度不整合接触或前中生界逆冲于上新统之上，断裂带中部于上新世发育典型的走滑断陷。罗布泊凹陷上新统形成褶皱或被掀斜，山前强烈拗陷，沉积了一套巨厚的山麓相砂砾岩。盆地内部沉降，罗布泊东部地区主要沉积了一套山麓冲洪积相碎屑沉积物，而地势较低的罗布泊西部地区发育湖相地层。罗布泊凹陷发生近东西向强烈断陷，近南北向断裂系出现显著伸展活动。

表 3-1　罗布泊及阿尔金地区新构造运动特征

年龄/Ma	新构造运动时期划分	青藏高原主要构造-地貌事件	罗布泊地区沉积记录	阿尔金地区构造-地貌演化	罗布泊地区构造-地貌演化	地貌发育期	构造应力场特征
0.15 1 2 3 4	最新构造变动时期 0.78Ma 青藏运动时期 1.2Ma 1.7Ma 2.5Ma 3.6Ma	共和运动 昆仑-黄河运动 青藏运动"C"幕 青藏运动"B"幕 青藏运动"A"幕	新疆群 乌苏群 西域组	强烈隆升期，阿尔金断裂带强烈左行走滑活动，其两端至少发育多处火山活动，阿尔金索尔库里走滑断陷盆地形成	罗布泊南北两侧山地继续抬升，柴达木和塔里木盆地完全隔离，现代地貌格局基本形成，阿奇克谷地形成，近南北向断裂再次强烈拉张势力，形成一系列箕状断陷盆地，控制了该区域资源的赋存	雅丹地貌发育期 阿尔金强烈隆升期	北东-南西向挤压
				阿尔金断裂强烈走滑兼具逆冲活动性质，阿尔金山脉强烈崛起导致山前下更新统玉门砾岩层发生显著倾斜	罗布泊两侧山地强烈隆升，其内部发育差异隆升与沉降，近南北向展布的正断裂发生伸展剪切活动，罗布泊古大湖开始裂解，下更新统变形与其上覆中更新统呈角度不整合接触。罗布泊气候趋于干旱，发育大量石膏盐岩，森林草原变为荒漠草原	罗布泊古湖泊裂解期	
5 6 8			阿图什组	阿尔金山开始快速构造隆升，阿尔金断裂带开始强烈走滑活动，兼具逆冲性质，断裂带中段发育典型的走滑断陷盆地	罗布泊周边山体强烈抬升。上新统地层发生褶皱，山前强烈拗陷，沉积了一套巨厚的山麓相砂砾岩，盆地发生差异沉降，罗布泊东部地区主要沉积一套山麓冲积粗碎屑沉积物，而罗布泊西部地区地势最低，发育湖相地层	罗布泊地貌分异期 阿尔金山快速隆升期	
10				夷平面发育期			
12 14 16 18 20 23	新构造运动前奏期		乌恰群 巴什布拉克组	阿尔金受幕式挤压收缩变形，中新世晚期和早期至少发生一次隆升，但幅度较小，阿尔金断裂发生逆冲活动，并出现小规模左行走滑活动，沿断裂带西段发育串珠状火山喷发	罗布泊盆地发生沉降，全区湖泊发育，堆积了一套富含石膏的内陆湖粗碎屑岩，罗布泊南侧的且末断裂形成并发生逆冲走滑活动，罗布泊盆地内部发生东西向伸展，一系列南北向正断裂开始发育，塔里木和柴达木盆地相互连通	罗布泊盆地湖泊发育期 阿尔金山初始地貌发育期	近南北向挤压

注：青藏高原构造运动划分主要据李吉均等（1988，1999，2001）、崔之久（1997，1998）；阿尔金与罗布泊地区构造地貌演化主要据 Le Pichon 等（1992）、Jolivet 等（2001）、陈正乐等（2001）、王永等（2001）、王瑜等（2002）、郭泽清等（2005）、王弭力和刘成林（2001）刘成林和王弭力（1999）、何光玉等（2007）；构造应力场资料主要据谢富仁和刘光勋（1989）、柏美祥（1992）、范芳琴（1993）、陈正乐等（2001）、刘永江等（2007）等。

3. 早更新世—中更新世

早更新世，构造挤压作用由近南北向挤压转变为北东-南西向挤压，罗布泊南北两侧山地强烈隆升，盆地内部下更新统变形，并与上覆中更新统呈角度不整合接触，前中生界逆冲于下更新统砾石层之上。罗布泊南侧的且末断裂和阿尔金断裂带发生强烈走滑活动，罗布泊凹陷内部近南北向断裂系发生伸展剪切作用。早更新世该区的森林-草原植被转变为荒漠或荒漠草原，到中更新世中期罗布泊湖区气候进一步干旱。

4. 晚更新世以来

晚更新世初期，罗布泊南北两侧普遍发生抬升，柴达木盆地和塔里木盆地完全隔离，现代湖泊格局基本形成。晚更新世与中更新世之间形成不整合面，并发育冲洪积相。古罗布泊南移并东扩，近南北向断裂再次强烈拉张剪切，形成一系列箕状断陷，控制了该区蒸发岩的沉积。阿尔金断裂带强烈左行走滑活动使多处河流及其洪积扇明显左行错移，也导致了阿尔金索尔库里走滑断陷盆地的形成。

此后，气候变得更为干旱，入湖水量减少，古罗布泊逐渐干涸，水质咸化，生物减少，草原植被向荒漠过渡，发育了典型荒漠植被。风蚀和侵蚀作用导致罗布泊北部地区形成大面积雅丹地貌，形成现代意义的罗布泊。之后由于气候干旱加剧和人类活动共同作用，罗布泊最终消亡，形成大面积的盐碱地和荒漠。

总之，罗布泊凹陷自晚新生代以来的构造变形与盆地演化，是印度板块向青藏高原强烈碰撞俯冲作用的远程效应结果，先后受近南北向和北东–南西向构造挤压作用控制，经历了多个构造演化阶段。

二、断裂构造特征

区内的断裂构造受控于周缘区域构造作用。由于印度板块向欧亚板块的俯冲、碰撞和挤压的强烈影响，位于青藏高原以北的塔里木刚性地块东部的罗布泊地区受到近南北向的主挤压力，产生了一系列的北东–南西向的正断层，相对应地形成一系列的断陷凹地。根据其展布方向，可以大致分为4组：北北东向断裂组、近东西向断裂组、北东向断裂组以及北西向断裂组，其中又以北北东向断裂组最发育。北北东向断裂组发育于罗布泊内，尤其是罗北凹地和东部台地，一般延伸不远，规模较小，为新生性断裂，属张性，也控制着罗北凹地和东、西台地的形成和发展。近东西向断裂组属基底式断裂，多呈舒波状展布，规模较大，以压扭性为主，控制基岩山区和盆地的界线；北东和北西向断裂组成共轭断裂带，其延伸较远，规模较大，控制着罗布泊干盐湖的北界，并穿过罗布泊干盐湖（图3-1）。

第二节 地堑式断陷带构造特征

根据卫星影像解译、地貌调查、沉积对比及地球物理探测，在以前认识罗北凹地为断陷次级盆地的基础上，发现罗布泊北部存在一系列北北东20°走向的地堑式断陷带（图3-1）。此类断陷带共7条，间距5~10km，构成了罗布泊地堑系（Liu et al., 2006；图3-2），控制了罗北凹地及其外围次级小凹地的形成和发展演化。这7条地堑或断陷带是罗布泊地区新发现的一种断裂类型，对成钾盆地的形成起到直接控制作用。

一、罗北西3号断陷带（LBX3）特征

该断裂带位于罗北凹地以西的抬升区内（图3-1~图3-3），距罗北凹地中心线约32km，走向北东20°，长约70km，宽2~4km（北段）。

断陷构造在地形上表现为中间低、两边高的谷地（图3-4~图3-6）。通常在谷地中

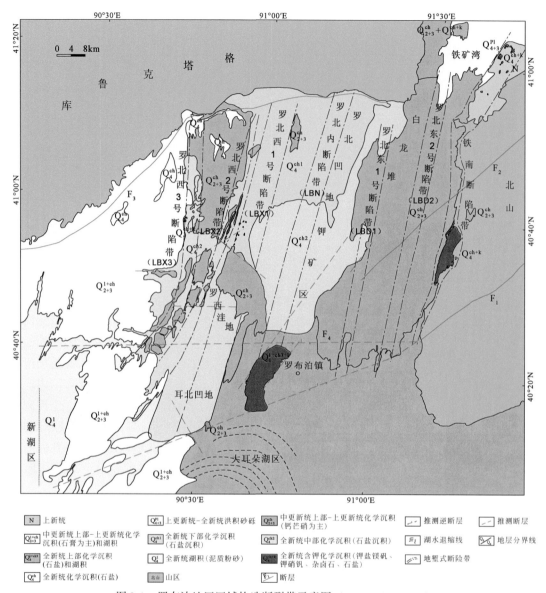

图 3-1 罗布泊地区区域构造断裂带示意图 （Liu et al.，2006）

部，即地形最低处，出现黏附沙丘（图 3-3；刘成林等，2003a），物性湿软，地表出现很多流体上升通道洞口（图 3-7 ~ 图 3-9），以及大量、密集的流体排泄小孔。由中部往两侧延伸，地貌则变为干硬的较老的黏附沙丘（图 3-10），其表面仍然分布较为密集的流体排泄小孔。再往外，出现盐壳分布，尤其出现少见的钙芒硝盐壳（图 3-11），并有少量的小气孔，开始出现雅丹地貌；再往外，雅丹变得更多、更大。在雅丹分布区外，地貌转变为平坦台地状，简称平台地貌。

为查清这些构造的产状、规模，尤其是发育深度等，开展了 EH-4 连续电导率剖面测量工作。在北段做了三条剖面，即 L5、L6、L7 测线（图 3-12 ~ 图 3-14）。

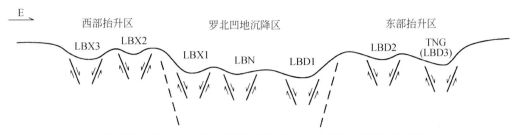

图 3-2 罗布泊北部地区东西向剖面及断陷带分布示意图 (据刘成林等，2009)

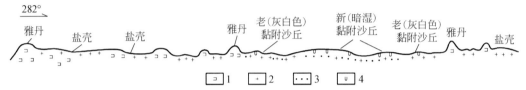

图 3-3 罗北西 3 号断陷带北段地貌特征示意图 (与 EH-4 测线对应)
1. 钙芒硝；2. 石盐壳；3. 粉细砂；4. 流体上升排泄口

图 3-4 罗北西 3 号断陷带中段的东部负地形地貌

图 3-5 罗北西 3 号断陷带中段的西部负地形地貌

图 3-6 罗北西 3 号断陷带中段地貌全景

图 3-7 罗北西 3 号断陷带北段 (黏附沙丘地表出现流体上升通道洞口)

图 3-8　罗北西 3 号断陷带北段黏附沙丘地貌

图 3-9　罗北西 3 号断陷带北段黏附沙丘
（地表出现流体上升通道洞口，老黏
附砂丘地表出现流体上升通道洞口）

图 3-10　罗北西 3 号断陷带中段地貌（由近向远，
灰白的老黏附沙丘变为暗湿的新黏附沙丘）

图 3-11　罗北西 3 号断陷带中段地貌（近处为
最老的一期黏附沙丘，地势较高；地表翘起的为
钙芒硝盐壳块，远处地势较低处为新的黏附沙丘）

　　L5 号测线总长 4000m，1200～2000m 测点出现一宽度近 800m 的断裂带，探测深度达 1000 多米，可以推测，该断裂还可以往深部延伸；L6 号测线总长 4000m，在该测线上，从浅部到深部数据分布较均匀。1400～2200m 测点出现一明显的低阻断裂带，异常可靠，探测深度达 800m，因此，认为 1400～2600m 测点断陷带深度 400m 以上的低阻异常与卤水有关。L7 号测线，1400～2400m 测点出现一宽约 1000m 的断裂带，1800～2200m 测点，出现略微倾斜的层，可靠探测深度达 500m，向下可延伸 1000m 左右。另外，−600～−200m 测点，可能也存在断层。

二、铁南断陷带特征

　　铁南断陷带（TNG），又称罗北东 3 号断陷带（LBD3）。从卫星影像图上可以看到，它是罗布泊东部与北山之间的一暗色影像区，实际上是黏附沙丘，由于地下流体上升吸附风成的流动粉砂而成（刘成林等，2003a）。断裂带沿山前边缘分布，形态也随之变化，

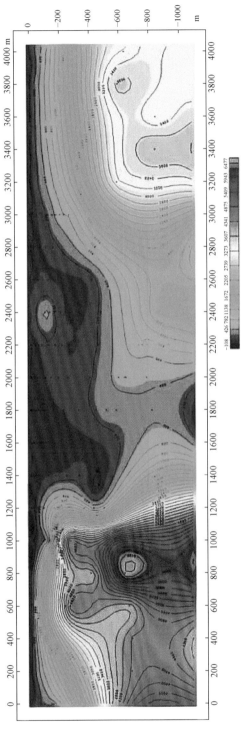

图3-12 罗北西3号（LBX3）断陷带北段EH-4测线（L5）

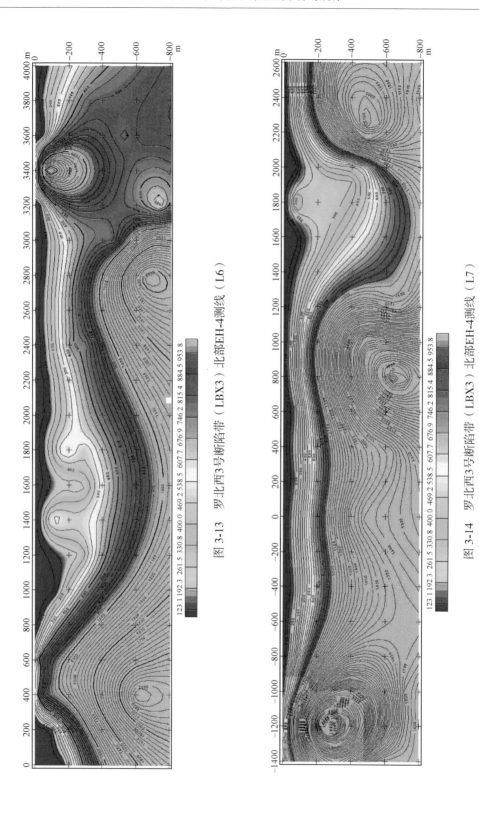

图 3-13　罗布西 3 号断陷带（LBX3）北部 EH-4 测线（L6）

123.1 192.3 261.5 330.8 400.0 469.2 538.5 607.7 676.9 746.2 815.4 884.5 953.8

图 3-14　罗北西 3 号断陷带（LBX3）北部 EH-4 测线（L7）

123.1 192.3 261.5 330.8 400.0 469.2 538.5 607.7 676.9 746.2 815.4 884.5 953.8

走向大致为 NE20°，向北延伸到铁矿湾东南缘后走向转为北东向，进入塞斯谷地，向南延伸至罗布泊南部大耳朵湖东地区。

野外调查显示，铁南断陷带（TNG）也是地堑式断陷，其地貌特征与罗北西 3 号断陷带一致。其内部分布有很多黏附沙丘（图 3-15）、流体上升通道或泥火山口。沿断陷带分布有残留式雅丹地貌（图 3-16 ~ 图 3-19），这是断陷作用导致地面下沉，地表水流入，对抬升出水面的地层进行侵蚀形成的。

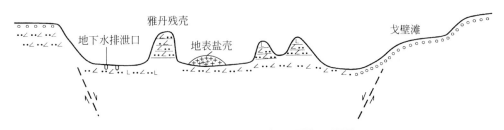

图 3-15 铁南断陷北段示意图（与图 3-20 测线对应）

1. 砂砾；2. 粉砂；3. 石膏；4. 石盐；5. 菱镁矿；6. 地下水排泄口

图 3-16 铁南断陷带北段地貌特征
（由上升流体产生的小型盐锥）

图 3-17 铁南断陷带中段地貌特征
（断陷带内分布有残留雅丹）

图 3-18 铁南断陷带北段地貌特征
（黏附沙丘）

图 3-19 铁南断陷带南段地貌特征（内部分布有残留雅丹、大面积暗色黏附沙滩）

为了进一步证实断陷带的存在，揭示其基本特征，在铁南断陷带开展了 4 条 EH-4 剖面测量探测。

L1 测线：测线总长 4000m，电阻率反演图上 1200～1400m 测点出现一陡倾斜的断层（图 3-20），它应该是地下卤水富集的通道。因此，认为 400～1500m 测点低电阻率显示存在卤水，深度约 150m。

L2 测线：测线总长 4000m，在浅部 150m 上反演数据质量可靠，浅部的低阻体较平缓；在深部 1400～1800m、3600～3800m 测点出现陡倾斜断层（图 3-21）。其地貌特征如图 3-22 所示，断陷带中部出现暗湿的、松软黏附沙丘，往外变为灰白、干硬、较老的黏附沙丘，再往外，两侧出现台地及阶地。另外，在新黏附沙丘表面还出现光卤石沉积。

L3 测线：测线总长 3000m，该测线上反演数据质量较好，从浅部到深部数据分布较均匀。由图 3-23 可以看出，400～800m 测点处存在一断层，该地段应该是卤水富集的异常区，其延伸一直到 300m 左右。该测线的地质地貌特征如图 3-24 所示，该断陷带内出现石盐壳，见少量雅丹残丘，东西两侧变为台地，出现多级阶地。

L4 测线：测线总长 3000m。该测线上反演数据质量较好，从浅部到深部数据分布较均匀。1200～2000m 测点出现一宽度近 1000m 的低阻断裂带（图 3-25），是卤水富集的最有利地段。2200～2400m 测点深度 400m 以上应该是卤水富集的较有利靶区。

由上述物探资料可见，铁南断陷带具有地堑式断裂带的特征，其内部出现流体上升通道，目前，探测深度 1000 余米，同时，断陷带内充满卤水，是一新的钾盐储藏构造。

三、其他断陷带

通过遥感影像图分析，在罗布泊北部，除了上述两条断陷带外，还存在另外几条断陷带。

罗北凹地内部断陷带（LBN），在罗北凹地与大耳朵湖区之间，出现一个北北东走向低洼地，它可能向北延伸穿过罗北凹地，应属构造断陷带。

罗北东 1 号地堑（LBD1），位于罗北凹地东岸，沿岸线出现雅丹分布，地貌形态为沟谷和雅丹交互分布，推测其为一条断陷带。

罗北东 2 号断陷带（LBD2），位于罗北凹地以东的台地内，表现特征是在台地的南端和北端出现水流侵蚀形成的狭长港湾。

罗北西 1 号断陷带（LBX1），位于罗北凹地的西部，其特征为罗北凹地的西北部保留的一个长条状抬升（Q_{2+3}）区，走向为北北东，实际上为一片雅丹，其与西岸之间为盐湖沉积区，南南西向延长，可与罗西洼地（LXH）和耳北凹地（EBH）连接起来，后两者走向也为北北东向，可以推论，它们同处于一个断陷带。

罗北西 2 号断陷带（LBX2），位于罗北西 1 号断陷带以西 2～5km 处，其北部接近罗北凹地的西岸，同时，内部出现一细长条形的暗色黏附沙丘。为探测断陷带内部结构，开展了 EH-4 剖面测量。L8 号测线总长 4000m，2800～3800m 测点出现一宽约 1000m 的断裂带（图 3-26），尤其 3000～3600m 测点在深度 300m 以上其数据显示低阻体可靠，推断为

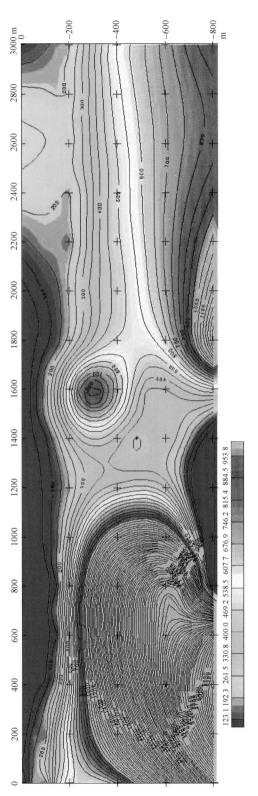

图 3-20　铁南断陷带北段 L1 测线剖面

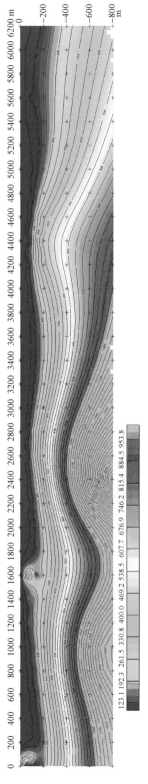

图 3-21　铁南断陷带北段 L2 测线剖面

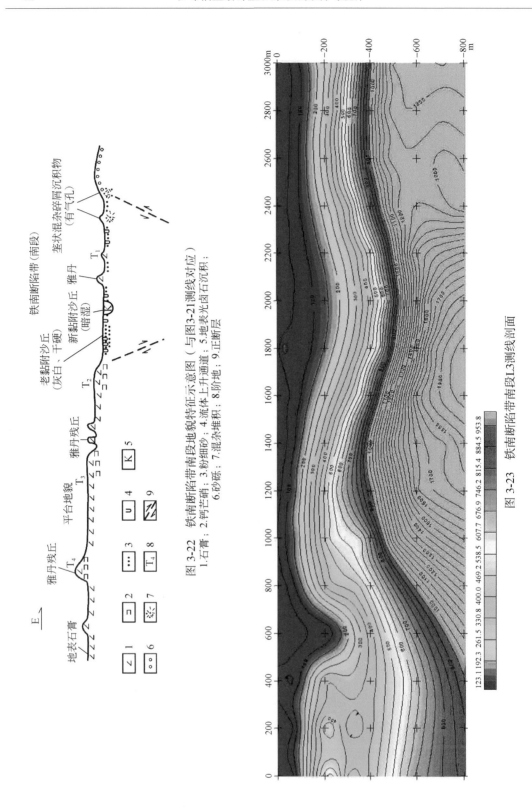

图 3-22　铁南断陷带南段地貌特征示意图（与图 3-21 测线对应）

1.石膏；2.钙芒硝；3.粉细砂；4.流体上升通道；5.地表光卤石沉积；
6.砂砾；7.混杂堆积；8.阶地；9.正断层

图 3-23　铁南断陷带南段 L3 测线剖面

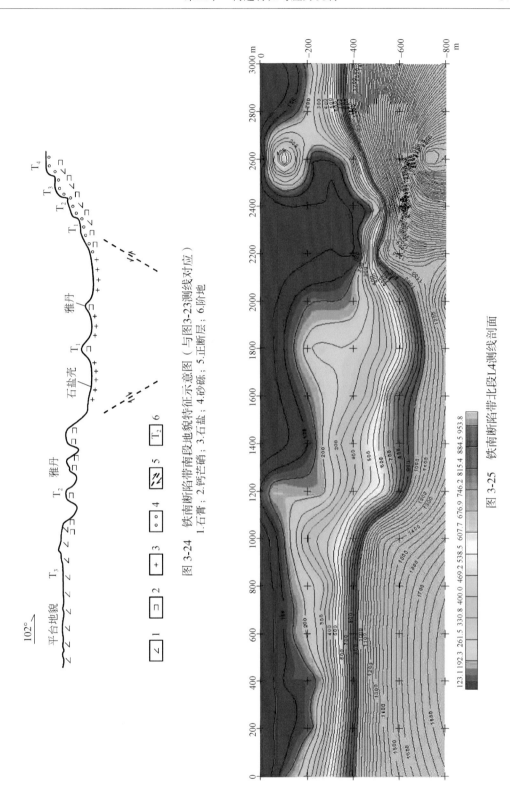

图 3-24　铁南断陷带南段地貌特征示意图（与图3-23测线对应）
1.石膏；2.钙芒硝；3.石盐；4.砂砾；5.正断层；6.阶地

图 3-25　铁南断陷带北段L4测线剖面

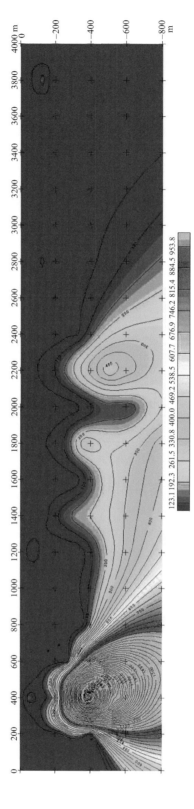

图 3-26 罗北西2号断陷带南部EH-4剖面（L8）测量图

卤水引起。另外，500~1300m 测点（属罗北西断陷带南部）也出现了较好的低阻体（分布深度 0~200m），显示断层的存在，并与卤水关系密切，该处出现一个完好的黏附沙丘；在 1600m 和 2000m 测点附近也出现低阻体，可能与规模较小的断裂有关。

四、地堑式断陷带形成机制

由地貌剖面测量资料和 EH-4 剖面分析认为，上述断陷带类似裂谷构造，具有扩张性质，经历至少三个阶段（图3-27），可能与后三期抬升活动一致，相应形成 T_3、T_2 和 T_1 阶地。

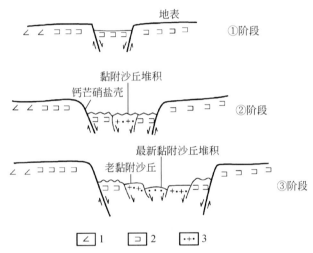

图 3-27　罗布泊断陷带形成演化示意图（Liu et al.，2006）

1. 石膏；2. 钙芒硝；3. 石盐粉砂（黏附沙丘）

由上述分析可见，罗布泊北部出现张性断层或地堑式断裂的证据是充分的，每条断裂可能由更次级的断裂组成。目前，在罗布泊共发现 7 条北北东向的地堑式断陷构造，构成了地堑系统，该认识是罗布泊新构造研究的一个新进展，对盐湖演化、成钾与找钾具有重要意义。

由上述地堑式断陷构造带的分布可以认为，罗北凹地由位于其中部和东、西部的三条断陷带控制，而其他外围小凹地，如罗西洼地、铁南断陷带、铁矿湾和耳北凹地等，分别由相应的单个断陷带控制。

第三节　应力场分析

罗布泊凹陷现有的构造应力场研究及年代学研究成果表明，新生代以来，罗布泊地区主要受近南北向构造挤压作用控制（柏美祥，1992；范芳琴，1993；谢富仁和刘光勋，1989；王弭力，2001；张岳桥等，2001；陈正乐等，2001；刘永江等，2007）。罗布泊区域上主要的应力力学性质有压性、张性和剪切，区内主要构造应力场反映在线性构造上就是呈现出密集线性构造的等距性，反映了构造应力波式传导。根据卫星影像的解译结果（王弭力等，2001），区域上主要构造方向及特征如下。

一、线性构造

1. 北西西向以压性为主的线性构造带

本带基本走向为北西西 280°，在全区普遍发育，特别在北部库鲁克塔格山—北山一带，线性体密集成束，有时在地表表现为巨大的波形断裂，局部地段走向在北东东与北西西之间摆动。沿带岩层横向强烈揉皱，脆性岩石破碎劈裂。整个体系压性特征清晰，局部有压扭、张扭性质叠加。这套线性体在区内的密集带间隔为 50km。

2. 北北东向以张性为主的线性构造带

走向北北东 10°，与上述压性带垂直。在波状压性断裂的弧顶部位尤为明显；沿张裂带两侧岩层有落差时，可见部分平直的界线。1∶20 万的影像图上，罗布泊东部偏北的基岩内解译出 10 余条沿北北东向追踪张裂带分布的基性岩墙，长达 10 余千米，宽达数百米。这套线性体密集的构造带间距为 60km。

3. 以剪切为主的北东向和北西向线性构造带

这种线性体的特点是平直且沿走向延伸稳定。因构造带上下盘多有相对位移，线性体的两侧影像多有较大反差，有时可见伴生的拖曳弧线。许多河流局部的直线段、一些平直的湖岸以及长而又直的固定沙垄等都与之有关。区内众多线性体中，北东 65°和北西 315°两组剪切线性构造带尤为突出。其密集带间距均为 70km，应属于共轭剪切带（图 3-28）。

二、环形构造（影像）

罗布泊第四系覆盖区也存在环形影像特征，这些环形的影像由深浅不一的环构成，反映了罗布泊凹陷的湖泊在萎缩过程中沉积（化学沉积和机械沉积，以化学沉积为主）形成的湖岸堤或湖岸线。具体分为以下三种。

1. 大型环形影像

大型环形影像指罗布泊凹陷北部的两个不完整巨大环体。其长轴达数百千米，短轴也在 200km 以上，呈东西拉长的椭圆形。环体边界有时是山地和沙漠的分界（沿孔雀河一线），有些部分是岩层的弧形延展。大型环内侵入岩、火山岩类广泛发育，岩浆活动频繁剧烈，中小型环形影像密集成群。推测这两个环体可能是受北西西向区域性压性构造带控制的大型岩浆活动形成的。

2. 中型环形影像

中型环形影像一般长轴、短轴均不足 100km，个别更大些也在 150km 以下，遍布于图幅中的活动带内，有数十个之多。本区中部有一个十分复杂的中型环体群，其中心是由多

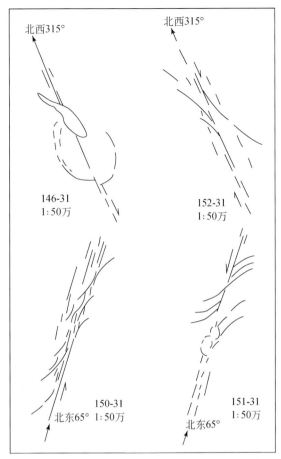

图 3-28 罗布泊凹陷 315°和 65°剪切构造带（王弭力等，2001）

（解译工作由于志鸿完成）

层近同心、接近封闭的环线构成的罗布泊古湖泊。这些鲜明层状环线应是古湖泊水量与盐分变化韵律的遗迹，但实际上环形轮廓主体是北东、北西、北北东、北西西等许多方向的直线段构成的（图 3-29）。这就表明，古罗布泊的位置和基本形态应与线性构造带的发生、发展密切相关，而不是一个地表积水的简单、偶然现象。在其内部和周边还有大小不等的众多环形影像密密麻麻地交叉重叠，使这个看似简单的圆形干湖不论是外形还是内涵都极大地复杂化了。初步推断，罗布泊的地质可能具有地壳水平运动与深部物质垂直上涌的叠加、外生与内生作用复合的特点。

3. 小型环形影像

直径 10km 以下的小型环体数量极多，成堆成串地遍布全区，即使在沙碱覆盖地带往往也有清晰的显示。绝大多数群集于大中型环内外，有时沿环周或线性体成串分布，且常是三五成群地叠套在一起，环周互相干涉，使影像异常杂乱，也见到有的圆形岩体就由一个主要环和一些附生环构成。从影像特征与分布特点分析，这些环体应与地下流体在应力作用下垂直向上喷涌有关，相应在深部和地面应是岩浆活动中心、破火山口、泥火山、承压盐泉等。

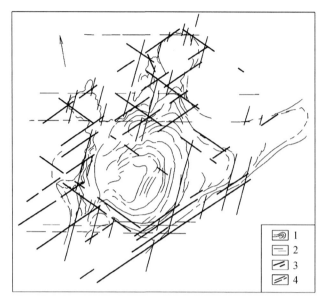

图 3-29　线性构造带对古罗布泊轮廓的控制（王弭力等，2001）

1. 古湖泊沉积留痕；2. 北西西 280° 压性带；3. 北东 65°、北西 315° 剪切带；

4. 北北东 25° 线性构造带。（解译工作由于志鸿完成）

　　根据卫星影像分析，确定了本区主要的压性与张性线性构造带的方向分别为北西西 280° 和北北东 10°，即它们的基本方向互相垂直，而与张性带即主压应力方向东西两侧成 55° 角的北东 65° 和北西 315° 各有一个剪切带，其扭动方向又分别为左旋和右旋，恰成共轭之势，与压性、张性带构成统一的构造应力场（图 3-30）。北北东 25°、北东 45°、北东 65° 和北西 315°、北西 335° 等几组线性构造带以几十千米的间距斜穿全区，交织成清晰的网格，其中与阿尔金山平行的北东 65° 一组尤为突出，正是它和北西 315° 以及北东 25° 的线性体构成了古罗布泊的主要边界（王弭力等，2001）。通过罗布泊的还有北东、北西、近经向和纬向的许多其他线性构造带。

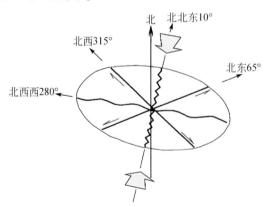

图 3-30　罗布泊地区区域构造应力场分析（王弭力等，2001）

（根据卫星影像上线性构造解译，由于志鸿完成）

在近南北向区域构造挤压应力作用下，罗布泊凹陷南北两侧的阿尔金山与库鲁克塔格山均以逆冲岩片的形式向盆地强烈逆冲，形成一系列向盆地推覆的冲断–褶皱带，且局部发育断层三角带。库鲁克塔格山发育一系列具右旋走滑作用的冲断层，而阿尔金断裂带则形成具左旋走滑的逆冲活动，在两者共同作用下，导致塔东地块发生向西逃逸（图3-31），也导致罗布泊凹陷内部处于东西向伸展状态，发育一系列近南北向断层（施炜等，2009）。

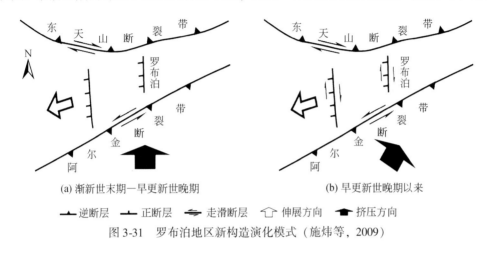

(a) 渐新世末期—早更新世晚期　　　　　(b) 早更新世晚期以来

▲ 逆断层 ▲ 正断层 ⇌ 走滑断层 ⇧ 伸展方向 ⬆ 挤压方向

图3-31 罗布泊地区新构造演化模式（施炜等，2009）

在北北东–南南西向主压应力作用下，罗布泊凹陷出现一系列近纬向的隆起与拗陷带。其主要的隆起由北向南对应着天山、库鲁克塔格山、北山和阿尔金山系。罗布泊凹陷处于后两者间的主拗陷带内（带内还有数个次一级的小型隆–拗带），北北东向的张性线性构造带中有一组从罗布泊地区穿过。北北东25°、北东45°、北东65°和北西315°、北西335°等几组线性构造带以几十千米的间距斜穿全区，交织成清晰的网格，其中与阿尔金山平行的北东65°一组尤为突出，正是它和北西315°以及北东25°的线性体构成了古罗布泊的各段主要的边界（图3-29）。综合上述各点可以认为罗布泊地区的地质构造有两个特点，一是位于两个近东西向隆起带间的拗陷内，基底上有一定厚度的沉积盖层；二是区内构造应力相对集中，致使地壳脆弱，活动性较为突出，最主要的活动乃是间歇性的近南北向挤压。

第四节　构造模拟研究

一、沙箱模拟

清晰和定量地研究罗布泊新生代以来的构造演化需要对罗布泊地区开展数值模拟和物理模拟研究。数值模拟研究是构造应力场驱动地质流体运移的理论与方法在实践中的一次尝试，可定量–半定量地研究新生代以来的构造活动对本区的地质流体运聚的控制作用，通过分析应力的高、低值区，为圈定预测地质流体聚集的有利部位提供理论参考依据。同时也极大地提升了地学研究的数值化、定量化和可视化水平。构造物理模拟实验方法是一种传统的研究构造变形过程和形成机制的重要方法，是目前研究构造形成过程和特征最为有效的手段之一，物理模拟不仅可以再现构造形成过程，正确认识构造的形成机制，还可以研究各种构造要素之间的内在关系，并建立科学合理的构造解释模型，其为构造地质学的研究提供了强有力的手段。其中沙箱实验是研究地壳浅层次构造变形的有效方法。

　　运用沙箱模拟技术设计了两种模型（刚性基底、塑性基底）研究罗布泊地区新构造运动特征。刚性基底模拟结果与现今研究成果基本一致，构造应力特征也大体相符（图3-32），罗布泊凹陷两侧的阿尔金山与东天山均以一系列逆冲岩片的形式强烈隆升，形成一系列向盆地推覆的冲断层及相关褶皱。东天山发育一系列具有右旋走滑性质的冲断层，而阿尔金断裂带以逆冲活动为主兼具左旋走滑性质，在它们的共同作用下，呈喇叭形的罗布泊凹陷具向西逃逸态势，并使得盆地内部具东西向伸展的应力状态。值得注意的是，阿尔金断裂带在靠近盆地一侧形成反冲断层，构成造山带前陆三角带。

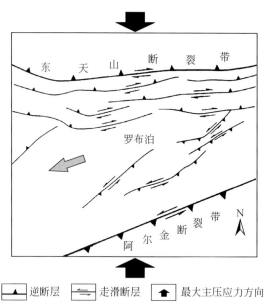

图3-32　模型-沙箱模拟构造变形结果（刚性基底）（施炜等，2009）

二、新构造变形数值模拟

　　运用数值模拟技术研究罗布泊地区新构造运动引起的构造应力特征（施炜等，2011），发现罗布泊地区在渐新世—早更新世晚期，受到南北向挤压和中新世晚期以来北东向主压应力作用，罗布泊凹陷呈向西逃逸态势，盆地内部具有东西向伸展的应力状态；查明了应力状态特征和断裂机制，位移矢量从南西向北东。罗布泊地区受挤压应力作用，其应力状态受地层岩性和断裂共同控制。在近南北向挤压应力的作用下，罗布泊地区内部处于低应力状态［图3-33（a）］，而盆地主要的北东-南西向主干断裂内相对处于高应力状态，且其盆地两侧的主干断裂内部具有较高的剪应力。位移迹线总体上呈弧形，大小明显受断裂控制，从南西向北东位移逐渐减小，大致指示孔隙流体的运移方向［图3-33（b）］。

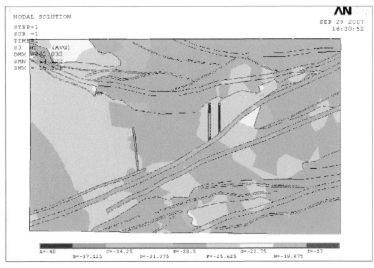

(a) 罗布泊地区渐新世－早更新世晚期最大主压应力图

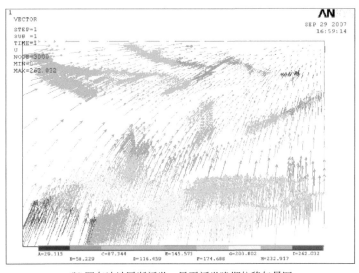

(b) 罗布泊地区渐新世－早更新世晚期位移矢量图

图 3-33 罗布泊盆地早期模型（近南北向构造挤压作用）数值模拟结果（施炜等，2011）

罗布泊凹陷晚期（早更新世晚期以来）数值模拟结果显示，凹陷在北东–南西向挤压应力的作用下，应力状态同样受地层岩性和断裂共同控制。全区最大主压应力高值主要分布于凹陷南北两侧的基岩区，最大值分布于本区的东南缘。凹陷南缘北东–南西向断裂应力值同样较高，而在罗布泊凹陷呈现明显的低应力状态［图 3-34（a）］。本区在北东–南西向挤压应力的作用下，北西–南东方向上总体处于低应力状态，断裂带处于高应力状态，应力集中区主要在北西向断裂带上，凹陷内部近南北向断裂的应力也较高。图 3-34（b）显示本区的位移迹线总体方向呈线性，从南西向北东位移同样逐渐减小，同时位移大小受区内断裂控制，在断裂两侧明显减小，可能指示流体运移规律。

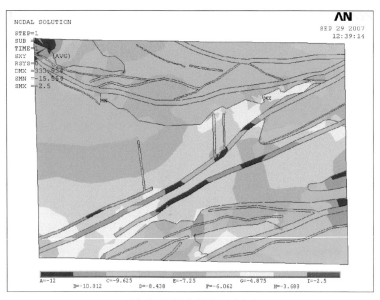

(a) 罗布泊地区晚期最大主压应力图

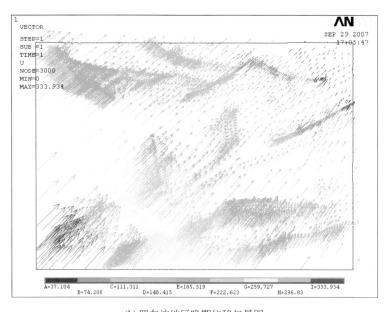

(b) 罗布泊地区晚期位移矢量图

图 3-34　罗布泊盆地晚期模型（北东–南西向构造挤压作用）数值模拟结果（施炜等，2011）

　　数值模拟表明晚新生代以来罗布泊凹陷新构造活动主要经历了渐新世末期—早更新世晚期盆地近东西向伸展断陷期和早更新世晚期以来盆地剪切变形期两大阶段。这种构造变形分别是近南北向构造挤压作用和北东–南西向构造挤压作用的结果。

第五节　小　　结

（1）罗布泊凹陷形成于近东西向的拉张背景，为一箕状凹陷。凹陷形成演化主要受控于阿尔金走滑断裂系及库鲁克塔格走滑断裂系。

（2）中更新世以来受北北东向主压应力作用，罗布泊南部向北挤压和逆冲，导致罗布泊北部大部抬升，同时北部库鲁克塔格山向南逆冲压制，使罗北凹地呈现"北深南浅"的地势，成为一个封闭良好的次级深盆，为钾盐沉积提供了重要的空间。

（3）罗布泊北部存在7条一系列北北东向的断陷带，构成了罗布泊地堑系，控制了罗北凹地及其外围次级小凹地的形成和发展演化，对成钾盆地的形成起到直接控制作用。

（4）罗布泊区内包含多组主要线性构造带，即北西西向压性为主的线性构造带、北北东向张性为主的线性构造带、以剪切为主的北东和北西向线性构造带。

（5）受近南北向挤压应力作用，罗布泊构造块体呈向西逃逸态势，其内部具有东西向伸展的应力状态。

第四章　盐湖沉积演化

第一节　沉积地层划分

本书基于罗布泊第一口深部钾盐科探井 LDK01 钻孔（位置参见图 2-2）岩心研究，建立罗布泊第四纪盐湖沉积演化历史。LDK01 钻孔位于罗北凹地干盐湖的北部，地理坐标为 40°55′N，90°55′E。该钻井由国投新疆罗布泊钾盐有限责任公司资助，中国地质科学院矿产资源研究所提出深孔钻探的科学问题，并负责钻孔选址论证、地质编录及后续科学研究。钻探工程于 2009～2010 年实施完成，终孔深度为 781.5m，钻进过程中盐类地层采取率≥85%，碎屑岩地层采取率≥80%。罗布泊 LDK01 钻孔按地层岩性细分为 531 层，经室内综合分析合并为 122 层，从上至下大致划分为三大层段（图 4-1）。

一、上部层段

深度 0～242.00m，顶部为黄褐色或白色的岩盐，含光卤石、钾镁盐及风成粉砂，呈多孔隙、较坚硬、块状构造，表层为盐壳，石盐含量达 80% 以上，局部含无色透明粗晶石膏，总厚 5.16m。石盐还以 5%～10% 存在其他各类岩性地层中。其余地层岩性主要为灰绿色的钙芒硝岩（图 4-2），因矿物组合和含量不同，岩性又细分为钙芒硝岩，含石膏钙芒硝岩，含杂卤石、白钠镁矾（钠镁矾）钙芒硝及含黏土钙芒硝岩等。因其常含灰绿色黏土，颜色多呈灰绿色。钙芒硝常为中粗粒、菱形片状，集合体呈多孔隙状，成为卤水钾矿储层。钙芒硝含量为 50%～90%，单层厚度 1～20m 不等，累计总厚达 117.13m。

该层段多为半固结疏松状，呈中细晶结构、块状构造，孔隙发育岩性多为化学沉积岩。盐类矿物占 85% 以上，主要有钙芒硝、石膏，次为石盐、白钠镁矾，再次为钾锶矾、杂卤石、钾镁盐等，含少量粉砂及黏土。该层段主要属蒸发成因化学沉积，是重要的卤水钾矿、杂卤石矿赋存层段。

二、中部层段

深度 242.00～660.00m，主要岩性为含光卤石、钾石盐、白钠镁矾、石盐的砂岩，钙质砂岩及膏质砂岩（图 4-3），石英、长石及岩屑占 85% 以上；次为方解石、白云石、石盐、石膏，其中石膏多呈胶结物状态；另含少量钾石盐、光卤石、杂卤石等盐类矿物，少见黏土，其中钾石盐等盐类矿物属次生成因。岩层物性多为致密，中粗砂砾状结构，块状构造，孔隙较发育。该层段为含钾盐的碎屑沉积层。

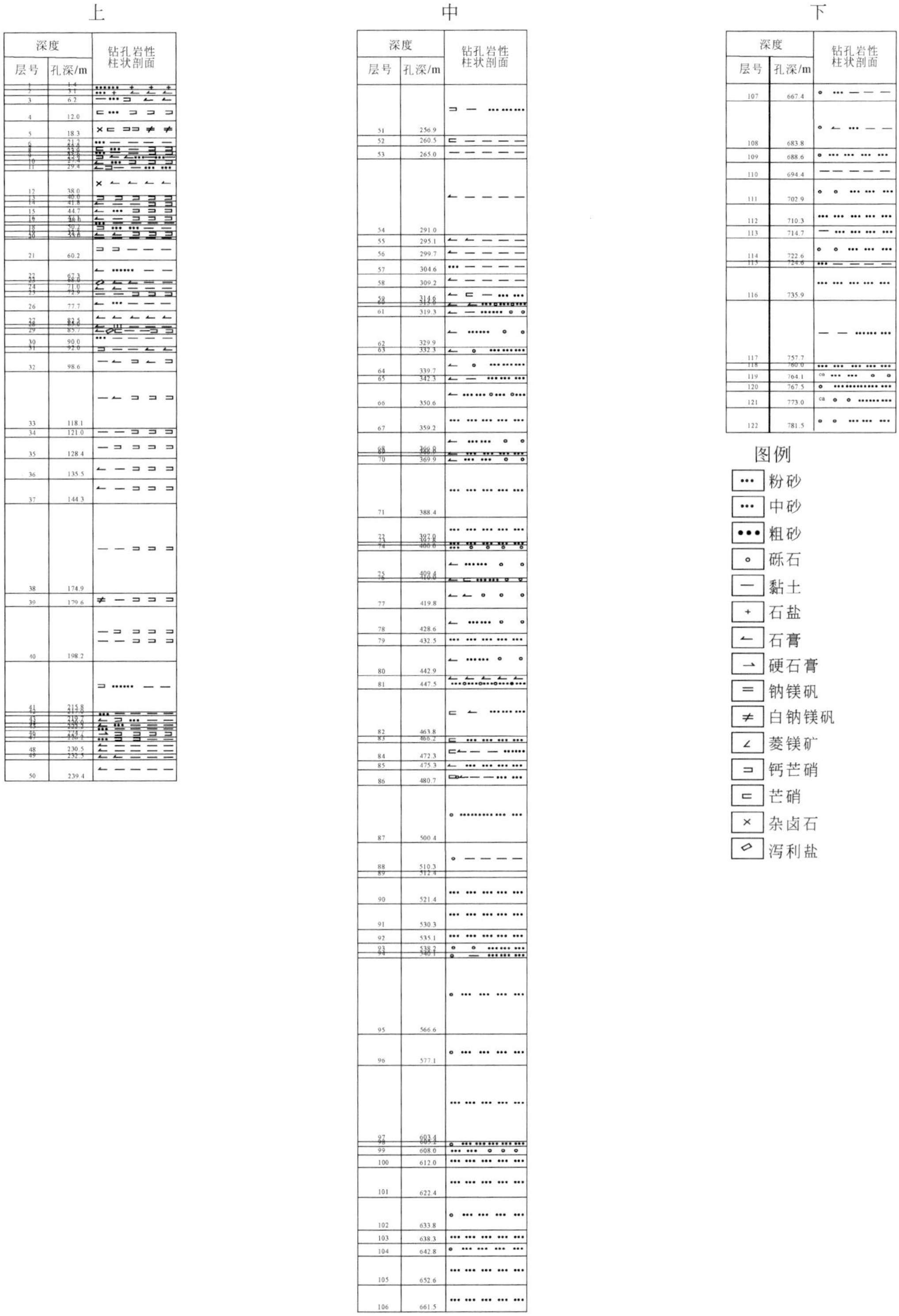

图 4-1 罗布泊盐湖 LDK01 钻孔岩性柱状简图（引自焦鹏程等，2014）

图例

符号	名称
···	粉砂
•••	中砂
●●●	粗砂
○	砾石
—	黏土
+	石盐
←	石膏
→	硬石膏
=	钠镁矾
≠	白钠镁矾
∠	菱镁矿
⊐	钙芒硝
⊏	芒硝
×	杂卤石
◇	泻利盐

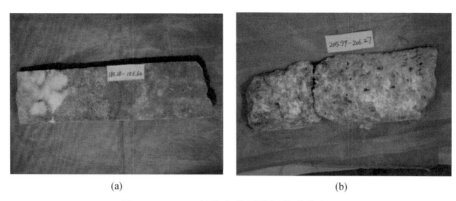

(a)　　　　　　　　　　　　　　　　(b)

图 4-2　LDK01 钻孔上部层段钙芒硝岩岩心

(a)　　　　　　　　　　　　　　　　(b)

图 4-3　LDK01 钻孔中部层段含砾砂岩岩心

三、下部层段

深度 660.00～781.50m，棕色、褐红色钙质砂砾碎屑岩层（图 4-4），多为钙质石英砂岩、砾岩。主要矿物有石英（50%～80%）、长石（10%），次要矿物为方解石等，含少量次生石盐等盐类矿物。岩性致密、中粗砂砾状结构，块状构造，孔隙不发育。

(a)　　　　　　　　　　　　　　　　(b)

图 4-4　LDK01 钻孔下部层段含砾砂岩岩心

LDK01 中部和下部层段都为碎屑岩层，分为两种，一种是弱–未固结的砂、砾；另一种因被石膏或碳酸盐胶结而成较坚硬的砂岩和砾岩。

弱–未固结的砂砾，多呈褐色、棕色，成分以石英为主，含少量砾和粉砂黏土。单层最小厚度 0.5m，最厚约 12.8m，多数为 2~4m，累计厚度达 205.15m，因为连通性较好，是重要含水层。

固结的砂岩、砾岩或砂砾岩，以褐色和棕色为主，多见中粗砂岩。砾石常以不同含量比例形成含砾砂岩，砂往往占 80% 左右、砾含 10%~20%。砾以中细砾为主，少见粗砾和巨砾，一般磨圆度较好。经过薄片观察，石英达 50%~80%，次为长石，占 10% 左右，另含少量岩屑、暗色矿物和盐类矿物。岩石中矿物分选性中等，磨圆度中等，为中粗或中细砂结构。胶结物以石膏、方解石为主，另杂基多由细粉砂或暗色矿物及黏土组成。局部地层含次生钾石盐、光卤石、石盐以及白钠镁矾等细晶盐类矿物。含砾砂岩层最小厚度为 0.21m，最大达 13~16m，多数厚为 1~3m，累计总厚为 261.13m。

固结的砾、砂岩和弱–未固结的砾、砂常呈互层出现。单个地层常只有数米厚，呈千层饼状，达数百层。这体现了盆地第四纪沉积环境变化频繁，古气候干湿交替变化快的特点。弱–未固结的砂和砾层多含富钾卤水，而固结的砾、砂岩中常含次生钾盐矿物，是一种低品位钾盐资源（KCl 质量分数 2% 左右）。两种含钾矿岩层成因和含矿性还待深入研究。

第二节　沉积韵律特征

一、划分原则

沉积韵律的划分是研究沉积环境演化期次、地层对比及构造运动的重要手段之一。伴随着干旱气候条件的持续，湖泊水体随时间蒸发，当其蒸发量远大于补给量时，湖泊水体由淡水逐步向咸水乃至盐水演化，其沉积物一般表现为碎屑岩—灰岩—膏岩—盐岩—钾盐的变化。在盐湖水体演化过程中，丰水期盐湖常常受其周围淡水周期性补给，造成原本的咸水湖乃至盐水湖又变成淡水湖，相应地，沉积物由膏岩、岩盐变为碎屑岩沉积，完成一个蒸发沉积韵律。

罗北凹地为典型的陆相盐湖沉积，其沉积韵律明显，是古环境、古气候变化及地层划分的良好载体。对 LDK01 钻孔岩心的沉积学特征分析发现，罗布泊古盐湖具有显著的沉积韵律结构（图4-5），以湖泊相沉积作用为主，冲积扇亚相、河流三角洲亚相、滨浅湖亚相、浅湖亚相、湖心相及盐湖相等相互交替变化，没有发现大量风成沉积特征，因此推断罗布泊长期以来主要为一浅水湖泊，高湖面时期非常短暂。基于岩相学及粒度分析数据，遵循岩石组合沉积韵律的基本原理，以代表浅水、强动力环境的粗粒碎屑沉积作为单个韵律层的开始，自下而上，沉积物粒度逐渐变细，至代表水体较深、弱动力环境的细碎屑沉积作为该韵律的结束，划分出数个沉积韵律/旋回类型。提出沉积韵律控制下的 29 个四级韵律、6 个三级韵律和 2 个正向二级韵律，并以此控制罗布泊湖盆的进积演化序列。*A/S*

（A 是可容纳空间，S 是沉积物补给量）值减小意味着可容纳空间的减小，A/S 值增加代表可容纳空间增大，基准面旋回变化直接控制湖盆底的形态变化及湖水水深变化。

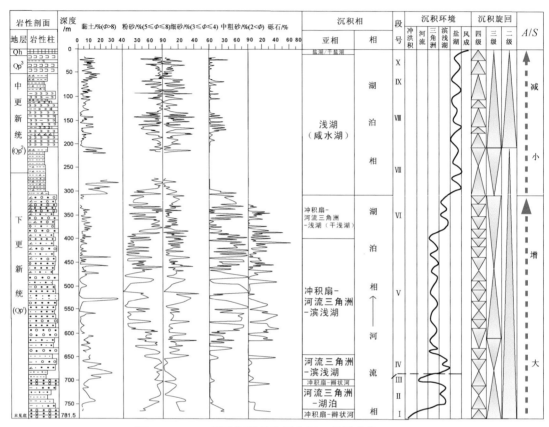

图 4-5　LDK01 钻孔沉积韵律划分图（吕凤琳等，2015）

二、四级韵律

四级韵律为本次划分对 LDK01 钻孔最小控制单元，单个韵律厚度为 9~26m。岩性依据粒度从粗到细，依次为粗砂砾岩、中砂岩、细砂岩、粉砂岩、泥岩。盐湖沉积过程中常受到短期淡化影响，早期演化阶段为暂时性淡水冲积扇与微咸水湖岸滩交替出现，其最下部存在三个明显正向二元结构的辫状河流沉积；后期石膏和钙芒硝代表的咸水湖与石盐和杂卤石或钾镁盐析出代表的高级阶段盐湖交替出现。在后期盐湖化学演化的高级阶段，也常受到短期外来水体的淡化补给影响而沉积细碎屑物质。

三、三级韵律

三级韵律包括三个正韵律和三个反韵律，单个韵律平均沉积厚度从数十米到百米以上，主要是由数个四级韵律组合而成，反映了较长周期内的湖水动力状况。钻孔 300m 深附近存在两个典型的间断性反韵律，岩性突变界线可能代表由构造作用形成的断陷凹地继续沉积了一套泥质湖相沉积物。

四、二级韵律

将 LDK01 孔岩心沉积韵律划分出两个二级正向韵律，厚度平均为数百米，表明罗北凹地有两次较大规模的湖水演化过程。此正向韵律代表了罗布泊从初始阶段沉积，最后演变为干盐湖的发展过程。

第三节　沉积特征演化

一、沉积物粒度

粒度测试样品集中采自钻孔下部碎屑岩和上部含盐系碎屑岩层段，共取得样品 340 件。粒度分析在中国科学院地理科学与资源研究所理化分析中心进行。首先将样品中不可溶盐类矿物如钙芒硝、石膏等较大晶体进行人工去除，将下部粗粒径沉积物中大于 2000μm 的砾石筛分后称重，余下的松散沉积物按常规方法处理。①取 3 ~ 5g 样品放入烧杯中，加入 30% 的过氧化氢加热微沸半小时以上去除有机质，然后在烧杯中加入适量 10% 的盐酸用来除去颗粒胶结物碳酸盐，直到溶液中不产生气泡为止；②除去上层产生反应的废液，往烧杯中加满蒸馏水，静置 24h，直至溶液澄清为止；③除去上层清液，加入 0.5mol/L 的分散剂——六偏磷酸钠溶液，浸泡 24h，使样品颗粒彼此分散开；④上机测试，所用仪器为激光粒度仪（英国 Malvern 公司 Mastersizer 2000 型），测定误差小于 1%，偏差小于 0.5%，可提供每一粒度组分的百分含量、频率曲线。

沉积物颗粒分布特征与沉积环境密切相关，粒度组成和沉积构造是判别碎屑类沉积物沉积环境的重要指标（刘东生等，1998）。根据伍登–温德华分级标准，将不同碎屑颗粒粒度按 Φ 值表示为黏土（$\Phi > 8$）到极粗砂（$\Phi < 0$），并按称重法统计剔除砾石的含量。此外，为了厘清罗布泊地区第四纪盐湖沉积物来源方式及沉积环境，对钻孔沉积物粒度参数进行了分析。计算粒度参数的方法依据图解法和矩值法（Folk and Ward，1957；Blot and Pye，2001），得到样品的平均粒径（MZ）、分选系数（SD）、偏度（SK）、峰度（KG）。

粒度分析结果如图 4-6 所示。沉积物颗粒分布特征显示，粉砂和黏土粒级在整个钻孔的分布集中在钻孔上部（200m）；粗砂和砾石等粗碎屑物则集中分布在钻孔下段，且中粗砂及细砾呈数个窄峰值出现，可能暗示了该阶段 LDK01 钻孔位置在湖泊演化初期阶段，湖泊水体曾经历数次快速变浅，并伴有周缘大量粗碎屑物注入湖盆的水文状况。LDK01 钻孔沉积物粒度纵向变化趋势表明，自下更新统至上更新统，盐湖沉积时水动力条件是逐渐减弱的，整体沉积环境为从动荡向稳定的浅水湖相环境过渡。

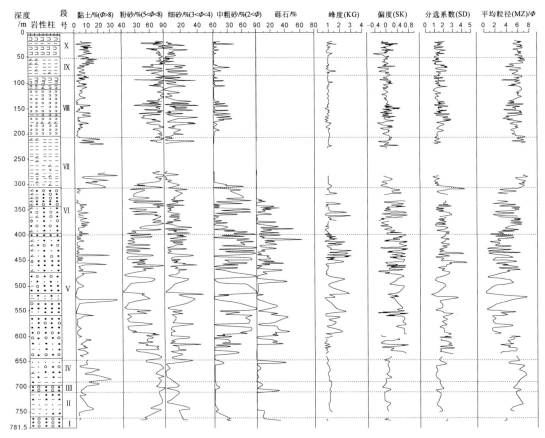

图 4-6　LDK01 钻孔沉积物粒级分布与参数特征

各项粒度参数结果及纵向演化趋势见表4-1和图4-6。平均粒径（MZ）总体范围变化介于 0.35 ~ 7.68Φ 之间，平均值区间为 3.34 ~ 6.63Φ，代表沉积物粒度组分复杂。分选系数（SD）代表沉积物分选程度，反映沉积物不同粒度颗粒分散和集中状态。钻孔总体 SD 变化于 0.55 ~ 4.85 之间，平均变化为 1.18 ~ 2.22，说明沉积物属于分选性差和较差的类型。偏态系数（SK）反映沉积物粒度粗细组分的分布情况。钻孔总体偏度值为 -0.53 ~ 0.75，变化范围较宽，从极负偏态到极正偏态等 5 个等级都有，平均值介于 -0.04 ~ 0.32 之间，其中以正偏和近乎正态分布为主。峰态系数（KG）衡量分布曲线的峰凸程度即相对粒径的集中趋势。钻孔峰态值区间为 0.56 ~ 3.39，表现为众数（峰值）集中趋势从平缓到很窄类型均有，平均值介于 0.77 ~ 1.23 之间，大部分表现为中等峰态，表明各粒级组分分布广泛，沉积物颗粒组成复杂多样。沉积物的机械分异作用使得不同粒径的沉积物在概率累积曲线上具有不同的形态，概率累积曲线能较好地判别沉积物当时的形成环境及沉积作用形式。

表 4-1　LDK01 钻孔各阶段沉积环境判断与粒度参数特征值

段号	沉积环境判别	样品数	深度/m	MZ/Φ	SD	SK	KG	第一众数/Φ	第二众数/Φ	第三众数/Φ	概率累积曲线段式
X	浅湖–风成	33	0～50.80	5.93	1.39	-0.02	1.05	7	5	—	一段式/两段式
IX	浅湖	28	50.80～82.50	5.92	1.45	-0.04	0.95	7	6	—	一段式
VIII	较浅湖湖心	89	82.50～207.03	5.50	1.52	0.01	0.95	5.5	6	—	一段式
VII	浅水湖	28	207.03～304.59	6.63	1.18	-0.02	0.98	7	6	—	一段式/两段式
VI	滨湖	46	304.59～395.95	4.44	2	0.16	1.03	2	5	1	一段式/多段式
V	湖泊扇三角洲	91	395.95～642.79	3.34	2.09	0.32	1.23	1	0.5	4	两段式
IV	滨浅湖	11	642.79～694.39	6.08	1.46	0.04	0.89	6.5	6	7	一段式/两段式
III	辫状河三角洲	3	694.39～710.28	5.46	1.71	-0.12	1.16	3	5.5	—	两段式/三段式
II	滨浅湖	8	710.28～760.00	5.64	1.41	0	1.04	6	5	5.5	一段式/两段式
I	冲洪积扇	3	760.00～781.50	3.68	2.22	0.01	0.77	1.8	5.5	7	三段式

1. 第 I 段：760.00～781.50m

平均粒径分布于 3.40～3.87Φ 之间，平均值为 3.68Φ。在整段钻孔中属于粒径较粗的部分，反映了相对较强的水动力条件。该段野外观察岩性以含钙质砾石粗砂岩为主，各个颗粒组分由碳酸盐胶结在一起。砾石粒径较大，2～80mm 不等，含量约有 50%。由于粒径大于 2000μm 的砾石不能进入机器测量，所以该处所指粒径为去除掉砾石含量的粒径。除砾石外以粉砂和中砂为主，其中粉砂约占 60%，中砂约占 30%。分选系数较大，分布在 2.10～2.33，反映了沉积物颗粒粒级较大、分选较差的特点；偏度为 -0.10～0.12，近对称；峰态较低，主要为 0.70～0.81，为中等峰态类型，沉积物大小混杂，分选性较差。本段频率曲线以近对称双峰马鞍状为主［图 4-7（b）］，分选性差表明物源组成至少有两种。概率累积曲线为两段式［图 4-7（a）］，以悬浮组分为主，含量约 80%，曲线表明悬浮组分斜率较平缓，分选差。跳跃组分占 20%，分选一般。两者分界点为 1.8Φ，表明沉积物所处的沉积期水体能量较高，搬运介质的扰动强度大。

2. 第 II 段：710.28～760.00m

从岩性编录上看黏土成分明显变高，主要为泥岩和粉砂岩，与第 I 段相比粒径变小，含砾砂岩中砾石约占 10%，砾石颗粒最大可达 3cm；测量粒度同样是去除砾石的部分，平均粒径为 4.50～6.76Φ，平均值为 5.64Φ。黏土含量可达 20% 左右，粉砂含量 45%，细砂含量 20%；分选系数为 1.05～1.78，分选较差，但是较第 I 段变好；偏度为 -0.11～0.13，近正态分布；峰态为 0.91～1.25，峰态中等–窄。这反映出相对上段较弱的水动力条件和稳定的沉积环境。从频率曲线［图 4-7（d）］上看，沉积物呈现单峰的形态，众数为 5.5～6.5Φ，为粗粉砂到中粉砂，物源来源单一。概率累积曲线基本为一段式或两段式［图 4-7（c）］，从中砂到黏土均有分布，但是分选中等，表明水动能较上段减弱，进入一个较为稳定的沉积环境。

3. 第 III 段：694.39～710.28m

岩性主要为砂质砾岩和中粗砂岩，黏土含量很少，粉砂粒级组分含量为 25%，砂岩粒

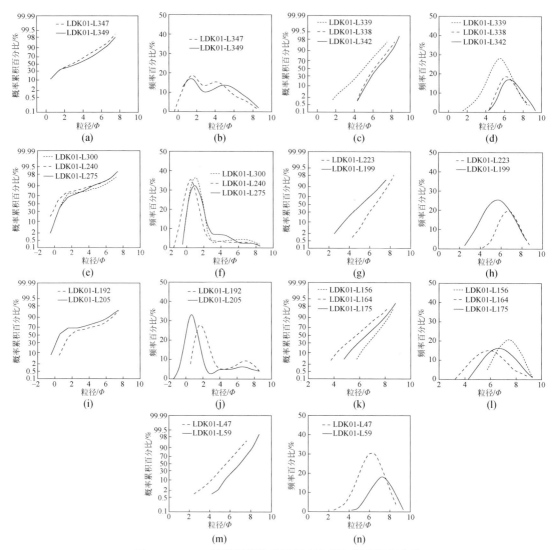

图 4-7 LDK01 钻孔沉积物典型频率曲线与概率累积曲线

级组分为 35%，砾石含量高达 45%。去掉砾石后处理样品所得平均粒径为 5.00 ~ 5.94Φ；分选系数为 1.50 ~ 1.97，平均值为 1.71，表明沉积物分选较差；偏度为 −0.21 ~ −0.02，体现为负偏态，说明粒度具有较细尾端；峰态为 1.11 ~ 1.24，峰态较窄，沉积物粒径集中在该区间。

4. 第Ⅳ段：642.79 ~ 694.39m

岩性主要为泥岩及粉砂岩，偶见中粗砂和含砾砂岩。砾石颗粒大小约为 5mm，含量约为 15%。黏土粒级组分约 30%，粉砂含量较多，约占 40%，细砂约为 15%。平均粒径为 6.08Φ，变化范围较大；分选系数 1.02 ~ 2.30，分选较差到很差；偏度范围为 −0.14 ~ 0.17，近对称分布；峰态为 0.72 ~ 1.05，曲线表现为宽–中等，沉积物颗粒大小混杂，分选性较差。

5. 第Ⅴ段：395.95~642.79m

从岩性上看以中粗砂和含砾砂岩为主，但黏土含量出现3~4次极端峰值，表明环境突变，其粒径组分约占10%，粉砂粒径含量约25%，极细砂到粗砂含量约35%。砾石约占30%，大小不等，2~60mm均有，以次棱角状居多，表示物源区较近，短距离搬运或水动力很强。除砾石外平均粒径为3.34Φ，从极粗砂到极细粉砂均有，组分十分复杂；分选系数变化范围0.55~4.85，分选不均一，从分选好到分选极差均有。偏度变化范围-0.34~0.75，平均值为0.32，呈现极正偏态，表明颗粒物主要集中在粗端部分；峰态变化范围0.56~3.04，平均值为1.23，呈现出较窄的峰态。从频率曲线上看［图4-7（f）］，沉积物主要呈现单峰的形态，但具有较细的尾端的弱峰。众数为1Φ左右，为粗砂的组分，而且峰值较窄，说明沉积物多由该组分组成。概率累积曲线为两段式［图4-7（e）］，由跳跃组分和悬浮组分组成，粗截点在1.5Φ左右，反映该段水动力较大，跳跃组分分选较悬浮组分好。

6. 第Ⅵ段：304.59~395.95m

从岩性上看主要为中粗砂岩及含石膏粗砂质砾岩，黏土含量很少，约占8%，粉砂组分含量20%，极细砂及以上砂质含量约占20%，砾石含量约占50%。砾石颗粒较大，可见易风化杂色砾石，结构成熟度低，磨圆度为棱角-次棱角状，球度较低，以2~20mm为主，偶见100mm巨砾。平均粒径4.44Φ；标准方差在0.93~4.42之间，分选中等到极差；偏度为-0.53~0.74，既有正偏态，又有负偏态，说明沉积物粒度分布的尾端组分出现了粗细两种颗粒；而其平均值为0.16，属正偏态，偏向粗端一侧。峰度值为0.56~2.92，平均值为1.03，峰态中等。从频率曲线上来看［图4-7（h）和图4-7（j）］，单峰和双峰型交替出现，其中单峰的粒径较细，众数为5~7Φ，峰度也较平缓。双峰具有一个较细的尾端，尾端微微翘起，众数为1~2Φ，峰值非常窄。概率累积曲线也有两种形式［图4-7（g）和图4-7（i）］，由一段式（约为60%）和两段式（约为40%）组成。一段式的悬浮组分粒径较细，分选中等；两段式由跳跃组分和悬浮组分组成，跳跃组分分选好，而悬浮组分曲线较平缓，分选很差。截点位于1~2Φ之间，粒径很粗。

7. 第Ⅶ段：207.03~304.59m

从岩性上看主要为含石膏粉砂黏土和纯石膏层，上部出现含钙芒硝粉砂质黏土层。该层粒度明显较上层变细，以粉砂和黏土为主，不含砾石。黏土组分含量约有30%，粉砂粒级组分约有60%，极细砂约有10%，属于该段中最粗的粒级组分。平均粒径区间范围为4.75~7.68Φ，平均值为6.63Φ，相当于细粉砂组分；分选系数为0.75~1.64，平均值为1.18，显示分选中等偏差；偏度区间为-0.32~0.44，平均值-0.02，证明粗细组分相当，呈近对称正态分布；峰态区间为0.85~1.3，平均值为0.98，表明峰态中等。从频率曲线上看［图4-7（l）］，该段以单峰为主，众数为6~8Φ，表明沉积物颗粒较细，以细粉砂为主，但分布较宽，分选一般。概率累积曲线表明［图4-7（k）］，该段沉积物主要为一段式，由悬浮组分组成，斜率不大。

8. 第Ⅷ段：82.50~207.03m

从岩性上看主要为含黏土钙芒硝岩和黏土质钙芒硝岩互层，碎屑物颗粒较细，不含砾石。黏土粒度组分约有10%，粉砂粒度组分约有80%，极细砂和细砂约有10%。平均粒径区间为 3.08 ~ 6.97Φ，平均值为 5.50Φ，大致为粉砂组分；分选系数为 0.82 ~ 2.79，平均值为 1.18，分选中等偏差；偏度范围区间为 -0.32 ~ 0.44，平均值为 0.01，为近对称；峰态为 0.64 ~ 1.56，平均值为 0.95，显示峰态较平缓。该段频率曲线和概率累积曲线与第Ⅳ段地层类似。

9. 第Ⅸ段：50.80 ~ 82.50m

从岩性上看主要为含石膏黏土和粉砂质石膏岩，58.90m 以上出现钙芒硝质黏土沉积。该段粒度较细，以粉砂粒级为主，粉砂含量较高，其组分约为 80%，细砂约为 10%，黏土为 10%；平均粒径区间范围 3.63 ~ 7.26Φ，平均值为 5.92Φ，表现其为中粉砂组分；分选系数为 0.75 ~ 2.41，平均值为 1.45，分选较差；偏度区间为 -0.36 ~ 0.32，平均值为 -0.04，呈近对称正态分布；峰态区间为 0.72 ~ 1.65，平均值 0.95，表明峰态中等。从频率曲线上看 [图 4-7（n）]，该段以单峰为主，众数为 6 ~ 8Φ，表明沉积物颗粒较细，组分粒级以粉砂为主。概率累积曲线表明 [图 4-7（m）]，该段沉积物主要为一段式，由悬浮组分组成，分选不好。

10. 第Ⅹ段：0 ~ 50.80m

粒度处理数据只到 19.10m。该段碎屑物磨圆度较好，岩性半固结-松散。下部和中部的粒度分析数据表明，平均粒径区间为 0.35 ~ 6.89Φ，平均值为 5.93Φ，说明粒度较细；分选系数为 0.89 ~ 2.22，平均值为 1.39，说明分选较差；偏度区间为 -0.50 ~ 0.42，平均值为 -0.02，表明其趋近于对称正态分布；峰态区间为 0.80 ~ 3.39，平均值为 1.05，峰态为中等，表明各粒级组分分布广泛。该段可能有较多的风成碎屑颗粒。

二、磁化率分析

湖泊沉积物磁化率的大小一般取决于其所含磁性矿物的种类、含量以及粒度特征。细碎屑（如粉砂质泥、泥质粉砂）含磁性晶粒具有很高的磁化率，因此该部分含量在湖泊沉积物中增加，相应磁化率也增强。通常情况下，温暖湿润的环境里氧化作用加强，磁性矿物（Fe_3O_4）的生成率高，沉积物的磁化率增强；反之则减弱。当气候干旱时，湖泊水位较低，沉积物较粗，岩性为细砂等，磁化率值亦低；而当气候湿润时，湖泊水位较高，沉积物相对较细，相应磁化率值亦升高（胡守云等，1998）。但是需要强调的是对于湖泊沉积物来说，单一磁化率具有古气候指示意义。物质来源多样，各种沉积物对磁化率贡献程度不同，成因比较复杂，需要掌握各种指标来总体恢复古环境。

实验选用 LDK01 钻孔岩心样品，按照上部蒸发岩段 0.5m 间距，碎屑岩层 1m 间距系统采样，共取得样品 523 件。在中国地质科学院矿产资源研究所沉积岩实验室进行，采用了英国 Bartington 公司生产的 MS-2 型磁化率仪器。处理过程为将样品简单破碎后装入 2cm×2cm 的小方形无磁性塑料盒子中进行测定。

由图 4-8 可以大致得出磁化率变化曲线与粒度曲线部分对应较好。对比粒度分析结果，认为控制磁化率高低的因素有以下几方面。

（1）沉积物粒度：在整个钻孔中，磁化率高值对应粗颗粒沉积，低值对应细颗粒沉积。这与大部分湖泊沉积物相同。碎屑沉积物粒径大，所以含有较多的磁性矿物。因沉积时湖水较浅，磁性矿物不被破坏，所以磁性保留下来。

（2）湖泊的氧化–还原条件：湖水一般处于还原环境时，磁性矿物易被破坏，高价铁被还原成低价铁，从而导致磁化率值降低。

（3）沉积物成分：沉积物中含盐量的大小对磁化率值产生很大的影响。从大约300m开始，本钻孔粒度和磁化率所记录的波动幅度明显较小，反映了罗布泊湖泊成盐作用的增强，即气候背景变得更为干旱，而罗布泊正好是在此处进入浅湖泥膏沉积。而在200m以上，磁化率很小至几乎为0，这是因为巨量钙芒硝及石膏等盐类矿物析出，碎屑物含量少。

（4）古气候：在冷湿环境下，融雪和降水处于相对较低的水平，但是蒸发量也明显降低，较大的湖水动力促成粗颗粒沉积；反之，在暖干环境下，湖水的蒸发量远超过补给量，湖水变干，水动力减弱，使细颗粒沉积增加。所以在罗布泊地区，粒度与磁化率变化保持一致（罗超等，2008）。

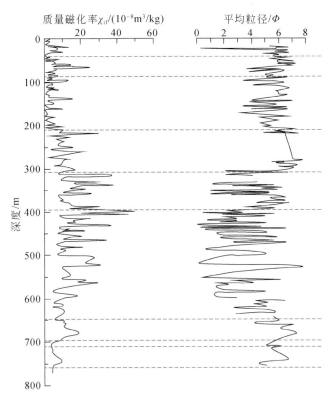

图4-8　LDK01钻孔沉积物磁化率与平均粒度变化及对比曲线

三、元素地球化学

钻孔沉积物 Cl^-、SO_4^{2-}、K^+、B^{3+}、Na^+、Ca^{2+}、Mg^{2+} 含量变化可以反映水体蒸发和补给量对比关系的变化，从而为罗布泊湖泊沉积成盐环境的厘定提供约束。纵向上按照深度和变化规律可划分为三个区间（图4-9）。

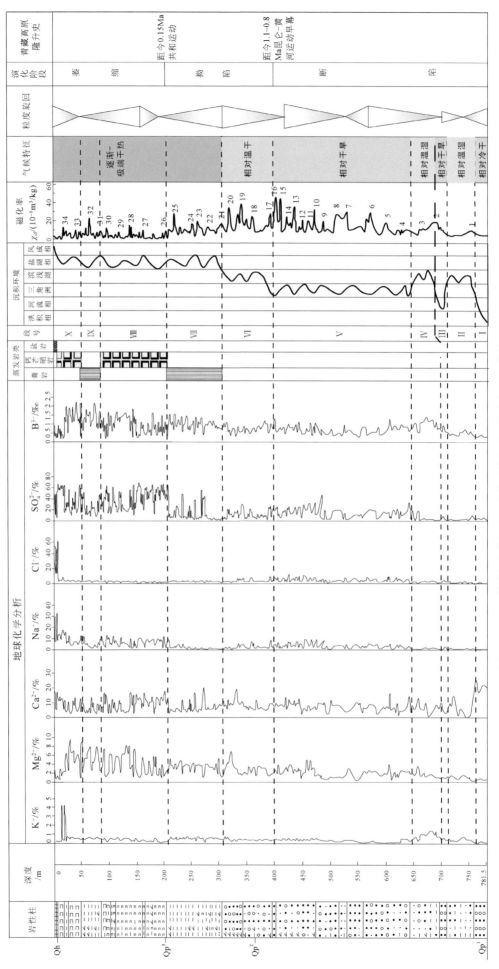

图 4-9 LDK01钻孔沉积物沉积环境指示特征及环境演变(吕凤琳等，2015)

1. 第一区间 （395.95 ~ 781.50m）

沉积物 Ca^{2+} 平均含量为 7.43%，SO_4^{2-} 平均含量为 12.42%，Mg^{2+} 平均含量为 2.03%，K^+ 平均含量为 0.35%。Ca 元素在成盐过程中是盐湖演化的重要标志物，是低盐度水体的主要组成离子，可以以自生沉淀或以被吸附的方式沉淀至湖底而相对富集。Ca^{2+} 与 SO_4^{2-} 两者之间表现出正相关性，证明罗布泊湖水在蒸发浓缩的初期以硫酸盐等形式析出。镁盐的易溶性决定了其在湖水蒸发浓缩的后期阶段才能析出或进入盐类矿物晶体，因此岩盐中 Mg^{2+} 的含量变化也指示了卤水蒸发浓缩的阶段以及钾、镁盐的富集程度。该区间 Mg^{2+} 波动频繁但基本上呈上升态势，表明沉积水体淡化-咸化震荡变化，总体上呈浓缩趋势。作为成盐元素，K^+ 的含量及其变化直接反映了卤水的成盐阶段和成盐作用的演化过程（陈郁华等，1988）。该区间 K^+ 含量略低于平均值 0.39%，总体上略呈增加趋势。Cl^- 和 Na^+ 是高矿化水的主要离子，是盐湖演化、趋向成熟阶段的重要指标。Cl^- 和 Na^+ 在该段平均值较低，分别为 2.8% 和 3.99%，微量元素 B^{3+} 该区间含量仅为 0.7‰。

2. 第二区间 （207.03 ~ 395.95m）

沉积物 Ca^{2+} 平均含量为 7.15%，SO_4^{2-} 平均含量为 12.60%，Mg^{2+} 平均含量为 3.28%，K^+ 平均含量为 0.46%，Na^+（1.98%）和 Cl^-（2.83%）含量较低，微量元素 B^{3+} 稳定上升，平均含量为 0.8‰，大致与第一区间沉积化学特征一致。Mg^{2+} 含量较上段升高，富集区间位于钻孔 340m 以上，主要赋存于白钠镁矾、泻利盐等盐类矿物中（焦鹏程等，2014）。K^+ 含量平均值较高且变化较平稳，结合上文可知该区间早期沉积环境为滨湖相且磁化率为高值，推测可能流域侵蚀作用较强导致 K^+ 在湖盆中富集。本区间各项离子变化较为平稳，大量石膏岩及湖相膏泥岩沉积，说明湖水处于微咸水-咸水环境化学交替。

3. 第三区间 （0 ~ 207.03m）

沉积物 Ca^{2+} 平均含量 8.77%，SO_4^{2-} 平均含量为 38.61%，显著高于第一、二区间，Mg^{2+} 平均含量为 3.60%，该区间 Cl^- 和 Na^+ 浓度显著增加，其平均值分别达到了 3.93% 和 7.52%；微量元素 B^{3+} 达到平均值，最高值为 1‰。其中 Ca^{2+}、SO_4^{2-} 和 Na^+ 含量为高值，推测其与该阶段巨量钙芒硝沉积有关；K^+ 含量最高值可达 4.3%，该区间主要含钾盐类矿物为光卤石、钾石盐，表明其处于晚更新世末期—全新世阶段，气候极端干旱导致卤水蒸发浓缩到钾盐析出阶段（焦鹏程等，2014）。Mg^{2+} 显示出最高平均值的特征，指示了卤水演化后期特征，同时伴随钾石盐等析出代表极端干旱气候条件下蒸发浓缩的环境。

四、沉积演化

青藏高原的隆升作为全球新生代最为显著的重大地质事件之一，不仅重塑了高原周缘盆地构造-地理面貌，其产生的环境效应也对盆地演化产生了深远影响（England and Molnar，1990；Li et al.，1991；Harrison et al.，1992；Rea，1992；Coleman，1995；王成善等，2009）。例如，高原持续隆升可能导致塔里木周边褶皱山系屏蔽效应显著，从而加剧了亚洲内陆干旱化进程（Bosboom et al.，2014a、b）。李吉均等（2001）、崔之久等

（1998）认为青藏高原隆升具有多段式特点，自晚上新世以来主要经历了距今 3.6Ma 青藏运动、距今 1.2Ma 昆仑-黄河运动和距今 0.15Ma 共和运动，使青藏高原抬升到现今的高度。在这一过程中，高原的阶段性差异导致盆地的演化也相应地表现出阶段性并反映在盆地沉积物的变化上（王跃等，1992；胡东生等，2007；裴军令等，2011；吴崇筠和薛叔浩，1993）。依据前述钻孔沉积物各指标参数演化规律，笔者认为罗布泊 LDK01 钻孔所在地区的构造演化与青藏高原的阶段性隆升具有良好的响应关系，钻孔沉积物类型、矿物组合在纵向上的转变正是始于对青藏高原不同阶段隆升作用的沉积响应（图 4-10）。

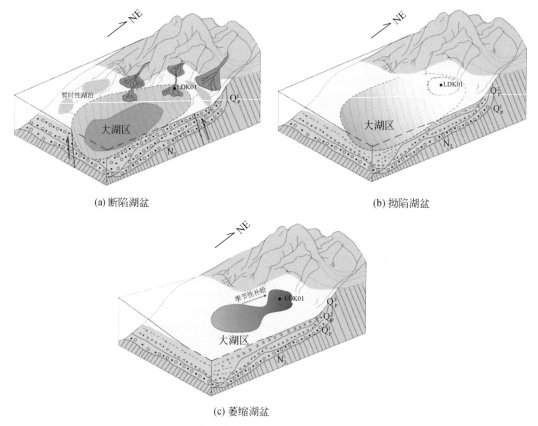

图 4-10　罗布泊湖盆演化示意图（吕凤琳等，2015）

1. 断陷阶段（Ⅰ～Ⅴ段）

晚上新世—早更新世时期，青藏运动启动，青藏高原主体发生强烈的构造隆升（李吉均，1999），导致了高原周缘山系迅速上升，盆地沉积以冲洪积相的粗粒砾石为主。在酒泉盆地，该次事件体现在玉门砾岩组的形成（宋春晖等，2001）。晚上新世临夏盆地积石组砾岩沉积物的出现（方小敏等，2007），同样指示了这次构造隆升运动的存在。塔里木盆地内部，天山、西昆仑山和阿尔金山山前的西域组砾岩被认为是这次构造事件的产物（郑度和姚檀栋，2004）。天山急剧上升导致河流强烈剥蚀切割岩体，并挟带粗大的悬浮砂石向中下游冲去，并在罗布泊汇水盆地快速堆积下来（郝诒纯等，2002），同时这一过程也可能指示了岩体遭受风化剥蚀后释放元素对罗布泊盐湖化学沉积演化的贡献（Bo et al.,

2013）。而在罗布泊地区，因南部青藏高原的隆升导致周缘断裂活化，在区域性张剪性应力作用下，罗布泊断陷盆地形成［图4-10（a）］，形成了冲积扇-滨湖相-河流相-扇三角洲总体样式，构成山前粗碎屑砂砾岩层序，为后期盐类物质的聚集提供了原始场所。

据LDK01钻孔沉积记录，760.00～781.5m（Ⅰ段）、694.39～710.28m（Ⅲ段）、395.95～642.79m（Ⅴ段）表现为以砾岩、含砾粗砂岩沉积为代表，砾石粒径可达55～80mm，呈棱角-次圆状，中粗砂杂基支撑，成分成熟度低，具有分选差、钙质碳酸盐胶结等特点，碎屑物颜色为浅褐色-紫红色不等，指示湖盆收缩、水体较浅的氧化沉积环境。总体湖水水动能较强，属于中-高能区。395.95～642.79m（Ⅴ段）上部岩性转变为含石膏的中砂岩和砾岩，同时底部出现细晶石膏和硬石膏，表明湖泊水体由淡水—微咸水—咸水转变。沉积环境主要为近源的季节性冲洪积相-辫状河三角洲相-湖泊扇三角洲亚相，表明高原构造处于隆升阶段。710.28～760.00m（Ⅱ段）和642.79～694.39m（Ⅳ段）主要表现为以黏土粉砂较多的湖相沉积特征，并在泥岩及细砂岩中发现黑色碳质及类似介形虫类生物化石，这可能反映其存在局部沼泽化现象。在667.77m处出现粗晶板状石膏，表明此时气候干旱，蒸发强烈。此时盆地转入构造稳定阶段，属于湖进阶段，搬运介质的扰动强度减小，相应地，罗布泊凹地产生了稳定的滨浅湖相沉积。

总体来说，早更新世时期，罗布泊地区为统一大湖环境（刘成林和王弭力，1999），罗北地区则发育冲洪积、河流、湖泊扇三角洲和河湖交替沉积作用下的滨湖相产物，水动力很强，磁化率特征显示主要为半干旱-半湿润气候（图4-9），早更新世末期（距今1.1～0.78Ma）昆仑-黄河运动早幕（崔之久等，1998），青藏高原抬升到3500m以上（李吉均等，2001），对本区构造响应为上新世末期—早更新世晚期近南北向伸展断陷向早更新世晚期以来北东-南西向构造挤压作用转变导致的盆地剪切变形（施炜等，2011），研究区主要沉积了一套内陆山麓前缘类磨拉石建造粗碎屑沉积物［图4-10（a）］。

2. 拗陷阶段（Ⅵ～Ⅶ段）

进入中更新世（距今0.78Ma）以来，昆仑-黄河运动延续发展（李吉均，1999），这一隆升过程在塔克拉玛干沙漠中更新统剖面表现为岩性和碳氧同位素发生显著突变，同样说明气候干旱事件突发，短时间内有大量陆源碎屑注入沉积区（裴军令等，2011），而对应酒西盆地接受一套暗灰色巨厚的酒泉砾石组沉积（郑度和姚檀栋，2004）。在新疆库鲁克塔格地区相应沉积了中更新统乌苏群。罗布泊内部，主断陷湖盆被充填并发生构造抬升作用，盆地开始向拗陷阶段发展［图4-10（b）］，岩性由以近陆源滨浅湖相砂砾岩为主的碎屑岩和以硫酸盐型（石膏）为主的蒸发岩构成。沉积总体样式为滨浅湖相-咸水湖相层序。

据钻孔沉积记录，304.59～395.95m（Ⅵ段）表现为近陆源滨浅湖相环境，岩性以含石膏砂砾岩为主，基本延续了扇三角洲沉积特征。粉细晶石膏广泛分布，在316m处出现指示较高盐度条件的砂砾状菱镁矿（刘成林等，2008b）。207.03～304.59m（Ⅶ段）由不稳定的滨湖相转变为稳定湖相沉积，岩性为石膏质黏土和黏土质粉砂岩。石膏晶型以板状、脉状的中-细晶为主，与黏土频繁交替的水平韵律互层。该段可能表明中更新世晚期，由于新构造运动，罗布泊北部大部分水体变浅，同时分隔出罗北凹地等次级盆地，这时罗布泊南北湖区沉积环境开始发生分异，为"大罗北凹地"阶段（刘成林和王弭力，

1999），发育大量咸水湖相石膏质泥岩和石膏岩，这代表一种稳定的浅水盆地相（刘群和陈郁华，1987）。这可能表明沉积背景由早期的断陷阶段逐渐向稳定持续沉降的拗陷阶段发生转变，构造再次转入稳定阶段。

结合上述资料可知，中更新世早期以来，罗布泊地区发育滨浅湖相和浅湖相含石膏碎屑岩，磁化率证据表明气候开始变得干热（图 4-9），当时主要为半干旱环境，这与前人孢粉研究成果也基本吻合（王弭力等，2001；王永等，2000）。中更新世中晚期，构造隆升可能使盆地基底发生不均衡抬升，与南部化学沉积体系不同，罗布泊北部的罗北凹地除了发育大量石膏岩及石膏质泥岩外，已开始出现钙芒硝沉积，表明北部已进入较高盐度的盐湖阶段。

3. 萎缩阶段（Ⅷ~Ⅹ段）

晚更新世初期，发生于距今 0.15Ma 的共和运动使青藏高原隆升到接近现代的高度，高原内部及中国西部变得更为干旱，马兰黄土分布空前广阔；柴达木古湖于 25ka 后消失并开始新的成盐时期（李吉均，1999）。在罗布泊地区，随着气候极端干热化与构造活动性减弱，湖盆演化进入充填萎缩阶段［图 4-10（c）］。湖泊水体变浅，范围缩小，湖盆逐渐收缩至最后消亡，出现干盐湖沉积。岩性以硫酸盐型（钙芒硝、石膏）和氯化物型（石盐）的蒸发岩为主。沉积总体样式为盐湖相沉积。

钻孔岩心揭示出自 207.03m 开始进入稳定的湖泊沉积。82.50~207.03m（Ⅷ段）为巨量钙芒硝沉积，碎屑组分为黏土和粉砂。随着蒸发作用的加强，早期沉积石膏被交代为钙芒硝（刘成林等，2007），钙芒硝单体晶型为结晶度良好纯净的菱板状、长板状的中粗晶（赵海彤等，2014），指示静水沉积产物。推测构造运动使罗北凹地下沉（刘成林等，2008b），盆地环境更加封闭，湖泊水体强烈蒸发，浅水盆地范围缩小。50.80~82.50m（Ⅸ段）碎屑物以灰褐色黏土粉砂为主。中细晶石膏重新出现，说明水体咸化程度降低可能因湖盆水体增加，可能为浅湖亚相。0~50.80m（Ⅹ段）下部以黏土质钙芒硝和含石膏粉砂黏土为主，10m 以上主要发育含石盐粉砂。资料显示，晚更新世末期以来，受到北北东向主压应力作用，罗北整体构造抬升同时发育次级断陷，导致罗北凹地等次级凹地最终形成，由于其封闭性较好，罗北凹地形成富钾的高盐度盐湖环境（刘成林和王弭力，1999；刘成林等，2007），但丰水期时可以接受大耳朵湖水上涨补给［图 4-10（c）］。钾石盐、杂卤石、光卤石等钾盐矿物（王弭力等，2001；刘成林等，2008b）的析出表明该阶段卤水蒸发浓缩程度增强，证明气候进一步变得极端干旱（图 4-9）。从晚更新世中期到全新世，罗北凹地的沉积环境由盐湖逐渐转为干盐湖，出现钾盐大规模成矿（刘成林等，2002，2010a；焦鹏程等，2014），这是一个完整的蒸发沉积旋回的必然结果。

第四节　小　　结

（1）罗布泊盐湖第四纪沉积地层（基于 LDK01 钻孔记录），由三大岩性段组成，上部蒸发岩段（0~242.00m），属蒸发成因化学沉积，以钙芒硝、石膏为主，顶部发育石盐以及光卤石、钾石盐等钾盐矿物，该段钙芒硝岩层为罗北凹陷富钾卤水主要储层；中部中-细碎屑岩段（242.00~660.00m），以中-细砂岩、含砾中砂为主，部分碎屑层段含次生的钾石盐、光卤石、杂卤石等盐类矿物；下部粗碎屑岩段（660.00～781.50m），以砂砾岩、含砾砂岩为主。

（2）罗布泊第四系可划分为29个四级韵律、6个三级韵律和2个正向二级韵律，中-下部韵律频繁发育，指示环境动荡，上部韵律较少，指示环境较为稳定。

（3）罗布泊第四纪经历了三个大的沉积演化阶段，即断陷湖盆、拗陷湖盆、萎缩湖盆，自下而上干旱气候条件逐渐加剧、湖泊水体浓度不断增加。盐湖阶段性演化与区域性构造、气候事件具有良好的对应关系，LDK01钻孔岩心记录了成盐成钾过程是区域构造、气候条件演化共同影响的结果。

第五章 盐类矿物学

第一节 类型及特征

通过对 LDK01 钻孔 781.5m 的岩心样品进行系统的岩矿鉴定，包括野外手标本鉴定、室内薄片鉴定、X 射线衍射、扫描电镜/能谱分析等，共鉴定出 20 多种盐类矿物，主要钾盐矿物有杂卤石、钾石盐、光卤石、硫锶钾石（钾锶矾）、钾镁矾、钾盐镁矾、钾芒硝、钾石膏等。首次发现的盐类矿物有钾锶矾、钾芒硝、天青石、重晶石、水氯镁石等。

1. 钙芒硝 [Na₂Ca(SO₄)₂, Glauberite]

微细晶–粗巨晶，0.01～4cm，自形–半自形，多呈菱板状、菱柱状及片状，部分为粒状、长条状，菱形板片状的钙芒硝晶体发育平行于（001）与（111）交棱的晶面条纹（图5-1、图5-2）；集合体呈束状、花瓣状、镶嵌状。钙芒硝岩内晶间孔隙和晶洞发育，是主要的储卤层。钙芒硝微观形貌特征为菱板状或针状，能谱成分分析主要是硫、钠和钙（图5-3）。

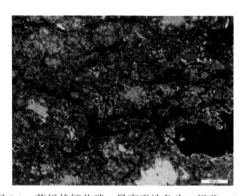 

图5-1 菱板状钙芒硝，最高干涉色为二级蓝，（+）　图5-2 菱板状钙芒硝，干涉色为紫色–蓝色，（+）

2. 石膏（CaSO₄·2H₂O, Gypsum）

无色透明–浅黄色，微细晶–巨晶，大小 0.001～4cm，自形–半自形，呈针状、柱状及板柱状（图5-4），常有石膏被钙芒硝交代现象（图5-5），部分呈碎屑状；（010）极完全解理，解理薄片具挠性，常见燕尾双晶，干涉色为灰白色（图5-6）；主要呈层状–薄层状产出，分布较广泛。

3. 石盐（NaCl, Halite）

无色透明或白色，含杂质时则可染成灰、黄等色。新鲜面呈玻璃光泽，潮解后表面呈油脂光泽；其具有完全的立方体解理（图5-7）；摩氏硬度 2.5，相对密度 2.17；易溶于水，味咸。晶形呈立方体，在立方体晶面上常有阶梯状凹坑，晶体聚集在一起呈块状、粒

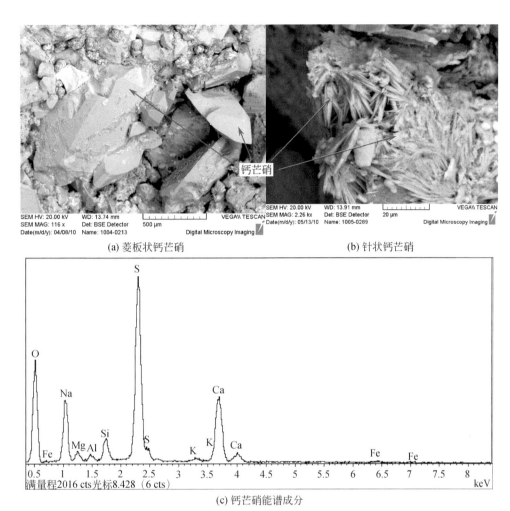

(a) 菱板状钙芒硝   (b) 针状钙芒硝

(c) 钙芒硝能谱成分

图 5-3 钙芒硝（菱板状、针状）扫描电镜及能谱成分图

状、钟乳状或盐华状；细晶–超粗晶，中粗细晶互层，最大者可达 8cm，多为自形立方体，部分呈他形、粒状或菱形，常与泻利盐、光卤石共生。晶间有溶蚀孔洞，且互相连通。石盐中的流体包裹体较为发育（图 5-8）。

4. 白钠镁矾 [$Na_2Mg(SO_4)_{13} \cdot 15H_2O$，Bloedite]

细–粗晶，0.1～5mm，自形–他形，可见单锥及双锥多面体；无色透明（图 5-9、图 5-10），偶见黑色团块状物质；油脂光泽，块状，正交偏光下干涉色为灰白色；与石盐、钙芒硝及杂卤石共生（图 5-11），呈层状产出（数厘米到数米）；与钙芒硝共生。

5. 杂卤石 [$K_2Ca_2Mg(SO_4)_4 \cdot 2H_2O$，Polyhalite]

呈微晶结构，0.01～0.05mm，针状、纤维状；集合体呈放射状（图 5-12）、绒球状（图 5-13），常见到杂卤石交代钙芒硝（图 5-13）、白钠镁矾（图 5-14）和石盐。杂卤石主要呈薄层状（厚 3～8cm）产出。

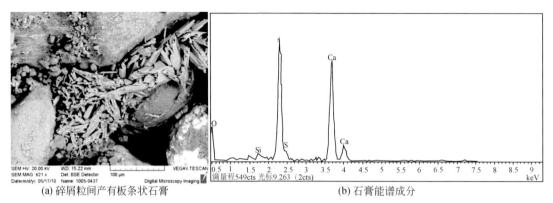

(a) 碎屑粒间产有板条状石膏　　　　　　　　　　(b) 石膏能谱成分

图 5-4　石膏扫描电镜及能谱成分图

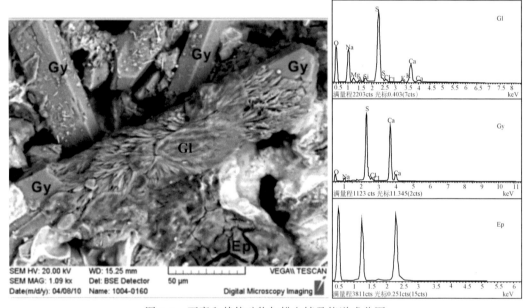

图 5-5　石膏和其他矿物扫描电镜及能谱成分图

Gy 为灰色长柱状石膏；Gl 为针状钙芒硝；Ep 为裂纹状泻利盐

6. 光卤石（$KMgCl_3 \cdot 6H_2O$，Carnallite）

细晶，常含 Rb、Br、Cs，有时少量 Mg^{2+} 被 Fe^{2+} 替代，Cl^- 被 Br^- 替代；通常呈柱状、纤维状、桶状（图 5-15）；解理不显著；常含细鳞片状赤铁矿、石盐、硬石膏、白云石等包裹体；薄片中无色，含赤铁矿包裹体时显红色；二轴晶正光性，负中–低突起，干涉色 Ⅱ 级黄绿。微量–少量，与钾盐镁矾伴生，多产于石盐壳中。

7. 半水石膏（$2CaSO_4 \cdot H_2O$，Bassanite）

纤维状，针状；集合体呈细条带状产出，往往沿石膏周边交代并呈石膏板柱状假象，分布广泛。

图5-6 板片状石膏，干涉色为一级灰白，（+）

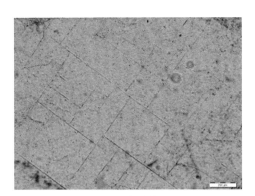

图5-7 石盐的完全解理，（−）

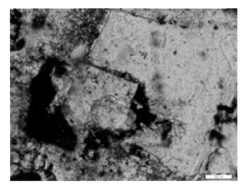

图5-8 石盐中的流体包裹体，（−）

图5-9 白钠镁矾晶体，无色透明、晶面完好

图5-10 白钠镁矾，（−）

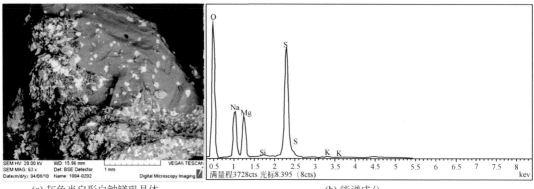

(a) 灰色半自形白钠镁矾晶体   (b) 能谱成分

图 5-11   白钠镁矾扫描电镜及能谱成分图

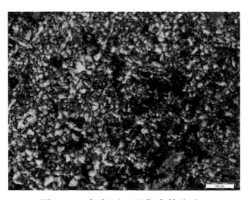

图 5-12   杂卤石，呈集合体产出，
单晶呈放射状，（+）

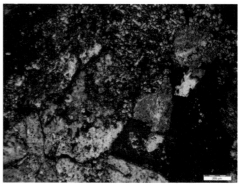

图 5-13   杂卤石（灰白色）交代近菱状-不规
则状钙芒硝（蓝色、蓝灰色及紫色），（+）

8. 硬石膏（$CaSO_4$，Anhydrite）

常为白色，浅灰至深灰色，条痕白色；玻璃光泽，{001} 解理面见珍珠晕彩，加热时这种晕彩特别显著；厚板状或柱状，解理发育，常呈柱状出现（图 5-16），外形常变异不定，通常为柱状、散射状、棒状、纤维状，集合体为致密块状。

9. 钾石膏［$K_2Ca(SO_4)_2 \cdot H_2O$，Syngenite］

无色或因含杂质而呈浅黄色和乳白色；条痕白色，透明-半透明；玻璃光泽；性脆，完全解理，断口呈贝壳状；微溶于水，并析出石膏；薄片中无色，负突起，多为板状晶体；电子显微镜下，钾石膏呈束状集合体（图 5-17）。

10. 芒硝（$Na_2SO_4 \cdot 10H_2O$，Mirabilite）

无色透明，多呈中-粗晶结构，他形-半自形，粒状及短柱状等。以薄层状产出为主，其次分散状产于钙芒硝岩和粉砂泥岩中。味清凉咸苦；干燥气候下失水变成白色粉末状的无水芒硝。

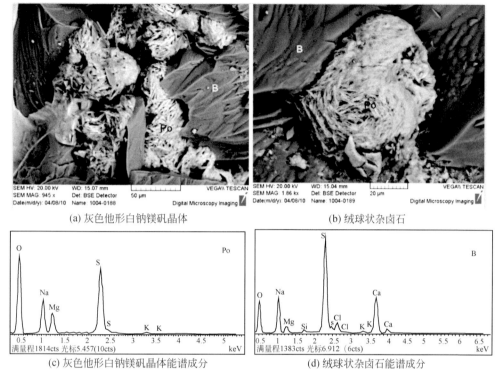

(a) 灰色他形白钠镁矾晶体 　　　　　　　　(b) 绒球状杂卤石

(c) 灰色他形白钠镁矾晶体能谱成分 　　　(d) 绒球状杂卤石能谱成分

图 5-14　白钠镁矾（他形）和杂卤石（绒球状）扫描电镜及能谱成分图

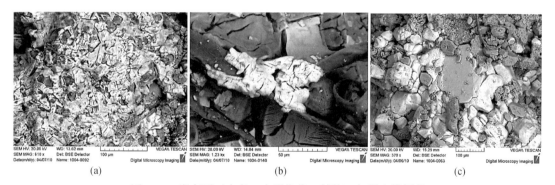

(a) 　　　　　　　　　　(b) 　　　　　　　　　　(c)

图 5-15　光卤石（白色，自形柱状、桶状）扫描电镜图像

11. 钠镁矾 $[Na_{12}Mg_7(SO_4)_2 \cdot 4H_2O，Loeweite]$

细–巨晶，大小为 0.5~2cm，多为柱状、锥状和片状，具典型的菱形环带状及叠层状结构（图 5-18），有时可见其被杂卤石微晶交代，集合体呈层状产出，钠镁矾产于叶片状、花瓣状、纤维状的钙芒硝晶间。

图 5-16　硬石膏（解理发育）扫描电镜图像

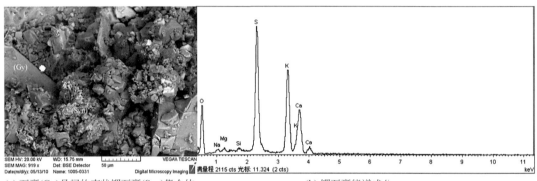

(a) 石膏(Gy)晶间的束状钾石膏(Syn)集合体　　　　　　(b) 钾石膏能谱成分

图 5-17　钾石膏（束状）扫描电镜及能谱成分图

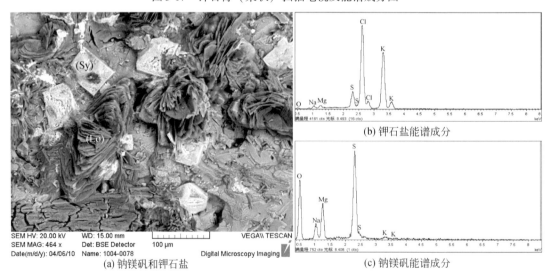

(a) 钠镁矾和钾石盐

(b) 钾石盐能谱成分

(c) 钠镁矾能谱成分

图 5-18　钠镁矾和钾石盐扫描电镜及能谱成分图

钠镁矾（Lo），暗灰色，呈叠瓦状；钾石盐（Sy），白色，立方体

12. 钾盐镁矾 ［$KMg(SO_4)Cl·3H_2O$，Kainite］

细晶，大小为 $0.1～0.5mm$，以自形晶为主，双锥状、菱柱状，呈层状及团块状产出。

13. 钾石盐 （KCl，Sylvite）

细晶，多呈立方体，还有他形；与钾盐镁矾伴生（图5-19）。

(a) 浅部钙芒硝钠镁矾中的钾石盐(Sy)　　　　　(b) 深部碎屑沉积物中的钾石盐(Sy)

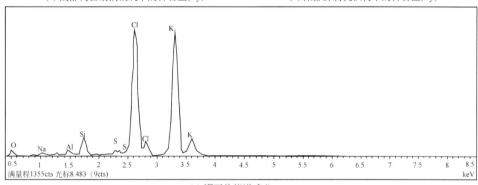

(c) 钾石盐能谱成分

图5-19　钾石盐 ［（a）白色，立方体；（b）灰白色，微晶，他形］
扫描电镜及能谱成分图

14. 菱镁矿 （$MgCO_3$，Magnesite）

通常呈细粒，以集合体形式出现（图5-20），晶体呈菱面体，有时为柱状、板状、土状、纤维状、放射状等；闪突起明显，干涉色高级白，一轴晶负光性，折射率色散强。沉积型菱镁矿，形成于高咸化的蒸发岩层中，从硫酸盐–氯化物阶段至卤水最后干涸的沉积中均可能有菱镁矿沉积，与白云石、硬石膏、石盐、杂卤石等共生。

15. 泻利盐 （$MgSO_4·7H_2O$，Epsomite）

细晶，0.01mm，粒状；单晶具有玻璃光泽，晶体呈假四方柱状。沿石盐晶间分布，也呈他形产于石盐晶间（图5-21）；具潮解性，有刺激性的苦咸味，溶解于酒精，易溶于水；易失水，在干燥空气下表面覆盖一层薄膜；在常温下变为六水泻利盐（可逆反应）。

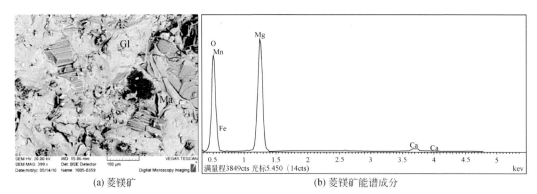

(a) 菱镁矿　　　　　　　　　　　　　　(b) 菱镁矿能谱成分

图 5-20　钙芒硝（Gl）晶间菱镁矿（Ma，灰黑色，微晶，呈团块状集合产出）
扫描电镜及能谱成分图

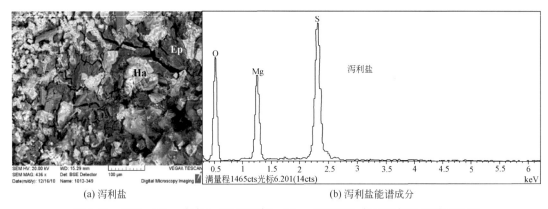

(a) 泻利盐　　　　　　　　　　　　　　(b) 泻利盐能谱成分

图 5-21　石盐（Ha，白色）晶间泻利盐（Ep，裂纹状）扫描电镜及能谱成分图

16. 钾镁矾 [$K_2Mg(SO_4)_2 \cdot 4H_2O$，Leonite]

无色透明、白色或淡黄色；蜡状光泽–玻璃光泽；贝壳状断口；硬度 2.5～3；具苦辣味、易溶于水；晶体沿（100）延展呈板状，延伸（001）呈柱状，但通常呈他形粒状、片状产出；无解理、双晶 |100| 聚片状；薄片中无色，负低突起；镜下可见二组聚片双晶，交角 60°（图 5-22、图 5-23）。

17. 钾锶矾 [$K_2Sr(SO_4)_2$，Kalistronite]

微晶结构，长条状–粒状，零散分布于钙芒硝岩中。薄片中无色，一轴晶负光性；突起和干涉色与杂卤石相似；经镜下鉴定干涉色为浅灰（图 5-24），多与钙芒硝共生（图 5-25）。

18. 天青石（$SrSO_4$，Celestine）

针状（图 5-26）；通常为平行于（001）的板状，难溶于水；无色透明；玻璃光泽，解理面聚珍珠状晕彩，条痕白色；性脆；参差状断口；$N_g - N_p = 0.0093$，最高干涉色为一级白或一级黄白；天青石多与钙芒硝共生。

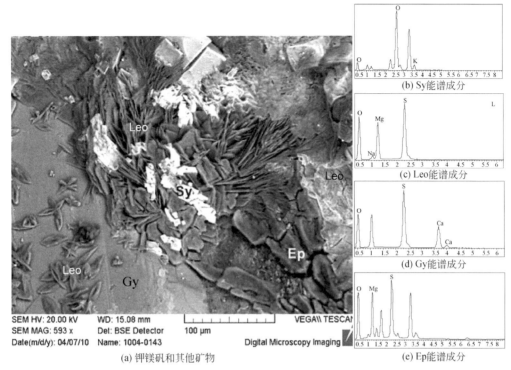

(a) 钾镁矾和其他矿物
(b) Sy能谱成分
(c) Leo能谱成分
(d) Gy能谱成分
(e) Ep能谱成分

图 5-22 钾镁矾和其他矿物扫描电镜及能谱分析图

钾镁矾（Leo），灰色，片状；钾石盐（Sy），白色，立方体；泻利盐（Ep）；石膏（Gy）

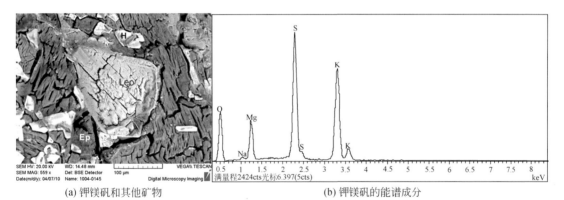

(a) 钾镁矾和其他矿物 (b) 钾镁矾的能谱成分

图 5-23 钾镁矾及其他矿物扫描电镜及能谱分析图

钾镁矾（Leo），灰白色，裂纹状；泻利盐（Ep），暗灰色，呈裂纹–片状

19. 重晶石（BaSO$_4$，Barite）

常以针状晶体出现（图5-27）；薄片中无色或微带黄、棕、绿、蓝等色调；形态通常呈粒状集合体，个别晶体可呈延长状或板状；解理三个方向，平行于 {001} 完全解理，{110} 中等解理，{010} 不完全解理，{001} 和 {110} 所呈交角为90°和78°；最高干涉色很少达到一级黄色或橙色以上。

图 5-24　灰色钾锶矾（Ka）产于菱形钙芒硝（Gl）中，（+）

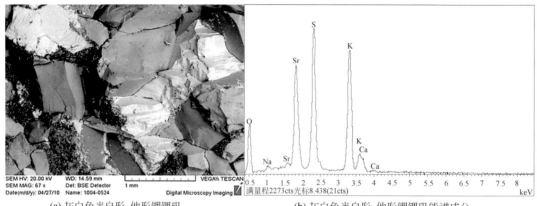

(a) 灰白色半自形-他形钾锶矾　　　　　　　(b) 灰白色半自形-他形钾锶矾能谱成分

图 5-25　钾锶矾（灰白色，分布于灰色、半菱形-他形钙芒硝晶间）扫描电镜及能谱成分图

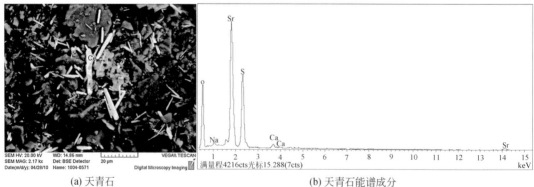

(a) 天青石　　　　　　　　　　　　　　(b) 天青石能谱成分

图 5-26　天青石（白色、针状）扫描电镜及能谱成分图

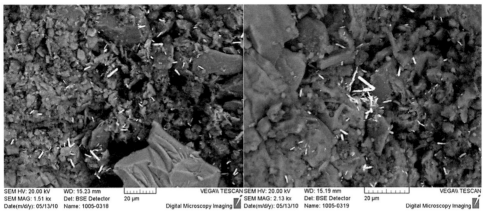

(a) 白色针状重晶石，分散产于泥质粉砂沉积物中　　(b) 白色针状重晶石，局部聚集及
　　　　　　　　　　　　　　　　　　　　　　　　分散状产于泥质粉砂沉积物中

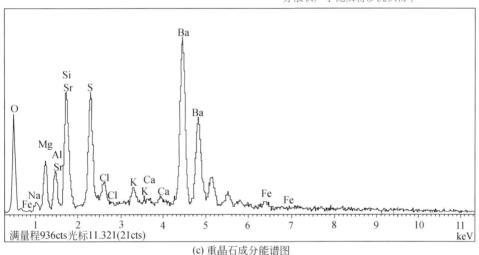

(c) 重晶石成分能谱图

图 5-27　重晶石（针状，产于泥质碎屑中）扫描电镜及能谱成分图

20. 菱铁矿（$FeCO_3$，Siderite）

微晶，粒状，偶见于黏土层中。多在缺氧的还原条件下形成，常见于潟湖相和陆相沉积层中，系在缺氧的条件下由生物作用或化学沉积作用形成。此外菱铁矿还作为砂岩的胶结物产出，也在含盐系中呈分散粒状产出。

21. 钾芒硝（$K_3Na(SO_4)_2$，Aphthitalite）

板状晶形，溶蚀呈椭球形（图 5-28），透明或不透明，玻璃光泽至油脂光泽；性脆；断口不平坦呈贝壳状；与白钠镁矾、钙芒硝、钾石膏、石盐、芒硝等矿物共生；薄片中见钾芒硝有交代石盐成立方体假象，而中间有交代残余的石盐。

22. 水氯镁石（$MgCl \cdot 6H_2O$，Bischofite）

无色透明至白色半透明；针状；玻璃光泽；不平坦断口至贝壳状断口；吸湿性很强，易潮解；与光卤石、石盐共生。

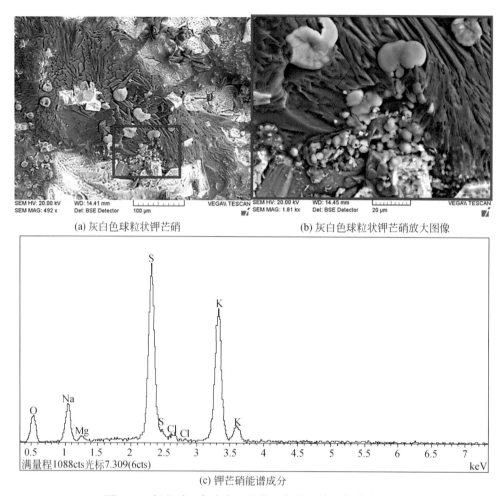

(a) 灰白色球粒状钾芒硝　　　　　　　　　　　(b) 灰白色球粒状钾芒硝放大图像

(c) 钾芒硝能谱成分

图 5-28　钾芒硝（灰白色，粒状）扫描电镜及能谱成分图

第二节　盐类矿物时间序列分布

为探讨盐类矿物的沉积演化，根据 LDK01 野外编录并结合薄片鉴定、X 射线衍射、扫描电镜–能谱等室内研究，将该钻孔盐类矿物在地层中的分布情况绘制成图（图 5-29）。

盐类矿物在地层垂向上的种类及含量分布（图 5-29、图 5-30）显示，下更新统盐类矿物以方解石、白云石为主，中上部出现硬石膏，还出现少量石盐（次生）与石膏、很少量的光卤石与钾石盐等（次生）。中更新统以方解石、白云石、石膏为主，下部出现薄层状钙芒硝与硬石膏，上部出现层状石膏，还出现少量石盐、白钠镁矾及很少量的光卤石等盐类矿物（次生）。上更新统以层状钙芒硝和石膏为主，两者基本呈现"此消彼长"的关系，还含少量菱镁矿、钾锶矾、石盐、白钠镁矾及杂卤石，其中菱镁矿和钾锶矾基本上出现在钙芒硝富集的层位，白钠镁矾和杂卤石峰值出现在上部的钙芒硝岩层中，此外还伴生天青石、重晶石等。全新统以石盐为主，次为石膏，含少量光卤石、水氯镁石等。

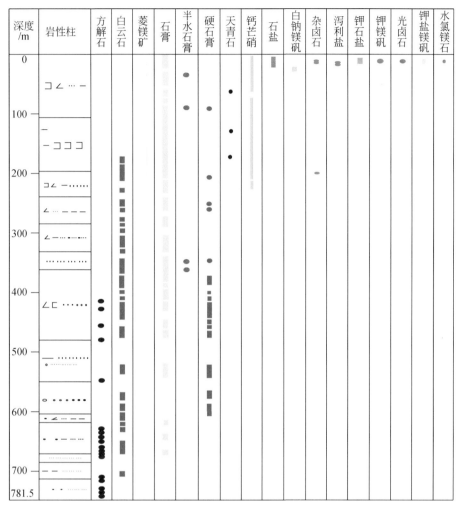

图 5-29　LDK01 钻孔盐类矿物在地层中的分布特征（赵海彤，2013）
图例参见图 4-1

LDK01 钻孔盐类沉积演化序列反映了罗北凹地当时的沉积环境，在湖水干湿交替变化中，是一个由淡水向咸水转化，再向高盐度的卤水演化的过程。根据盐类矿物分布特征，可大致划分为 3 个湖泊演化的阶段。

第一阶段：碳酸盐沉积阶段（深度 660.0～781.5m）。该阶段为含碳酸盐的碎屑沉积层，岩性为含方解石、石膏的碎屑岩；主要由 50%～80% 的石英和 10% 的长石及部分岩屑、暗色矿物等组成；方解石呈胶结物，该段沉积反映了早更新世淡水湖环境，低溶解度的碳酸盐先达到饱和而结晶沉淀。

第二阶段：硫酸盐沉积阶段（深度 242.0～660m）。石膏在 660m 时开始出现，360m 处出现大量白云石及石膏，并在中下部发现少量次生钾石盐、光卤石、钙芒硝及白钠镁矾。开始有硬石膏及其他硫酸盐类矿物晶体析出，反映出湖泊干湿交替及湖水进一步咸化。

第三阶段：硫酸盐及氯化物沉积阶段（深度 0～242.0m）。该阶段属大量硫酸盐及少量氯化物沉积阶段。顶部析出石盐、光卤石、水氯镁石等氯化物，上部出现石盐、石膏、菱镁

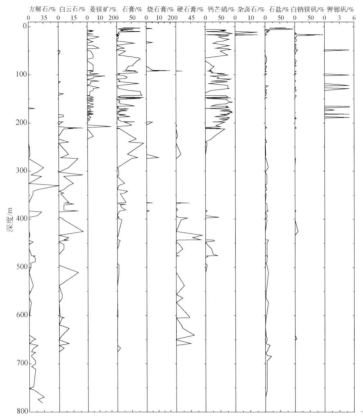

图 5-30　罗布泊 LDK01 钻孔盐类矿物含量分布特征

矿、钙芒硝、白钠镁矾、泻利盐、杂卤石、钾镁矾及少量钾石盐、光卤石、水氯镁石、钾盐镁矾；中上部出现大量钙芒硝，或石膏及钾锶矾、白钠镁矾、天青石。这些变化反映了晚更新世至全新世，卤水逐渐浓缩的过程，成为干盐湖，出现含钾盐矿蒸发化学沉积层。

第三节　钙芒硝特征及成因

一、矿物学特征

钙芒硝是罗布泊盐湖沉积的主要盐类矿物，大量堆积，集合体呈"杂乱状"产出，发育蜂窝状孔隙；钙芒硝岩是该区富钾卤水的主要储存载体，并可能对富钾卤水的形成与演化过程起到重要作用。

1. 钙芒硝单晶体形态

通过对钙芒硝晶体的观察，现将单晶体完整形态大致分为菱形Ⅰ、菱形Ⅱ、长条板状三种晶体形态。

1）菱形Ⅰ——菱形板状

该类型是罗布泊盐湖最常见的晶形，粒度大小不一，细晶-粗巨晶者皆可见，蜂窝状孔隙多为此类钙芒硝"杂乱状"堆积而成。在钙芒硝岩内常出现晶洞，可见 2～6mm 的孔洞，其内壁常常可见透明、菱形Ⅰ的钙芒硝集合体及单晶体 ［图 5-31（a）、图 5-31（b）、图 5-32、图 5-33（a）］，晶洞呈零星状分布，多出现在埋藏较深的致密微细晶-中粗晶钙芒硝岩中。

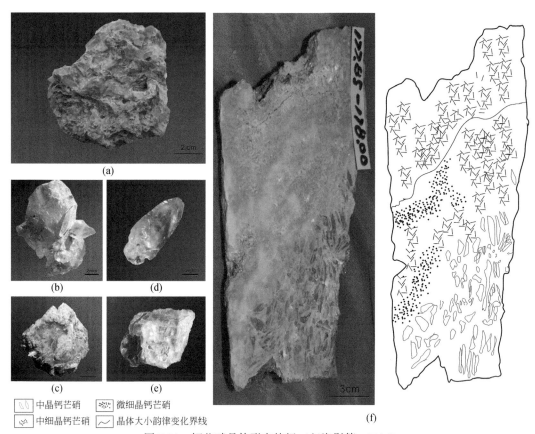

| | 中晶钙芒硝 | | 微细晶钙芒硝 |
| | 中细晶钙芒硝 | | 晶体大小韵律变化界线 |

图 5-31　钙芒硝晶体形态特征（赵海彤等，2014）

（a）菱形Ⅰ晶体构成的钙芒硝岩，样品 ZK0615-G42，埋深 20.10～20.48m；（b）菱形Ⅰ晶体，样品 ZK0615-G19，10.40～10.96m；（c）钙芒硝（001）解理面的格栅状纹理及晕色；（d）菱形Ⅱ钙芒硝晶体，10.60～10.86m；（e）长板状钙芒硝单晶体，样品 ZK0615-G7，埋深 2.05～2.40m；（f）钙芒硝岩的晶体韵律变化样品，177.85～178.00m

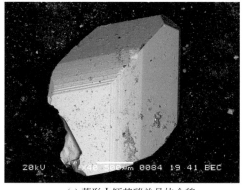

（a）菱形Ⅰ钙芒硝单晶体全貌　　　　　　（b）钙芒硝晶体平行于(001)与(111)交棱的晶面条纹

(c) 钙芒硝晶体的浮生与交生现象　　　　　　(d) 钙芒硝晶体及破裂面特征

图 5-32　钙芒硝晶体形态扫描电镜图像

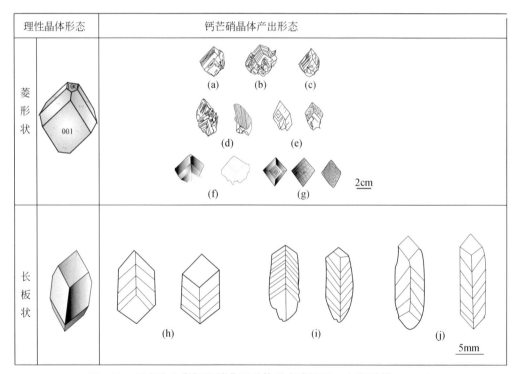

图 5-33　罗布泊盐湖钙芒硝典型晶体形态素描图（赵海彤等，2014）

（a）（b）（c）是不同钙芒硝晶体及遭受应力破碎的钙芒硝晶体的残晶；（d）（e）（f）为菱形状钙芒硝集合体
　的正反两个观察面特征；（g）代表钙芒硝晶体出露的晶面特征［晶面条纹、（001）解理面的晕彩］；
（h）（i）（j）分别为长板状钙芒硝正反两个观察面特征（理想晶体形态素描图引自 https：//www. mindat. org/
　　　　　　　min-1706. html.［2020-06-04］，修改）

2）菱形Ⅱ——菱形片状

该类型晶体主要为粗巨晶［图 5-32（d）］，（001）解理完全，亦可见到晕彩现象。
图 5-32（d）是片状晶体的两个观察面，与菱形Ⅰ晶体的区别是此种片状的钙芒硝厚度为

0.2mm 的晶体叠层生长构成集合体。

3）长板状晶体

晶面的特征较为简单［图 5-31（e）、图 5-33（h）~（j）］。该类钙芒硝晶体不易破碎，原晶面保存较好。长板状晶体单独集合或与菱形板片状钙芒硝集合在一起，单独集合的晶体多为含黏土粉砂的中晶钙芒硝，晶体外表常被包裹一层粉砂黏土，略脏；集合在菱形板片状钙芒硝的晶间孔隙内则形成明亮洁净的中细晶钙芒硝，在深部地层中含量较多。

利用罗北凹地 ZK0615、LDK01、ZK1200B、ZK1410 钻孔资料绘制罗布泊干盐湖钙芒硝晶体形态分布特征（图 5-34）。

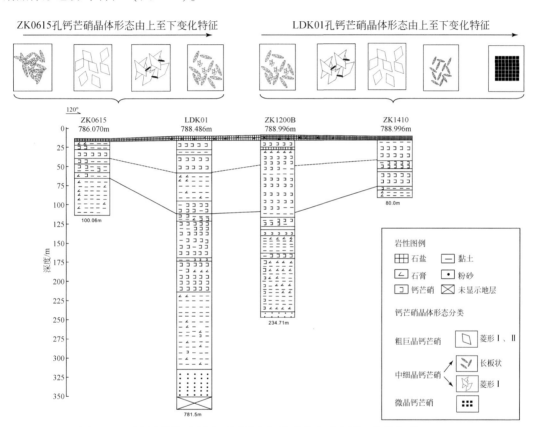

图 5-34　罗布泊盐湖地层中不同形态钙芒硝分布示意图（赵海彤等，2014）

钙芒硝的晶体形态特征及组合可以表明其生长环境的不同。菱形Ⅰ和菱形Ⅱ晶体，较大者多形成于含少量黏土的钙芒硝岩，晶间孔隙发育，位于化学岩沉积地层的中下部；晶体较小者与黏土粉砂伴生，形成的晶洞在成岩后期被粉砂充填；长板状晶体，与粉砂黏土伴生，晶体较洁净，位于化学岩沉积地层的上部，单独成岩或者与中细晶菱形Ⅰ共生。

2. 钙芒硝形成的环境因素探讨

为验证钙芒硝晶体受温度因素控制，开展了室内钙芒硝晶体结晶温度条件的模拟实验。配置三组 Na_2SO_4 饱和溶液各 200ml，均加入 48g 石膏粉末，放入恒温箱中分别进行

50℃、35℃和25℃的等温蒸发实验（表5-1），通过X射线衍射和扫描电镜–能谱分析确定实验析出的固相组成。

表5-1 钙芒硝结晶温度条件模拟实验

实验	实验方法	实验析出固相组成	有无钙芒硝析出
模拟实验1	50℃等温蒸发	钙芒硝、芒硝和石膏	有
模拟实验2	35℃等温蒸发	芒硝和石膏	无
模拟实验3	25℃等温蒸发	芒硝和石膏	无

实验结果显示在50℃的温度条件下硫酸钠可交代石膏形成针状钙芒硝（图5-35）与菱形板状钙芒硝（图5-36）。菱形板状钙芒硝晶体的（001）面较实际样品大，且（001）面上生长未发育完好的浮晶。X射线衍射鉴定物相结果为钙芒硝55%、芒硝35%、硬石膏5%（烘干样品时，石膏脱水变为硬石膏）。

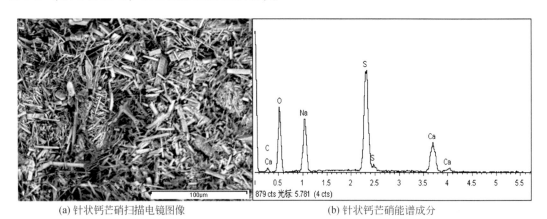

(a) 针状钙芒硝扫描电镜图像　　　　(b) 针状钙芒硝能谱成分

图5-35 针状钙芒硝扫描电镜及能谱分析图

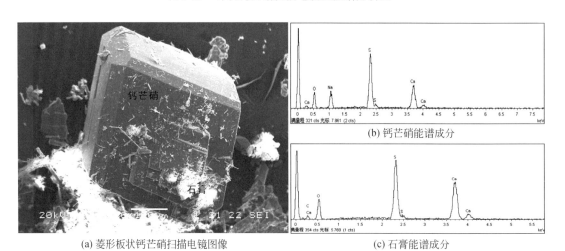

(a) 菱形板状钙芒硝扫描电镜图像　　(b) 钙芒硝能谱成分

(c) 石膏能谱成分

图5-36 菱板状钙芒硝扫描电镜及能谱分析图

3. 钙芒硝晶体与沉积环境的关系

钙芒硝的蒸发沉积与成岩作用是一个连续过程（图5-37）：Ⅰ阶段，Na_2SO_4型卤水经蒸发作用析出石膏；Ⅱ阶段，石膏为钙芒硝的形成提供"晶芽"，随着蒸发作用的加强，"富硫酸根"的地表水与"富钙"深部水混入，钙芒硝蒸发结晶析出；Ⅲ阶段，逐步蒸发沉积，形成由粗巨晶、中晶组成的花瓣状、蜂窝状钙芒硝，且晶体之间组成的架构较好；微细晶多为镰刀状、港湾状等。

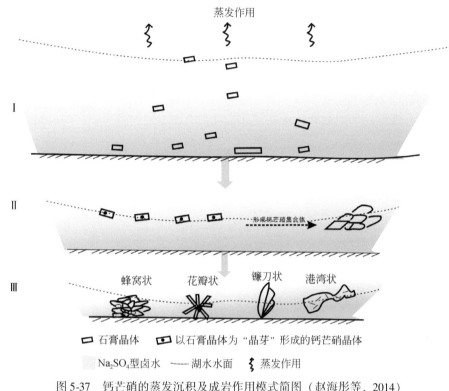

图 5-37　钙芒硝的蒸发沉积及成岩作用模式简图（赵海彤等，2014）

Ⅰ石膏沉积阶段；Ⅱ钙芒硝交代石膏生长阶段；Ⅲ钙芒硝初始埋藏–成岩阶段

综上所述，罗布泊盐湖钙芒硝单晶体主要有菱形Ⅰ、菱形Ⅱ及长板状三种特征形态；集合体呈"蜂窝状"、"花瓣状"、"镰刀状"及"港湾状"，其成因与湖盆结构和温度条件密切相关。罗北凹部西部的钙芒硝晶体主要为洁净程度不高、颗粒粗大的菱形Ⅰ、菱形Ⅱ，次为中晶长板状，其处于湖盆边界相对动荡的浅水环境下并受到强烈蒸发作用而快速结晶析出；罗北凹地内的钙芒硝晶体为洁净程度较高的中细晶长板状晶体，其沉积过程则被解释为位于湖盆中部的静水深水条件下缓慢结晶形成。通过对钙芒硝晶体形貌与沉积环境的条件研究认为，不同晶体形态及形态组合的钙芒硝是湖盆不同位置的湖水在干热气候条件下蒸发沉积的产物。

二、水盐相图体系

　　罗布泊古湖水水化学类型为硫酸盐型，当蒸发至石膏沉积以后，卤水浓缩接近石盐沉淀，此时受到富钙水的补给，析出大量钙芒硝沉积。按此思路可将罗北凹地卤水成分点投影到 25℃时 Ca^{2+} 重叠的 K^+、Na^+、Mg^{2+}/Cl^--SO_4^{2-}-H_2O 五元体系相图上（图 5-38）。由图可见，如先不考虑 Ca^{2+} 的加入，罗北凹地卤水成分点呈条带状分布，主要分布于白钠镁矾相区，顶端将进入钾镁盐大量析出阶段，此时卤水演化已接近晚期，钾还未大量析出，因此，卤水中钾含量也最丰富。将 Ca^{2+} 叠加到该五元体系相图中，就出现很多含钙矿物的沉淀，图中的虚线为含钙矿物的结晶区，为便于区别，含钙矿物均加上括号。由图 5-38 还可见，罗北凹地绝大多数卤水分布于钙芒硝相区，少数进入杂卤石相区，个别进入钾石盐相区。这与罗北凹地盐类矿物组合相吻合，即以钙芒硝为主，次为杂卤石、钠镁矾等矿物。由此推论，在罗北凹地盐湖卤水蒸发沉积过程中，不断得到富钙水的补给，使其不断沉积出钙芒硝矿物。

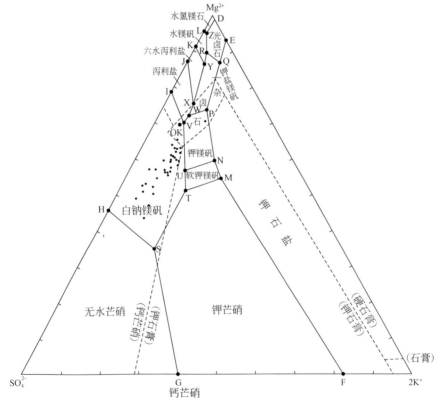

图 5-38　25℃时 Ca^{2+} 重叠的 K^+、Na^+、Mg^{2+}/Cl^--SO_4^{2-}-H_2O 五元体系相图

OK 为海水组成点；S、T、U、V、W、X、Y、Z 为共结点

三、结晶实验与成因分析

1. 钙芒硝结晶实验

为了探讨罗布泊地区钙芒硝的成因，根据该区的物质来源与沉积特征，参考前人关于水钙芒硝结晶实验（谷树起和蔺焕珠，1986），设计开展了以下几个方案的室内实验（刘成林等，2006）。

实验样品的预处理：取罗北凹地 ZK95-2SU2 卤水 400mL，稀释至 800mL，放置澄清。

实验 A（编号 CHY1）：取上述稀释的卤水清液 600mL，倒入烧杯中；取 5g $CaCl_2$ 溶于 100mL 蒸馏水中，待完全溶解后，兑入 600mL 稀释卤水，放入 30℃ 恒温箱蒸发。一周后，开始析出细小针状石膏晶体；35 天后，针状晶体消失，开始出现微细晶矿物；持续蒸发，又出现大量中细晶立方体石盐；对烧杯底部微细晶进行镜下鉴定与红外分析，确定为石膏和水钙芒硝。

实验 B（编号 CHY2）：取前述的稀释卤水 200mL 倒入烧杯，另取 1g $CaCl_2$ 溶于 120mL 蒸馏水中，将 $CaCl_2$ 溶液兑入稀释卤水中，然后放入 30℃ 恒温箱蒸发。约两周以后，开始析出细针状石膏，此石膏比实验 A 析出的数量少，但石膏单晶体较实验 A 明显增大，长可达 2mm。与实验 A 一样，一段时间后，石膏矿物消失，随后开始大量析出石盐，为中晶结构，晶体形态为立方体。对烧杯底部微细晶矿物进行红外分析，鉴定该矿物为水钙芒硝。

上述两组实验显示，罗北凹地卤水得到钙的补给，无疑将会出现钙芒硝沉淀（钙芒硝可能由水钙芒硝脱水转变而来）。每次实验都有石膏沉淀，随着蒸发作用的进行，石膏被水钙芒硝交代，或残留或消失。这与罗北凹地中广泛出现钙芒硝交代石膏的现象吻合。

实验 C（编号 SY13）：将 80mL Na_2SO_4 饱和溶液和 6mL $CaCl_2$ 饱和溶液混合，放入 35℃ 恒温箱蒸发，一周后基本蒸干，底部出现细晶矿物，上部出现中晶矿物，并在结晶体表面及烧杯壁上出现一些细针状芒硝矿物。经显微镜下鉴定和红外分析，底部出现的细晶矿物有水钙芒硝。

实验 D（编号 SY9）：将 2mL $CaCl_2$ 饱和溶液和 6mL $MgCl_2$ 饱和溶液的混合溶液，加入 80mL Na_2SO_4 饱和溶液中，搅拌均匀后，放入 35℃ 恒温箱蒸发，一周后基本蒸干，底部出现细晶矿物，上部出现中晶矿物。经显微镜下鉴定和红外分析，底部出现的细晶矿物为水钙芒硝。

由实验 C 和实验 D 可见，在 Na_2SO_4 饱和溶液及 Na_2SO_4+$MgCl_2$ 饱和溶液中，加入少量的钙离子，即可产生水钙芒硝沉淀。

2. 碎屑层卤水蒸发实验

卤水样取自大耳朵湖区 ZK0404 钻孔（40°08′55.5″N，91°10′29″E），为含石膏碎屑层承压卤水，井深为 150m。卤水的主要成分见表 5-2，其化学类型属硫酸钠亚型。罗北凹地从统一的罗布泊大湖区中分隔出来后，成盐过程中其湖水仍以南部大湖的补给为主，大耳朵湖区含石膏碎屑层卤水应该是罗北凹地盐湖的"源卤水"，两者有成因联系，故设计野外蒸发实验（孙小虹，2013），以验证两者的成因联系。

表 5-2　大耳朵湖区含石膏碎屑层承压卤水化学组成

密度 /（g/cm³）	矿化 /（g/L）	液相化学组成/（g/L）								
		K⁺	Ca²⁺	Mg²⁺	Na⁺	Cl⁻	SO₄²⁻	Sr²⁺	Li⁺	Br⁻
1.056	198.83	3.12	1.82	2.78	69.06	115.95	6.09	0.0060	0.00047	0.01012

注：测试单位为中国地质科学院矿产资源研究所表生地球化学实验室。

　　2009 年 10 月采集了 20L 卤水样。其中，17L 卤水用于 30℃等温蒸发实验，将卤水置于玻璃容器中，温度用电暖气控制，精度为±1℃。另取 3L 卤水放入恒温箱中进行 50℃等温蒸发实验。两组等温蒸发实验过程中，均在有盐类析出和相变时分别取固相、液相样品。自然蒸发实验卤水样于 2010 年 6 月被采集，在罗布泊罗中地区室外进行。实验前，挖掉地表盐壳（厚约 40cm），待场地填平后放上简易蒸发容器（铁皮桶，直径为 120cm，高度为 80cm）；另在附近平坦地方放上小型蒸发容器（铁皮桶，直径为 45cm，高度为 49cm）。同时进行两组实验，均在有盐类析出和相变时分别取固相和液相样品。实验 1：将卤水（约 723L）置于大桶中进行自然蒸发，在取样时进行固液分离。实验 2：将卤水（约 50L）置于小桶中进行自然蒸发，在取样时不进行固液分离。每日 5 次（8:00 ~ 20:00，间隔 3h 一次）定时观测卤水温度、水量变化及析盐情况等；借助偏光显微镜观察新析出的固相，取样以新固相析出或蒸发水量来判断。

　　水化学研究揭示，该湖区含石膏碎屑层承压卤水可以代表石膏析出阶段的古湖水。蒸发实验结果显示，卤水的析盐序列相对简单，依次为（硬）石膏、大量石盐、少量钾石盐和光卤石等，与 EQL/EVP 卤水蒸发模型（Risacher and Clement，2001）模拟结果相似。古湖水在蒸发过程中随着石膏的析出，卤水中 Ca²⁺ 逐渐减少，在没有大量 Ca²⁺ 补给的情况下，浓缩卤水无法到达钙芒硝相区（图 5-39），因而没有钙芒硝矿物析出。而对罗布泊主要入流河水——塔里木河水进行数值模拟研究（刘成林等，2010c），结果显示有大量钙芒硝矿物析出，且与罗布泊盐湖实际化学沉积及丰度较为接近。那么，如何解释大耳朵湖区含石膏碎屑层卤水蒸发过程中没有析出钙芒硝矿物？

　　将蒸发实验所用卤水和塔里木河水的主要离子含量及比值进行对比（表 5-3），发现大耳朵湖区含石膏碎屑层卤水相对贫 SO₄²⁻ 和 Ca²⁺，富 K⁺。而罗布泊盐湖的补给来源主要是塔里木盆地中西部的地表河流，水化学调查（Bo et al.，2013）显示，塔里木河流域水化学具富硫酸根和钾、贫氯背景特征，这可能就是导致罗布泊盐湖化学沉积出现巨量钙芒硝而石盐很少的原因。与大耳朵湖区卤水样品的锶同位素组成（⁸⁷Sr/⁸⁶Sr 值为 0.711164）相比，罗北凹地卤水样品的⁸⁷Sr/⁸⁶Sr 值（0.71061）（刘成林等，1999）明显偏小。推测罗北凹地有⁸⁷Sr/⁸⁶Sr 值更低的卤水补给，并与大耳朵湖水补给发生混合，具有更低⁸⁷Sr/⁸⁶Sr 值的卤水很可能是深部地层水。在该地区存在很多流体上升通道或遗迹（刘成林等，2003）以及一系列地堑式张性断裂带（Liu et al.，2006），均被认为是存在深部地层水（富钙）补给的证据。

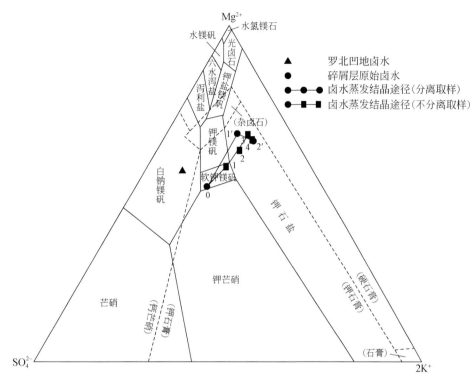

图 5-39　大耳朵湖区含石膏碎屑层卤水自然蒸发实验析盐路线（底图引自曲懿华等，1979）

表 5-3　大耳朵湖区含石膏碎屑层卤水与塔里木河水主要离子含量及比值

水样	K^+ /（mg/L）	Na^+ /（mg/L）	Ca^{2+} /（mg/L）	Cl^- /（mg/L）	SO_4^{2-} /（mg/L）	SO_4^{2-}/Cl^-	Ca^{2+}/Cl^-	$K\times10^3/（Cl^-+SO_4^{2-}）$
大耳朵湖区碎屑层卤水	3120	69060	1820	115950	6090	0.05	0.02	25.57
塔里木河水*	4.92	102	60.78	88	242	2.75	0.69	14.90

*塔里木河水主要离子含量数据引自 Bo 等（2013）。

　　表 5-4 展示了罗布泊大耳朵湖区含石膏碎屑层（早·中更新统）卤水-1 及其蒸发至石膏析出后且石盐开始析出时的卤水-2、罗北凹地钙芒硝晶间卤水-3 的化学组成特征。卤水-2 的耶奈克指数 $2K^+$ 高于卤水-3，而卤水-3 的耶奈克指数 SO_4^{2-} 高于卤水-2 的 Mg^{2+} 指数。将卤水样品耶奈克指数投影在 25℃ Ca^{2+} 重叠的 K^+、Na^+、Mg^{2+}、Cl^-、SO_4^{2-}-H_2O 六元体系相图上（图 5-39），可以看出，罗北凹地钙芒硝晶间卤水分布于钙芒硝相区，与罗北凹地盐类矿物以钙芒硝为主的组合特征相吻合，而碎屑层卤水蒸发至石膏析出后，即开始析出石盐，其组成点向右上移至钾石盐相区。由上可见，早更新世—中更新世，罗布泊古湖水中钾离子已初步富集到 3.12g/L 左右，形成含钾卤水，该卤水如果正常蒸发浓缩将在石膏沉积之后析出石盐，石盐开始析出时卤水中 $\rho(K^+)$ 可达 5.90g/L 左右，而事实上盐湖沉积中心不断向北收缩，在中更新世晚期，罗北凹地石膏沉积相对减少，也没有大量石盐沉积，而是以钙芒硝沉积为主。这表明罗布泊古湖水蒸发至石膏沉积之后，在罗北凹地应不断受到富

钙水的补给，致使水化学组成点发生变化，转移到钙芒硝相区，持续析出钙芒硝。罗北凹地钙芒硝晶间卤水浓缩程度较高，$\rho(K^+)$ 达 9.27g/L（表 5-4），其古湖水不直接由当时塔里木河水补给，而是经南部大耳朵湖蒸发浓缩后再向它补给，即大耳朵湖起着预备盆地的作用。

表 5-4 碎屑层卤水蒸发至石膏析出后与罗北凹地卤水组成对比

卤水样品	盐度/(g/L)	液相化学组成/(g/L)						耶奈克指数		
		K^+	Ca^{2+}	Mg^{2+}	Na^+	Cl^-	SO_4^{2-}	$2K^+$	Mg^{2+}	SO_4^{2-}
卤水-1	198.82	3.12	1.82	2.78	69.06	115.95	6.09	18.34	52.53	29.13
卤水-2	310.97	5.90	1.11	5.39	107.86	185.34	5.35	21.37	62.84	15.79
卤水-3	336.74	9.27	0.03	16.86	95.12	175.04	39.49	9.64	56.99	33.37

注：卤水-1 为大耳朵湖区含石膏碎屑层原始卤水；卤水-2 为碎屑层卤水自然蒸发至石膏析出后石盐开始析出时的卤水（对应图 5-39 中的点 2）；卤水-3 为罗北凹地钙芒硝晶间卤水。

大耳朵湖区地层常见咸水湖相石膏沉积（王弭力等，2001），浅部为含粉砂石盐沉积（盐壳），以石盐为主。但大耳朵湖区地层中也有少量钙芒硝沉积。该湖区西北部耳北凹地最深的钻孔 ZKD0303（40°23′45″N，90°32′51″E）沉积物研究（中国地质科学院矿产资源研究所，"罗布泊及邻区盐湖钾盐资源评价研究"专题报告，2005 年）显示，盐壳下面可见少量钙芒硝矿物。因此，推断早更新世—中更新世早中期，塔里木河水流经大耳朵湖，因蒸发作用，析出大量石膏，所以卤水中相对贫 Ca^{2+} 和 SO_4^{2-}。中更新世晚期—晚更新世，受新构造运动影响，罗布泊最大的成盐凹地——罗北凹地形成，相对富 SO_4^{2-} 和 K^+ 的塔里木河水经大耳朵湖初步蒸发浓缩后，形成含钾卤水，随着石膏的析出，卤水中 K^+ 进一步富集，随后对罗北凹地进行了持续补给，同时在富 Ca^{2+} 的深部水补给下形成钙芒硝。而在南部大耳朵湖区，可能由于塔里木河水停留时间短或者深部富钙水补给的缺乏，仅形成少量钙芒硝矿物，同时进一步证明了钙芒硝矿物的形成应需要富钙水持续补给（刘成林等，2007）的观点，该富钙水可能为深部地层水。

3. 钙芒硝成因分析

罗布泊地区早中更新世时期出现大量石膏沉积，之后在罗布泊北部出现钙芒硝析出，罗北凹地形成后，除钙芒硝继续大量析出外，晚期还出现钠镁矾、杂卤石等析出。在硫酸盐型湖泊中，当含有 $Ca(HCO_3)_2$ 的各种外来河水进入湖盆地时，将可能出现下列化学反应：

$$2Ca(HCO_3)_2(aq)+MgSO_4(aq)=\!=\!=CaMg(HCO_3)_2(碳酸盐)\downarrow+CaSO_4\cdot2H_2O(石膏)\downarrow+2CO_2$$

$$Ca(HCO_3)_2(aq)+MgSO_4(aq)+Na_2SO_4(aq)=\!=\!=Na_2Ca(SO_4)_2(钙芒硝)\downarrow+Mg(HCO_3)_2(菱镁矿)\downarrow$$

这些化学反应结果与罗布泊的盐类矿物组合一致。其中第一个反应适合于罗布泊早期环境及大耳朵湖区，第二个反应则与罗北凹地相应。然而，在罗北凹地，菱镁矿的沉积量很小，与石膏和钙芒硝的沉积量远不相称，故推测地表水中钙以 $Ca(HCO_3)_2(aq)$ 形式被带入罗北凹地的量也相应较小，难以满足巨厚钙芒硝矿物的沉淀。由此说明，盐湖中钙的来源除河水补给外，还有其他来源，很可能来自盆地深部地层的氯化物型水。其化学反应式应为

$$2CaCl_2(aq)+MgSO_4(aq)+2Na_2SO_4(aq)\Longrightarrow Na_2Ca(SO_4)_2\downarrow+CaSO_4\downarrow+MgCl_2(aq)+2NaCl(aq)$$

由反应结果可见，钙芒硝和石膏均可同时产出，总体上与地层中出现的钙芒硝和石膏情况类似，有时两者还共生，有时各自呈层状产出。

罗北凹地自中更新世晚期以来，钙芒硝的沉积量明显超过石膏，这个反应式的结果是两者沉积量相当，与实际情况不相符。结合钙芒硝结晶实验结果推断，当罗北凹地盐湖卤水浓缩接近石盐沉积时，受到富钙水的补给，形成水钙芒硝，以后水钙芒硝经脱水就可转变为钙芒硝。

薄片分析发现，罗北凹地第四纪含盐系内广泛出现钙芒硝交代石膏的现象，同时，还出现杂卤石交代钙芒硝。此反应链简单表示为石膏（$CaSO_4\cdot 2H_2O$）→钙芒硝 $[Na_2Ca(SO_4)_2]$→杂卤石 $[K_2Ca_2Mg(SO_4)_4\cdot 2H_2O]$。其反应过程是，石膏析出后，随着蒸发作用，卤水浓度增高，产生钙芒硝，以后，钾镁离子"进入"，形成杂卤石等。在沉积物中，石膏含量与钙芒硝含量之间呈消长关系，这说明石膏被交代转变为钙芒硝，这也是罗北凹地盐湖钙芒硝形成的重要机制之一。

关于该区钙芒硝的成因，基本上为沉积和交代两种作用，但是，实际情况可能还要复杂得多，两种作用有时难以区分，因为在钙芒硝晶体内广泛出现石膏残晶，表明钙芒硝交代石膏作用很普遍。但是，当卤水蒸发至接近石盐析出时，石膏的沉积量已很低，交代作用难以形成大量的钙芒硝，此时，如果出现石膏被交代形成钙芒硝，则这些少量钙芒硝可能作为"晶芽"或"晶种"诱导钙芒硝晶体继续生长。

第四节　小　　结

（1）罗布泊第四系盐类矿物有 20 多种，其中主要钾盐矿物有杂卤石、钾石盐、光卤石、硫锶钾石（钾锶矾）、钾镁矾、钾盐镁矾、钾芒硝、钾石膏等。首次发现的盐类矿物有钾锶矾、钾芒硝、天青石、重晶石、水氯镁石等。

（2）下更新统盐类矿物以方解石、白云石为主，中上部出现硬石膏；中更新统以方解石、白云石及石膏为主，下部出现薄层状钙芒硝与硬石膏，还出现少量石盐、白钠镁矾及很少量的次生光卤石等盐类矿物；上更新统以层状钙芒硝和石膏为主，以及少量菱镁矿、钾锶矾、石盐、白钠镁矾及杂卤石；全新统以石盐为主，次为石膏，含少量光卤石、水氯镁石等。

（3）钙芒硝晶体按形态大致分为菱形Ⅰ、菱形Ⅱ、长条板状三种类型；按成因分为沉积和交代作用两种类型。

（4）罗北凹地古湖水蒸发至石盐析出前，不断受到富钙水的补给，钙的来源除河水补给外，还有其他来源，很可能来自盆地深部地层氯化物型水，导致巨量钙芒硝沉积。

第六章 成岩作用

成岩作用，即沉积物在沉积以后直到变质作用之前，其受到的所有作用及其引起的所有变化（Blat et al.，1972）。一般认为，在沉积作用以后，各种物理的、化学的和生物的作用就会立即作用于沉积物，并使它们在矿物成分、结构构造上发生巨大的变化，最后，使沉积物变为岩石。罗布泊第四纪含盐系现在正处于成岩作用之中，如气候持续干旱导致地下水位下降，人类进行的大规模卤水开采等，会使含盐系地层的矿物成分、结构构造等正在或将要发生巨大的变化，因此罗布泊干盐湖成为研究盐类成岩作用的天然实验室，可以直接观察正在进行的各种成岩作用（刘成林等，2003b）。

第一节 压榨作用

压榨作用是沉积物在成岩过程中必须经历的基本作用，随着埋藏深度的加大，压榨作用增强，导致沉积物发生一系列的物理、化学变化。本研究涉及的沉积物埋藏深度最深230m，压榨作用还不很强烈，故在此主要讨论黏土与（半水）石膏层的压榨作用。

一、黏土层的压榨作用

黏土层在罗北凹地含盐系中分布较广，在 ZK0800 钻孔岩心柱沉积物（岩）（研究深度为205.89m）中，黏土单层累计厚度53.35m，所占比例为25.92%，它们大多为致密块状，此作用同样发生在其他钻孔（图6-1）。据 Bust（1969），黏土的压实作用分为3个主要阶段进行：第一阶段，孔隙水和矿物层间水因受到重力的作用而移动排出，黏土在沉积时可以有70%~90%的水量，埋藏几千英尺[①]后，保留的水只有原来水体积的30%，其中20%~25%为层间水，5%~10%是残余的孔隙水。第二阶段，压力成为比较有效的脱水剂，加热使脱水作用继续进行，从而再移出10%~15%的水。第三阶段，脱水作用也受温度控制，但很缓慢，需几十年至几百年才能完成，矿物层间水完全能移动排出，在泥岩中只留下百分之几的孔隙水。然而，在地层温度接近100℃时才开始第二阶段，同时还伴有黏土矿物的成岩变化。由此可见，罗北凹地含盐系地层中黏土层的压实作用仅相当于第一阶段，但其厚度达53.35m，如果压榨出的水量按孔隙水的90%计算，则从黏土层中挤压出来的水量是很大的。

这些流体可能有3种汇集区，①进入粗碎屑层；②进入盐层，如钙芒硝层，并参与其成岩作用；③可能通过越流方式向上排泄，或通过盆内断裂向上补给，都将参与流经盐层的成岩作用。此外，粗碎屑层（细粉砂-中粗砂）在 ZK1200B 钻孔的累计厚度为9.37m，

---

① 1英尺=0.3048m

受到压榨时也会释放出一定水量参与成岩作用。

图6-1　粉砂黏土，致密块状，ZK0800（深80m）

二、石膏层的压榨作用

罗北凹地第四系中广泛出现石膏矿物，大部分已变为半水石膏（图6-2），可能是压榨作用引起。大部分石膏是呈（半水）石膏单层状出现（图6-3），ZK1200B钻孔累计厚度38.09m，占岩心柱的37%；另一部分石膏呈分散状与其他盐类矿物共生产出。

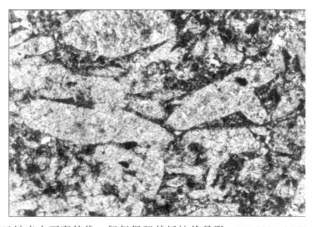

图6-2　石膏已被半水石膏替代，但仍保留其板柱状晶形，ZK1200B-b103（深119.0m）

实际上，绝大多数石膏已转变成半水石膏，少部分为硬石膏。在这个转变过程中出现大量水体排出、地层体积变小的现象。石膏层被埋藏，并被压实而失去层间水；在一定深度，石膏将被硬石膏交代，这一交代作用将使固体体积损失38%（Blatt et al.，1972）。此外，在常压下形成的石膏，当埋深大于150m时，石膏均转变为硬石膏（曲懿华等，1979）。罗布泊第四纪含盐系地层中石膏大部分转变为（半水）石膏，距变为硬石膏尚有

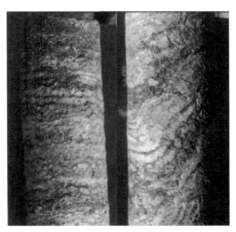

图 6-3　纹层状石膏岩，右侧纹层发生揉曲变形，ZK0800（深 140m）

一半的程度，因此，其固体体积损失应为 19%。若按 38.09m 半水石膏地层柱换算，则石膏层被压缩了 8.9m，相应地，将有大量的压榨流体产生并外流，同时可能还有部分硫酸钙随流体流失，这对地层成岩作用将产生重要影响。

三、压榨作用判别指标

根据罗布泊第四纪沉积物的具体情况综合分析，可以应用以下两个特征来确定沉积物受到过一定的压榨作用：①半水石膏及硬石膏的出现；②沉积物致密及较坚硬，致密表明受到一定压榨作用，如果致密又较坚硬，则压榨作用较强。罗北凹地第四纪含盐系总体上受到的压榨作用较弱，在此讨论的压榨程度仅是相对的。

第二节　溶　蚀　作　用

一、大气降水淋滤

为了对沉积物埋藏成岩作用过程进行详细观察，笔者在罗北凹地 ZK1203 钻孔附近挖了一个盐层剖面。地层剖面图（图 6-4）显示出，顶部的第一层石盐中出现垂向的漏斗状孔隙（即倒挂的钟乳石），地层中多发育垂向溶蚀孔隙（图 6-5），反映大气降水直接向下渗漏溶解石盐。

二、侧向流体溶蚀

由图 6-4 可见，第 2 ～第 6 层内，发育很多近水平向展布的孔隙，孔隙度为 25% ～ 40%（目估），这与潜卤层钙芒硝岩孔隙度相近。此外，在巨晶石盐晶间或晶体内也发育

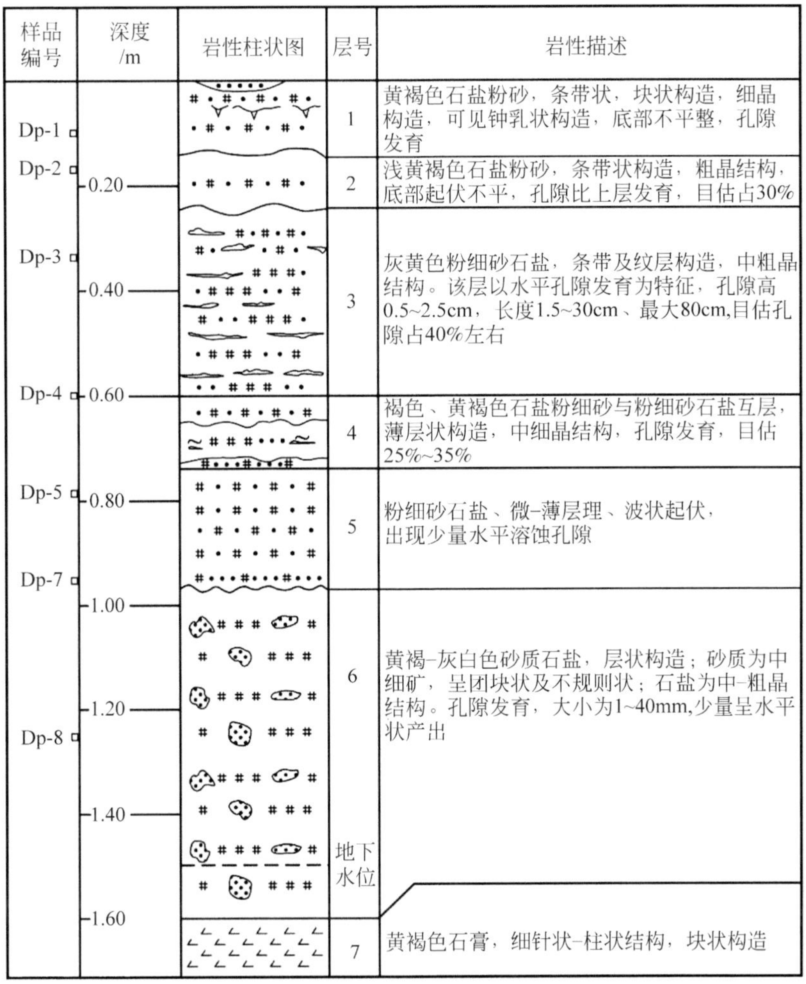

样品编号	深度/m	岩性柱状图	层号	岩性描述
Dp-1			1	黄褐色石盐粉砂，条带状、块状构造，细晶构造，可见钟乳状构造，底部不平整，孔隙发育
Dp-2	0.20		2	浅黄褐色石盐粉砂，条带状构造，粗晶结构，底部起伏不平，孔隙比上层发育，目估占30%
Dp-3	0.40		3	灰黄色粉细砂石盐，条带及纹层构造，中粗晶结构。该层以水平孔隙发育为特征，孔隙高0.5~2.5cm，长度1.5~30cm，最大80cm，目估孔隙占40%左右
Dp-4	0.60		4	褐色、黄褐色石盐粉细砂与粉细砂石盐互层，薄层状构造，中细晶结构，孔隙发育，目估25%~35%
Dp-5	0.80		5	粉细砂石盐、微-薄层理、波状起伏，出现少量水平溶蚀孔隙
Dp-7	1.00			
	1.20		6	黄褐-灰白色砂质石盐，层状构造；砂质为中细矿，呈团块状及不规则状；石盐为中-粗晶结构。孔隙发育，大小为1~40mm，少量呈水平状产出
Dp-8	1.40			
			地下水位	
	1.60		7	黄褐色石膏，细针状-柱状结构，块状构造

图 6-4 罗北凹地 ZK1203 钻孔附近浅部地层剖面特征

图 6-5 石盐（壳）层中的溶蚀孔隙

石盐层中的溶蚀孔隙有垂向分布和水平分布两种，形态为不规则圆状。水平方向孔隙比垂向孔隙大（红色条带长1cm）。水平方向层状孔隙，似乎按一定间距分布

较大的溶蚀孔隙（图 6-6、图 6-7）。从孔隙形态来看，边界大致表现为浑圆状，因而具有溶蚀溶解的特征。

　　尽管目前这些盐层大部分位于地下水位之上，仍反映了盐层中曾经出现过水平方向的地下水流体对它们进行过溶蚀。这种侧向流体是在一定水力坡度驱使下向低水位流动的晶间流水。

图 6-6　石盐巨晶中的长条形溶
蚀孔隙（红色条带长 1cm）

图 6-7　粗晶石盐，具溶蚀孔隙

三、深部压榨水溶解作用

　　在有些埋藏较深的致密块状钙芒硝岩中，出现大小为 1cm 以上的溶蚀孔洞，其内生长透明、自形的钙芒硝（图 6-8、图 6-9），故称晶洞。这些晶洞多呈近圆状、不规则状，边界平滑，其与地表浅部大气降水溶解产生的孔洞特征和形成条件有明显不同。其溶蚀水或流体可能来自较深部的粉砂黏土层压榨水，或（半水）石膏脱水。

图 6-8　ZK0800 钻孔承压层钙芒硝岩中的晶洞，
系溶蚀形成，并在晶洞生长出透明、自形钙芒硝

图 6-9　ZK1200B 钻孔承压层钙芒硝岩中生长出
许多近圆状、不规则状、条带状晶洞孔隙，
边界浑圆，为溶蚀作用形成

第三节　重结晶作用

重结晶作用（或新生变形作用），是指作用前后的矿物成分不发生变化，只是晶体大小、形态和方位发生变化。重结晶作用发生的基本条件是晶间必须充满卤水，而且介质矿物达到饱和。同时，地下水的运动、进入盐层可使盐矿物发生重结晶（Smith，1988）。沉积物内矿物发生重结晶的标志是晶体多为自形晶；晶体较粗大，一般为粗晶；晶体之间发生相互顶刺，或顶刺水平纹理。罗北凹地含盐系地层中发生重结晶变化的矿物主要有以下几种。

一、石膏的重结晶

罗北凹地浅部石盐层之下、钙芒硝层之上，广泛分布有一层针状结构的石膏层，石膏晶体长轴垂直层面生长（图6-10），比较松软，孔隙发育。其成因可能是：全新世早期，罗北凹地盐湖受到一次较大规模的淡化，沉积环境从盐湖（钙芒硝等沉积）突然转变为咸水湖环境，出现石膏沉积；一段时间以后，沉积环境又转变为盐湖，并在其上部出现石盐沉积。显然，石膏层在被埋藏后，石膏晶体继续生长，针状晶体呈垂向排列。

图6-10　罗北凹地含盐系中的针状石膏层，以中粗晶为主，矿物长轴垂直层理面生长，孔隙发育。该石膏层埋藏于浅部石盐之下、钙芒硝层之上（红色条带长1cm）

二、钙芒硝的重结晶

钙芒硝重结晶作用，早期可能是从水钙芒硝发生脱水转变为钙芒硝开始的。粉砂黏土沉积物中常有巨晶（10～30mm）板状钙芒硝出现，其生长方向无规律，钙芒硝晶体间常出现顶托、穿插现象，这些都是在埋藏以后生长出来的，是钙芒硝再结晶或继续生长的结果。

在罗北凹地的钙芒硝沉积层中，钙芒硝单晶体多为自形，菱板状；钙芒硝（岩）集合体内多发育蜂窝状孔隙。钙芒硝晶体的产状呈多样化，主要有：①杂乱无序排列的"卡片多米加"结构（Rosenquist，1960），由不同世代矿物（图6-11）和同一世代矿物组成（图6-12）；②菊花状集合体（图6-13）；③束状或扇状集合体（图6-14）。

图6-11　钙芒硝，自形，菱板状，无序排列，呈"卡片多米加"结构。晶间孔隙发育。在大晶体之间还有较小的自形晶（可能为较晚期形成），钙芒硝晶体间存在顶托、穿插现象，这些都是埋藏以后生长出来的。ZK1200B-b29，10×4（-）

图6-12　钙芒硝，自形，菱板状。晶体大小相近，属同一世代产物，具典型的"卡片多米加"结构。晶间孔隙发育。ZK0002B-b06，10×4（-）

图6-13　钙芒硝，自形，菱板状。集合体呈菊花状，系埋藏-成岩过程中形成。同时发育晶间孔隙。ZK0002-b02，10×4（+）

图6-14　钙芒硝，自形，菱板状。集合体呈束状或扇状，属成岩作用形成。ZK0800-b03，10×6.3（+）

通过上述资料可以认为，具蜂窝状孔隙的钙芒硝沉积物（岩）是重结晶作用的重要产物，以后章节还将详述其作用机理。

三、石盐的重结晶

浅部石盐层中常常出现几厘米到几十厘米大小的石盐晶体，多为自形立方体

（图6-15），它们均是在埋藏过程中石盐晶体继续生长所致。

图 6-15 罗北凹地浅部石盐层孔隙及中粗晶结构

第四节 交 代 作 用

交代作用是在原矿物发生溶解的同时，发生新矿物的沉淀，两种作用基本上同时进行。通过大量薄片鉴定分析发现，罗北凹地第四纪含盐系地层中交代作用广泛出现，主要有以下几种。

一、半水石膏交代石膏

罗北凹地含盐系地层中的石膏，大多数已变成半水石膏，并保留石膏假象。半水石膏的成因可能与地层压榨作用有关。

二、钙芒硝交代（半水）石膏

从薄片分析看，罗北凹地含盐系中广泛出现钙芒硝交代石膏（基本上为半水石膏），在较大的钙芒硝晶体内大多具有（半水）石膏的残晶（图6-16、图6-17），这是受到比较强烈交代作用的结果。有的钙芒硝晶体完全交代石膏后还保留石膏的柱状–板状外形；钙芒硝常沿边部交代石膏（图6-18）；有的呈环带状包裹（半水）石膏残晶，有时一颗钙芒硝晶体包含两颗以上的石膏残体，或一颗石膏晶体同时被两个钙芒硝晶体交代。罗北凹地第四纪含盐系地层从下至上，交代作用由弱变强，这可能与盐湖演化越到晚期，卤水蒸发浓缩越大有关。由此推断，罗布泊地区的钙芒硝是在交代（半水）石膏的基础上生长形成的。

图6-16　钙芒硝，粗晶结构，其晶体
内包含众多（半水）石膏残留体。
ZK1200B-b42，10×4（+）

图6-17　钙芒硝为自形板状，其晶体内包含
石膏残晶。晶间孔隙被黏土充填。
ZK1200B-b100，10×10（+）

图6-18　钙芒硝（黄色）沿石膏边缘交代
石膏，在其内部包含石膏残留体。
ZK1200B-b102，10×4（+）

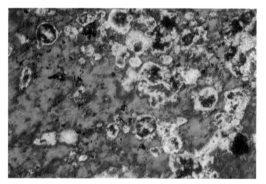

图6-19　杂卤石呈绒球状，交代穿插钙
芒硝晶体。
ZK0400-b04，10×16（+）

三、杂卤石交代钙芒硝

在上更新统中，还广泛出现杂卤石交代钙芒硝的现象，杂卤石通常呈绒球状从边部和核部交代、穿插钙芒硝晶体（图6-19）。

四、石盐交代钙芒硝

石盐属较晚期析出的矿物，因此出现交代钙芒硝的现象（图6-20）。

图6-20　钙芒硝（干涉色呈白色、蓝色、紫色），自形，菱板状。晶体大小相近，属同一世代产物；钙芒硝晶体被石盐（暗灰色）包裹，边缘显示出港湾状的交代结构。ZK0002-b06，10×4（−）

五、钠镁矾交代石盐

地层中也常见到石盐被钠镁矾交代（图6-21），这是钠镁矾结晶析出比石盐晚的缘故。

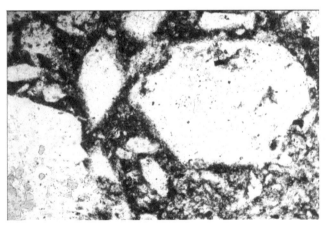

图6-21　溶蚀交代结构。石盐（白色）被钠镁矾微粒沿边缘交代，呈港湾状、岛屿状。97Ⅲ5-b250A（ZK0803），10×4（斜交30°）

由上述介绍可见，罗北凹地含盐系中盐类矿物之间出现"链状"化学交代反应。较早析出的矿物一般均被紧接其后析出的矿物交代，尤其是石膏被钙芒硝交代，不仅分布范围广泛，而且十分强烈。究其原因，是沉积环境与水化学演化到有利于钙芒硝析出的条件时，出于对晶体生长空间的需求，钙芒硝对"同类"硫酸盐矿物石膏进行"蚕食式"的交代。

第五节 胶 结 作 用

胶结作用，是在沉积物或岩石的孔隙中，孔隙水过饱和发生（盐）矿物沉淀，即生成新的矿物晶体，并把早期矿物与碎屑沉积物颗粒黏结起来的作用。

一、石膏胶结作用

石膏在盐类矿物系列中属早期析出的矿物，通常对碎屑沉积物进行胶结。在胶结物状态中，石膏呈连体晶结构及微细晶结构（图6-22）等。

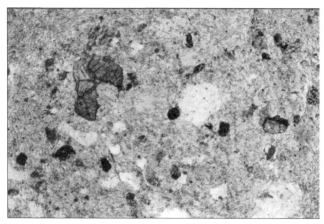

图 6-22　砂质沉积物。碎屑颗粒呈中粗不等粒结构，呈浑圆状，成分除长石、石英质矿物及岩屑外，还有碳酸盐岩碎屑（闪突起，两组解理）；胶结物为微细晶半水石膏。ZK0803-b244，10×4（−）

二、钙芒硝胶结作用

罗布泊盐湖沉积物中，钙芒硝作为胶结物产出也较普遍，通常胶结碎屑物，多呈连体晶结构（图6-23、图6-24）。

三、石盐胶结作用

石盐在罗北凹地含盐系中属较晚结晶的矿物，也常常起到胶结作用，呈他形粒状或自形，主要胶结石膏等较早析出的矿物（图6-25、图6-26）。

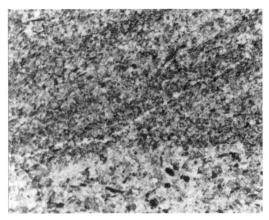

图 6-23 细粉砂沉积物，胶结物为钙芒硝，具
连生结构。ZK1200B-b127，10×4（−）

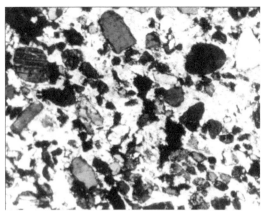

图 6-24 中粗砂沉积物，碎屑颗粒磨圆较好，被
钙芒硝胶结，钙芒硝具连生体结构。ZK1200B-
b129，10×4（+）

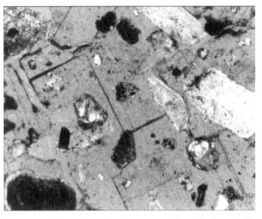

图 6-25 石盐（暗灰色）胶结石膏（半水，黄色
柱状体）及碎屑物。97Ⅲ5-b228（ZK1203），
10×4（+）

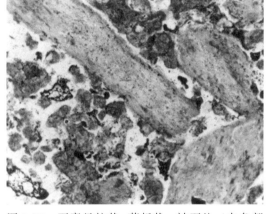

图 6-26 石膏呈柱状–菱板状，被石盐（白色部
分）和杂卤石胶结。而石盐似乎被杂卤石（棕色，
绒球状）交代。97Ⅲ5-b410（YK1900，0~0.5m），
10×4（−）

由上可见，罗北凹地沉积物中盐类矿物作为胶结物形式出现还较常见，通常较晚析出
的矿物胶结较早析出矿物及碎屑物。胶结作用常常造成孔隙度的减少甚至消失（曾允孚
等，1981）。

第六节　碎裂作用

通过薄片分析发现，罗北凹地部分钙芒硝沉积物（岩）中出现一些类似断裂构造作用
产生的"碎裂结构"及"碎裂岩"（图 6-27、图 6-28），钙芒硝呈碎斑结构，碎斑大小在
0.5~2.2mm 之间，碎斑呈尖棱状及次棱状，碎基也呈棱状和次棱状。钙芒硝属脆性矿物，
受断裂作用和层间滑动等动力作用易发生破碎，因此，推断罗北凹地第四系中的"碎裂

岩"应系受断裂或动力作用所产生。这也表明，该区含盐系及储卤层可能受到断裂影响甚至被切穿，对储卤层之间的水力联系产生重要影响，另外，沿断裂还会发生溶蚀作用与交代作用，今后工作中应对此问题加以重视。

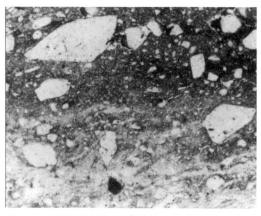

图 6-27　钙芒硝呈碎斑状结构，菱角还保留比较清楚，基质为粉砂黏土及钙芒硝。条带状构造似乎也受到一定影响。ZK1200B-b56，10×4（-）

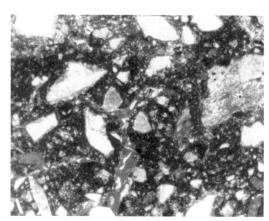

图 6-28　钙芒硝（干涉色为浅蓝色、紫色）呈碎斑状结构，棱角分明。基质为钙芒硝、粉砂及黏土。ZK1200B-b71，10×4（+）

第七节　成岩作用相

一、成岩作用相概念

沉积相，指在一定的沉积环境中形成的沉积物堆积体，它有一定的物质组成、几何形态、结构构造、产状等，并包含沉积环境的信息。罗北凹地的化学沉积相，按盐类矿物种类可分为石膏相、钙芒硝相、杂卤石相、钠镁矾相、石盐相、混合相等。这些沉积相只能反映当时的沉积环境，即咸水环境、盐湖环境、高盐度盐湖及干盐湖环境等，它们是开展成岩作用研究的基础。沉积物（相）一经沉积埋藏后，就转为成岩作用阶段，将经历漫长的物理、化学甚至生物作用变化，沉积物的结构构造、矿物组成等可能被改造得"面目全非"。罗布泊第四纪含盐系沉积物晶间或孔隙中充满卤水体，这些沉积物正在经历成岩作用变化，为了更好地把握成岩作用过程变化规律，评价地层储卤性及指导开采地层卤水，本书提出了成岩作用相的概念。成岩作用相指沉积埋藏后主要被一种或多种成岩作用改造，并留下一定成岩作用特征的沉积物（岩）堆积体。依据成岩作用的不同，该区含盐系成岩作用相可以分为压榨相、溶蚀相、交代相、重结晶相、胶结相及破裂化相。

二、成岩作用相划分

由于同一个沉积体（矿物沉积相）可能同时或先后受到不同的成岩作用影响，几种特征叠加在一起，为突出重点，通常以一种或两种主要的作用来命名成岩作用相；不同的沉积体受到同样的成岩作用，则可划分为同一成岩作用相。同类沉积体（相）受到不同成岩作用，则划分为不同的成岩作用相。ZK1200B 钻孔地层成岩作用相分布如图6-29 所示。

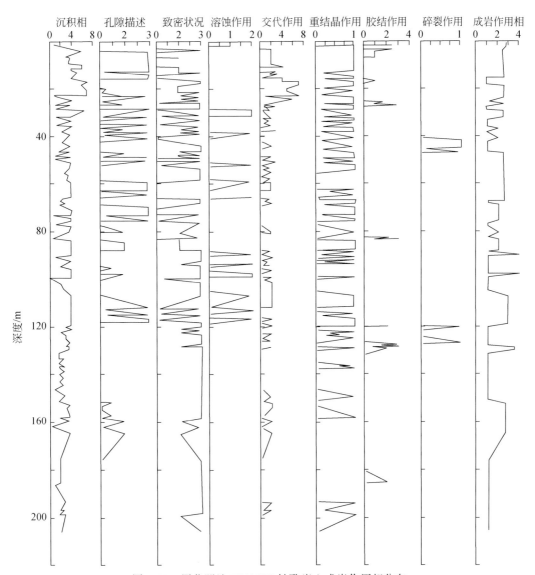

图 6-29　罗北凹地 ZK1200B 钻孔岩心成岩作用相分布

沉积相数字含义：1. 滨湖（砂质）；2. 湖心（粉砂黏土及淤泥）；3. 咸水湖（石膏）；4. 钙芒硝相；5. 杂卤石相；6. 石盐相；7. 钠镁矾相。孔隙描述数字含义：1. 孔隙不发育；1.5. 孔隙发育一般（目估小于10%）；2. 较发育（10%～15%）；3. 发育（20%～35%）。致密状况数字含义：1. 松散；2. 较松散、较软；3. 致密。溶蚀作用数字含义：1. 近地表溶蚀；2. 深部溶蚀。交代作用数字含义：1. 半水石膏交代石膏；2. 钙芒硝交代半水石膏；3. 杂卤石交代钙芒硝；4. 杂卤石交代石盐；5. 杂卤石交代钠镁矾；6. 钠镁矾交代钙芒硝；7. 钠镁矾交代石盐。重结晶作用数字含义：0. 重结晶作用不发育；1. 重结晶作用发育。胶结作用数字含义：1. 粉砂黏土胶结；2. 石膏胶结；3. 石盐胶结。碎裂作用数字含义：0. 碎裂作用不发育；1. 碎裂作用发育。成岩作用相数字含义：1. 弱压榨相；2. 重结晶相；2.5. 重结晶-交代相；2.8. 重结晶-溶蚀相；3. 交代相；3.5. 交代-溶蚀相；4. 溶蚀相

第八节　小　结

（1）罗布泊盐湖含盐系成岩作用可分为压榨作用、溶蚀作用、重结晶作用、交代作用、胶结作用以及碎裂作用六种类型。

（2）溶蚀作用主要包括大气降水垂向溶蚀、地下水水平侧向溶蚀以及深部压榨水溶解；重结晶及胶结作用主要包括钙芒硝、石膏、石盐的重结晶及胶结作用；交代作用主要包括半水石膏交代石膏、钙芒硝交代（半水）石膏、杂卤石交代钙芒硝、石盐交代钙芒硝以及钠镁矾交代钙芒硝等类型。

（3）依据成岩作用的不同，将罗布泊盐湖含盐系成岩作用相分为压榨相、溶蚀相、交代相、重结晶相、胶结相及破裂化相六种类型。

第七章　钾盐矿床特征

罗布泊凹陷除了罗北凹地超大型钾盐矿床外，其外围还分布有几个中型矿床（罗西洼地、铁南断陷带、铁矿湾及耳北凹地等），由此，罗布泊凹陷也成了一个钾盐成矿区。同时，深部 200～1000m 也发现了富钾卤水或卤水显示。以下分别对这些钾盐矿床特征进行介绍。

第一节　罗北凹地钾盐矿床

罗北凹地位于罗布泊东北部，王弭力等（2001）已有详细描述，此节主要根据罗北凹陷 LDK01 钻孔获取的新资料（焦鹏程等，2014），对罗北凹地富钾卤水化学及储集特征与规律进一步讨论。

一、卤水地球化学特征

1. 卤水化学组分

LDK01 钻孔卤水中的 KCl、Na^+、Ca^{2+}、Mg^{2+}、Cl^-、SO_4^{2-}、Sr^{2+}、Li^+、HCO_3^-、B_r^-、I^-、B_2O_3 化学组分含量见表 7-1。

表 7-1　卤水样品化学组分含量统计

组分	盐度 /（g/L）	KCl /%	Na^+ /（g/L）	Ca^{2+} /（g/L）	Mg^{2+} /（g/L）	Cl^- /（g/L）	SO_4^{2-} /（g/L）
平均值	319.50	1.44	82.61	0.038	18.10	173.22	32.63
最大值	366.90	1.69	96.26	0.085	26.22	179.20	47.74
最小值	266.93	1.12	73.00	0.016	11.65	159.84	17.52

组分	HCO_3^- /（mg/L）	Sr^{2+} /（mg/L）	Li^+ /（mg/L）	Br^- /（mg/L）	I^- /（mg/L）	B_2O_3 /（mg/L）
平均值	172.90	0.60	13	15	0.12	210.0
最大值	213.60	2.25	14	23	0.22	254.5
最小值	134.20	0.22	9	13	0.01	145.5

注：据 62 件卤水样品统计。

2. 化学组分与盐度的关系

将 LDK01 钻孔卤水中 K^+、Na^+、Ca^{2+}、Mg^{2+}、Cl^-、SO_4^{2-}、Sr^{2+}、Li^+、HCO_3^- 等质量浓度与盐度之间作散点图，分析其相关关系。

钾离子（K^+）：钾离子质量浓度与盐度之间相关性不明显（图 7-1）。大多数样品盐度从 300g/L 升至 370g/L 时，钾离子质量浓度无明显变化。

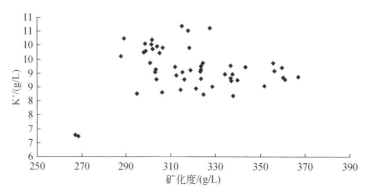

图 7-1　LDK01 钻孔卤水 K^+ 质量浓度随盐度变化的规律

钠离子（Na^+）：随卤水盐度的升高，钠离子的质量浓度呈明显的上升趋势，说明钠离子质量浓度与盐度呈现显著的正相关性（图 7-2）。

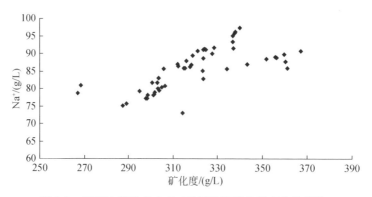

图 7-2　LDK01 钻孔卤水 Na^+ 质量浓度随盐度变化的规律

钙离子（Ca^{2+}）：随盐度的升高，卤水中钙离子质量浓度呈下降趋势，说明钙离子质量浓度与盐度呈负相关关系。随卤水盐度的升高，钙芒硝大量沉淀，使卤水中钙离子质量浓度下降（图 7-3）。

镁离子（Mg^{2+}）：随着卤水盐度的升高，卤水中镁离子质量浓度呈上升趋势，呈较好的正相关关系（图 7-4）。

氯离子（Cl^-）：盐度小于等于 330g/L 时，氯离子质量浓度随着卤水盐度的升高而增加，当盐度大于 330g/L 时，氯离子质量浓度呈下降趋势（图 7-5）。

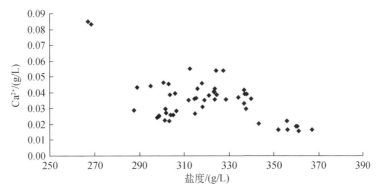

图7-3　LDK01钻孔卤水 Ca^{2+} 质量浓度随盐度变化的规律

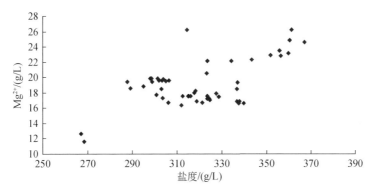

图7-4　LDK01钻孔卤水 Mg^{2+} 质量浓度随盐度变化的规律

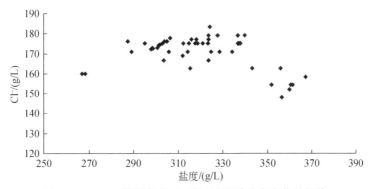

图7-5　LDK01钻孔卤水 Cl^- 质量浓度随盐度变化的规律

　　硫酸根离子（SO_4^{2-}）：随着卤水盐度的升高，硫酸根离子质量浓度呈快速升高趋势，两者之间呈现显著的正相关关系（图7-6），尽管卤水中析出大量钙芒硝，其硫酸根离子质量浓度仍然呈上升态势，反映硫源补给很充分。

　　锶离子（Sr^{2+}）：随着卤水盐度的升高，卤水中锶离子质量浓度变化不明显（图7-7），只是盐度在270g/L左右时锶离子质量浓度大于2.00mg/L，盐度大于290g/L，卤水中锶的质量浓度较低，大多在0.22～0.77mg/L。

　　锂离子（Li^+）：卤水中锂离子质量浓度随着卤水盐度变化总体呈上升趋势（图7-8）。

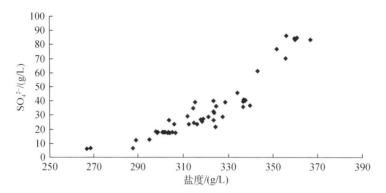

图 7-6　LDK01 钻孔卤水 SO_4^{2-} 质量浓度随盐度变化的规律

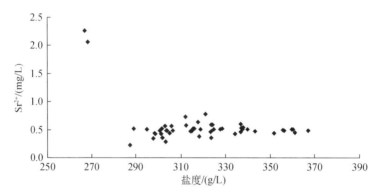

图 7-7　LDK01 钻孔卤水 Sr^{2+} 质量浓度随盐度变化的规律

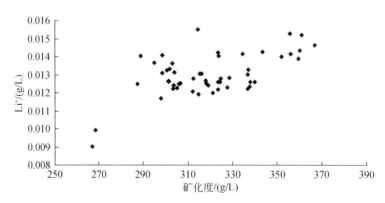

图 7-8　LDK01 钻孔卤水 Li^+ 质量浓度随盐度变化的规律

　　碳酸氢根离子（HCO_3^-）：HCO_3^- 质量浓度与盐度变化关系呈"人"形；当盐度从 260g/L 增至 310g/L 时，卤水碳酸氢根离子质量浓度随着卤水盐度的升高呈上升趋势，到约 300g/L 达到最大；随后，碳酸氢根离子质量浓度随盐度升高呈下降趋势（图 7-9）。

　　碘离子（I^-）：卤水中碘离子质量浓度较低，一般在 0.04 ~ 0.18mg/L，与盐度的相关关系不明显（图 7-10）。

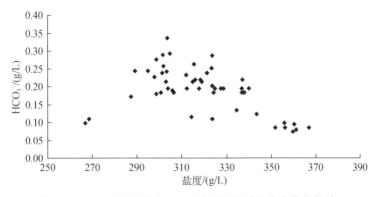

图 7-9　LDK01 钻孔卤水 HCO_3^- 质量浓度随盐度变化的规律

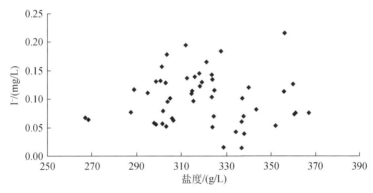

图 7-10　LDK01 钻孔卤水 I^- 质量浓度随盐度变化的规律

溴离子（Br^-）：溴离子质量浓度与盐度之间总体上呈正相关性。卤水盐度小于 340g/L 时，两者相关性不明显；当盐度大于 340g/L，溴离子质量浓度随盐度的升高呈快速上升趋势（图 7-11）。

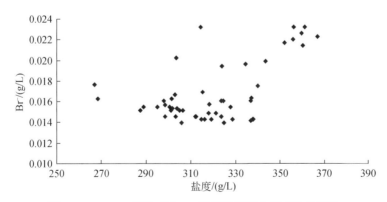

图 7-11　LDK01 钻孔卤水 Br^- 质量浓度随盐度变化的规律

氧化硼（B_2O_3）：卤水中氧化硼质量浓度与盐度总体上呈正相关性（图 7-12）。

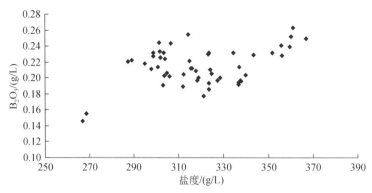

图 7-12　LDK01 钻孔卤水 B₂O₃ 质量浓度随盐度变化的规律

由图 7-13 可见，Li⁺、B³⁺、Mg²⁺ 亲缘性好，可能具有相同的来源或富集机制；Br 与盐度关系密切，其富集主要与蒸发作用有关；Sr²⁺ 与 Ca²⁺ 关系密切，与它们的化学性质相似有关；K⁺ 与 Cl⁻ 关系密切，也反映了 K⁺ 的富集与蒸发作用有关。

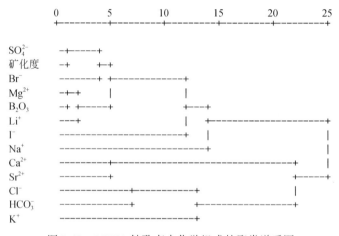

图 7-13　LDK01 钻孔卤水化学组成的聚类谱系图

3. 化学组分随深度的变化

盐度：卤水盐度总体上随深度的增加呈下降趋势（图 7-14），不过，在 0 ~ 120m 左右盐度随深度增加有增高趋势，这种趋势在 ZK0800 和 ZK1200B 孔 0 ~ 70m 也出现了（王弭力和刘成林，2001）。以 200m 和 480m 深度分为三段，大致呈阶梯式下降，200m 以上浅层段最高值 366.9g/L，平均值为 340g/L，200 ~ 248m 层段盐度最大值 337.9g/L，平均值 315.8g/L，480m 以下 14 件样品盐度最大值 319.3g/L，平均值 297.2g/L。盐度峰值（366.9g/L）出现在 130m 左右，最低点（266.93g/L）出现在 480m 左右，平均值为 319.5g/L。

氯化钾（KCl）：氯化钾质量分数随深度增加而呈上升态势变化（图 7-14）。在 200 ~ 300m 之间，氯化钾质量分数呈先降后升趋势，最高质量分数 1.45%，最低质量分数 1.27%，

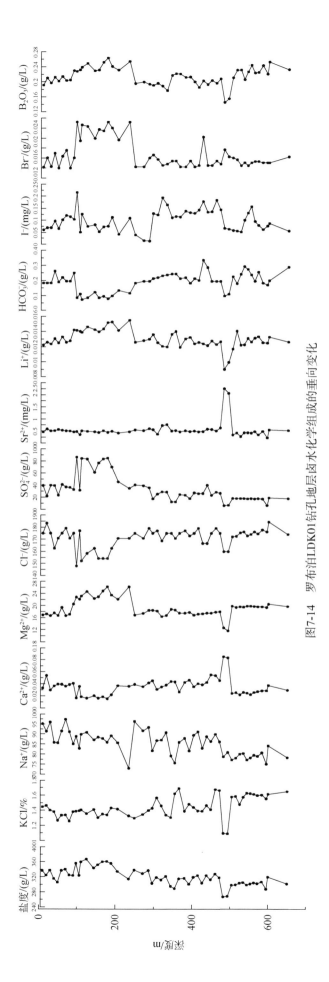

图7-14 罗布泊LDK01钻孔地层卤水化学组成的垂向变化

平均质量分数 1.35%。氯化钾质量分数在 300m 以下变化较大，出现 3 峰态势，第一峰值为 1.69%，深度 360m 左右，第二峰值出现在 460~470m，含量为 1.66%，第三峰值出现在 550m 左右，含量为 1.62%，本段最低质量分数出现在 470~500m，为 1.12%。用作钻井循环液的潜卤水 KCl 质量分数为 1.43%，由图 7-14 可看出在 350~400m、430~460m之间卤水 KCl 质量分数的平均值分别为 1.56%、1.55%，均大于 1.43%，可以推断相应的两个层段赋存有富钾卤水。500m 往下，KCl 质量分数变化相对稳定，平均值为 1.53%，且抽水试验采集的卤水样品的 KCl 的质量分数均在 1.43% 以上，由此反映出此段也赋存富钾卤水。

钠离子（Na^+）：钠离子质量浓度随深度变化与盐度基本一致，略呈下降趋势（图 7-14），在 200~300m 之间，钠离子质量浓度呈先升后降趋势，最高质量浓度 96.26g/L，最低质量浓度 73g/L，平均质量浓度 86.93g/L。在 300m 以下，300~500m 波动较为明显，最高质量浓度 91.09g/L，最低质量浓度 78.73g/L。而在 500m 以下钠离子的质量浓度在 78.08~84.14g/L 之间较为稳定。在 300m 以下钠离子的平均质量浓度为 82.61g/L。

钙离子（Ca^{2+}）：钙离子质量浓度变化与深度的相关关系不明显（图 7-14），在 300m 以下钙离子质量浓度变化为上部高下部略低，平均质量浓度 0.038g/L。300~500m 波动较为明显，特别是在 470~500m 的时候出现最高峰值，质量浓度陡增到 0.085g/L 左右。而在 500m 以下钙离子的质量浓度在 0.022~0.0296g/L 之间较为稳定。

镁离子（Mg^{2+}）：镁离子质量浓度变化与深度的相关关系不明显（图 7-14）。镁离子的质量浓度在深度 100~220m 较高，均大于 20g/L。在 250~470m 较为稳定，多在 15~20g/L 之间。在 470~500m，镁离子的质量浓度最低，从 18.00g/L 骤降到 11.64g/L。500m 以下镁的质量浓度在 19.40~20.50g/L 之间较为稳定。

氯离子（Cl^-）：由图 7-14 可知，氯离子质量浓度变化与深度的相关关系不明显。在 0~100m，质量浓度最高，而在 100~200m，质量浓度最低；在 200~300m，最高质量浓度 179.20g/L，最低质量浓度 170.87g/L；300~500m 有微小的波动，最高质量浓度 179.20g/L，最低质量浓度 159.84g/L。而在 500m 以下氯离子的质量浓度在 174.18~176.23g/L 之间较为稳定。总体来说在深度 300m 以下氯离子的质量浓度较为稳定，平均质量浓度173.22g/L。

硫酸根离子（SO_4^{2-}）：硫酸根离子质量浓度从浅部到深部有下降的趋势，100~200m处最高，均大于 60g/L。200~300m 之间，硫酸根离子的质量浓度呈先升后降趋势，最高质量浓度 45.74g/L，最低质量浓度 17.52g/L，平均质量浓度 32.63g/L。300m 以下总体呈下降趋势，平均质量浓度 20.51g/L。300~500m 波动较大，质量浓度最高值 40.09g/L，最低值 6.28g/L。500m 以下硫酸根离子的质量浓度在 9.13~10.05g/L 之间较为稳定（图7-14）。

锶离子（Sr^{2+}）：由图 7-14 可知，锶离子质量浓度变化在 0.35~0.77mg/L 之间较为稳定，但可以看出下部略低于上部，平均质量浓度 0.60mg/L。峰值出现在 470~500m，质量浓度为 2.25mg/L，与钙离子峰值位置相同，可判断此段由相对富锶的水补给。

锂离子（Li^+）：0~220m 层段，卤水中锂离子质量浓度由上至下总体呈增高趋势。在深度 220m 以下，锂离子的质量浓度变化较为稳定，质量浓度最高值 14mg/L，最低值

9mg/L，仅在470～500m区间锂离子质量浓度有变小的趋势（13mg/L下降到9mg/L）），之后锂离子质量浓度逐渐趋于稳定。

碳酸氢根离子（HCO_3^-）：碳酸氢根离子质量浓度随深度变化不明显（图7-14）。在200～300m之间，质量浓度呈增加趋势，最高质量浓度0.2136g/L，最低质量浓度0.1342g/L，平均质量浓度0.1729g/L。在300m以下，波动较大，并出现两个峰值一个谷值，最高峰值0.3356g/L（420m左右），最低值0.0976g/L，平均值0.2179g/L。

碘离子（I^-）：卤水中碘离子的质量浓度变化波动较大（图7-14），但总体呈两边高中间低的趋势，最高质量浓度0.22mg/L（100m左右），最低质量浓度0.01mg/L（280m左右），平均质量浓度0.12mg/L。

溴离子（Br^-）：卤水中溴离子的质量浓度总体呈两端低中间高的趋势（图7-14），在100～250m处最高，均大于20mg/L，最高质量浓度23.2mg/L。300m以下有波动，质量浓度最高值出现在420m左右，为20mg/L，平均质量浓度15mg/L。

三氧化二硼（B_2O_3）：总体质量浓度变化分0～200m、250～600m两个上升段（图7-14）。在200～300m最高值254.5mg/L，最低值191.2mg/L。在300m以下，总体趋势呈现下降后上升，最高质量浓度243.6mg/L，最低质量浓度145.5mg/L（490m左右），平均质量浓度207.8mg/L。

二、储层特征

根据LDK01钻孔岩心编录与盐类矿物共生组合特征（焦鹏程等，2014），将地层划分为3个岩性段：0～204.45m，为蒸发岩（钙芒硝、含石膏石盐）岩性段；204.45～304.59m，为黏土（含盐的黏土）岩性段；304.59～781.50m，为粗碎屑岩岩性段。黏土层段一般为隔水层。因此，将本区储卤层分为上部蒸发岩系卤水层段和下部碎屑岩系卤水层段。

根据孔隙度测试（野外目测、室内实测）结果，结合抽水试验成果及所取样品的胶结程度（松散层可划分为含水层），将上部蒸发岩系地层划分为6个含卤水层段，下部碎屑岩系地层划分为5个含卤水层段，其中1个潜卤水层段，10个承压卤水层段。

1. 蒸发岩系卤水层段

LDK01钻孔上部蒸发岩系卤水层段，划分为6个卤水层段（图7-15），其中一个为潜卤水层段，另5个为承压卤水层段，各段主要含矿层位和特征如下。

1）潜卤水层段

本段深度0～33.00m，主要岩性为钙芒硝岩，含光卤石、钾石盐、钾镁矾、石膏、泻利盐及石盐（薄层状）。其中，钙芒硝岩累计厚度14.92m。实测孔隙度15%～35%，岩性分布及孔隙发育情况如图7-16和图7-17所示。

2）第一承压卤水层段

本段深度为38.00～48.65m，主要岩性为含白钠镁矾、石膏的钙芒硝岩，其中钙芒硝岩累计厚度6.91m。实测孔隙度10%～20%。岩性分布及孔隙发育情况如图7-18和图7-19所示。

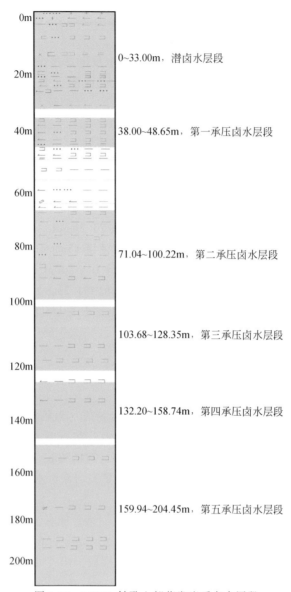

0~33.00m，潜卤水层段

38.00~48.65m，第一承压卤水层段

71.04~100.22m，第二承压卤水层段

103.68~128.35m，第三承压卤水层段

132.20~158.74m，第四承压卤水层段

159.94~204.45m，第五承压卤水层段

图 7-15　LDK01 钻孔上部蒸发岩系卤水层段

3）第二承压卤水层段

本段深度为 71.04 ~ 100.22m，主要岩性为含石膏钙芒硝岩、含钙芒硝石膏岩，其中钙芒硝岩累计厚度 8.94m。实测孔隙度 10% ~ 30%。岩性分布及孔隙发育情况如图 7-20 和图 7-21 所示。

4）第三承压卤水层段

本段深度为 103.68 ~ 128.35m，主要岩性为含硫锶钾石、石盐、石膏的钙芒硝岩。其中钙芒硝岩累计厚度 22.19m。实测孔隙度为 5% ~ 25%。岩性分布及孔隙发育情况如图 7-22 和图 7-23 所示。

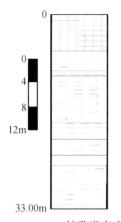

图 7-16　LDK01 钻孔潜卤水层
段岩性柱状图

图 7-17　潜卤水层段岩心孔隙特征

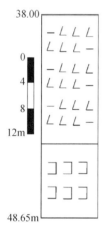

图 7-18　LDK01 钻孔第一承压卤
水层段岩性柱状图

图 7-19　第一承压卤水层段钙芒硝储卤层岩心特征

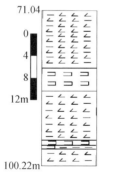

图 7-20　LDK01 钻孔第二承
压卤水层段岩性柱状图

图 7-21　第二承压卤水层段钙芒硝储卤层岩心

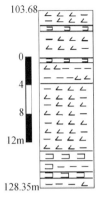

图 7-22　LDK01 钻孔第三承
压卤水层段岩性柱状图　　　　图 7-23　第三承压卤水层段钙芒硝储卤层岩心特征

5) 第四承压卤水层段

本段深度为 132.20 ～ 158.74m，主要岩性为含石盐、石膏钙芒硝岩，或含杂卤石、白钠镁矾、钙芒硝的石膏岩。其中钙芒硝岩累计厚度 18.25m。实测孔隙度 20% 左右。岩性分布及孔隙发育情况如图 7-24 和图 7-25 所示。

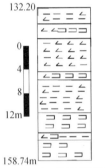

图 7-24　LDK01 钻孔第四承压
卤水层段岩性柱状图　　　　图 7-25　第四承压卤水层段岩心（弱固结的石膏岩）

6) 第五承压卤水层段

本段深度为 159.94 ～ 204.45m，主要岩性为含硫锶钾石、白钠镁矾、石膏的钙芒硝岩。其中钙芒硝岩累计厚度 42.34m。发育蜂窝状孔隙，目测孔隙度为 15% 左右，实测孔隙度为 10% ～ 20%。岩性分布及孔隙发育情况如图 7-26 和图 7-27 所示。

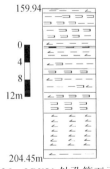

图 7-26　LDK01 钻孔第五承压
卤水层段岩性柱状图　　　　图 7-27　第五承压卤水层段钙芒硝岩储卤层岩心柱

2. 碎屑岩系卤水层段

LKD01 钻孔碎屑岩系含卤水层段分为 5 个层段（图 7-28），各卤水层段分布及特征如下。

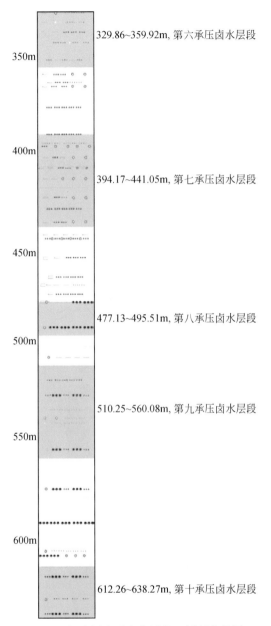

350m

329.86~359.92m，第六承压卤水层段

400m

394.17~441.05m，第七承压卤水层段

450m

477.13~495.51m，第八承压卤水层段

500m

510.25~560.08m，第九承压卤水层段

550m

600m

612.26~638.27m，第十承压卤水层段

图 7-28 下部碎屑岩系卤水层段（图例参见图 4-1）

第六承压卤水层段：本段深度为 329.86~359.92m，主要岩性为含石膏、白钠镁矾的砂岩层。其中松散碎屑层累计厚度为 11.67m。孔隙度为 10%~15%。

第七承压卤水层段：本段深度为 394.17~441.05m，主要岩性为含石膏、钙芒硝、石盐的砂岩层。其中松散碎屑层累计厚度为 35.03m。孔隙度为 5%~10%。

第八承压卤水层段：本段深度为 477.13 ~ 495.51m，主要岩性为含石膏、石盐的砂层。其中松散碎屑层累计厚度为 13.85m。孔隙度为 10% ~ 20%。

第九承压卤水层段：本段深度为 510.25 ~ 560.08m，主要岩性为砂岩、含砾砂岩。在 496 ~ 510m 有一段细砂、黏土层，且孔隙度较小，为隔水层。其中碎屑层累计厚度为 42.28m。孔隙度为 5% ~ 15%。

第十承压卤水层段：本段深度为 612.26 ~ 638.27m，主要岩性为含石盐/石膏砂岩。其中碎屑层累计厚度为 14.19m。孔隙度为 10% ~ 20%。

由上可见，罗北凹地不仅浅部蒸发岩晶间赋存有富钾卤水，深部地层也发现了碎屑储层型富钾卤水，可以认为，罗北凹地卤水钾矿床出现了一个"含卤水地下室"，其资源潜力巨大。

第二节　罗西洼地钾盐矿床

罗西洼地位于罗北凹地西南部的雅丹中间，即罗西洼地与罗北凹地被抬升区分隔（图 7-29）。

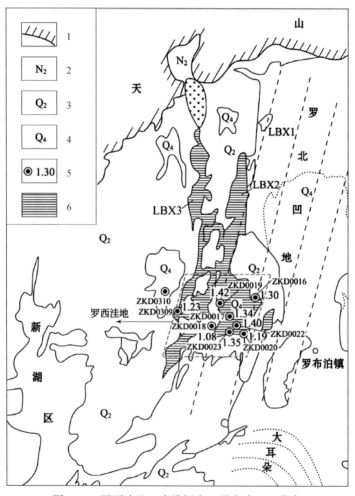

图 7-29　罗西洼地（虚线框内）及卤水 KCl 分布

1. 基岩界线；2. 上新统；3. 中更新统；4. 全新统；5. 钻孔及卤水 KCl 质量分数（%）；6. 断陷带

一、卤水地球化学特征

1. 卤水化学组成及化学类型

卤水化学类型按瓦里亚什科（1965）的水化学分类方案（表7-2）划分，罗西洼地卤水化学分析成果列于表7-3。

表 7-2　天然水地球化学分类

水型特征系数	碳酸盐型	硫酸盐型		氯化物型
		硫酸钠亚型	硫酸镁亚型	
$Kn1 = (NCO_3^{2-} + NHCO_3^-)/(NCa^{2+} + NMg^{2+})$	>1	<1	≪1	≪1
$Kn2 = (NCO_3^{2-} + NHCO_3^- + NSO_4^{2-})/(NCa^{2+} + NMg^{2+})$	≫1	≥1	≤1	≪1
$Kn3 = (NCO_3^{2-} + NHCO_3^- + NSO_4^{2-})/NCa^{2+}$	≫1	≫1	≫1	<1
$Kn4 = (NCO_3^{2-} + NHCO_3^-)/NCa^{2+}$	≫1	>或<1	>或<1	<1

注：据瓦里亚什科（1965）。N 为离子当量数。

由表7-3可见，罗西洼地卤水盐度为310.00~339.93g/L，平均值为328.33g/L；KCl质量分数为1.08%~1.42%，平均值为1.31%；Na^+质量浓度82.21~101.07g/L，平均为93.05g/L；Ca^{2+}平均值为0.19g/L；Mg^{2+}质量浓度变化范围为12.50~18.00g/L，平均为15.50g/L；SO_4^{2-}质量浓度为34.8~68.5g/L，平均值为55.4g/L；Cl^-变化范围为143~173.5g/L，平均值为155.9g/L；HCO_3^-质量浓度平均值为0.015g/L；NO_3^-质量浓度变化较大，为1.07~16.90mg/L，平均值为2.89mg/L；B^{3+}质量浓度为28.0~74.2mg/L，平均值为50.2mg/L，Li^+质量浓度为2.4~13.1mg/L，平均值为11.2mg/L。

由表7-3可见，卤水中CO_3^{2-}、HCO_3^-、Ca^{2+}质量浓度很低，卤水特征系数$Kn2$值大多小于1，其中，4件样品的$Kn2$值为等于1或略大于1，因此，该区卤水水化学类型基本为硫酸镁亚型；部分样品$Kn2$小于1但接近1，表明部分卤水刚从硫酸钠亚型转变过来，罗西洼地有少数为硫酸钠亚型或硫酸钠亚型–硫酸镁亚型的过渡型。

2. 卤水化学元素与盐度变化关系

罗西洼地卤水组成随盐度增加而变化的规律如图7-30所示，KCl质量浓度随盐度增加呈上升趋势；Na^+和Cl^-质量浓度与盐度的正相关性比较明显；Mg^{2+}、SO_4^{2-}、NO_3^-、HCO_3^-、B^{3+}、Li^+略呈上升趋势，唯一例外是Ca^{2+}，其质量浓度随盐度的增加开始上升，到接近320g/L时呈下降趋势。卤水化学组分随盐度变化的规律反映该地区卤水正处于浓缩过程中。

3. 浅部卤水钾含量在平面上的分布规律

罗西洼地布置钻孔9个，在其控制范围内，罗西洼地浅部卤水KCl分布呈"南低北高"的趋势（图7-29），从南部的ZKD0020钻孔往北至中部的ZKD0017钻孔、北部的ZKD0019钻孔，KCl质量浓度从1.19%增至1.34%、1.42%，卤水KCl质量浓度的平面分布规律反映了卤水的补径排条件，即与罗布泊地区的主要补给方向一致，南部靠近补给区，晚期受到南部大湖区湖水影响。

表 7-3　罗西洼地(罗北西 1 号断陷带)卤水化学组成与参数特征

序号	样品号	密度/(g/cm³)	盐度/(g/L)	KCl/%	K⁺/(g/L)	Na⁺/(g/L)	Ca²⁺/(g/L)	Mg²⁺/(g/L)	SO₄²⁻/(g/L)	Cl⁻/(g/l)	HCO₃⁻/(g/L)	NO₃⁻/(mg/L)	B³⁺/(mg/L)	Li⁺/(mg/L)	Kn2	水化学类型
1	ZKD0016W1	1.2284	335.24	1.30	8.35	93.59	0.22	16.55	61.0	155.5	0.085	16.90	74.2	10.5	0.92	硫酸镁亚型
2	ZKD0016W2	1.2337	310.00	1.31	8.50	82.21	0.13	17.65	58.5	143.0	0.036	7.15	72.2	11.8	0.83	硫酸镁亚型
3	ZKD0016W3	1.2348	347.18	1.34	8.70	96.36	0.13	18.00	56.5	167.5	0.027	5.43	70.2	10.7	0.78	硫酸镁亚型
4	ZKD0017W1	1.2148	318.00	1.34	8.55	89.58	0.27	15.30	51.5	153.0	0.010	1.94	46.8	11.5	0.83	硫酸镁亚型
5	ZKD0017W2	1.2195	321.96	1.36	8.70	89.89	0.29	16.30	47.5	159.5	0.010	1.99	49.4	11.5	0.72	硫酸镁亚型
6	ZKD0017W3	1.2232	316.05	1.38	8.85	87.68	0.29	15.95	50.5	153.0	0.008	1.64	47.4	11.8	0.78	硫酸镁亚型
7	ZKD0017W4	1.2318	325.82	1.37	8.85	91.90	0.23	15.50	54.0	155.5	0.007	1.33	53.8	12.6	0.86	硫酸镁亚型
8	ZKD0017W5	1.2261	333.41	1.38	8.90	94.04	0.13	15.40	64.0	151.0	0.009	1.80	50.2	11.9	1.03	硫酸镁亚型
9	ZKD0017W6	1.2190	328.33	1.38	8.85	92.32	0.16	15.60	58.5	153.0	0.007	1.40	47.0	11.9	0.94	硫酸镁亚型
10	ZKD0017W7	1.2279	314.01	1.39	8.95	87.55	0.25	15.45	51.0	151.0	0.007	1.32	47.8	11.7	0.82	硫酸镁亚型
11	ZKD0017W8	1.2278	330.72	1.39	8.95	93.26	0.16	15.45	60.0	153.0	0.006	1.26	50.8	11.2	0.97	硫酸镁亚型
12	ZKD0017W9	1.2195	330.41	1.38	8.80	93.00	0.15	15.55	61.0	152.0	0.006	1.29	47.4	11.5	0.98	硫酸镁亚型
13	ZKD0018W1	1.2317	328.95	1.08	7.00	101.07	0.29	12.50	34.8	173.5	0.022	4.30	28.0	10.6	0.69	硫酸镁亚型
14	ZKD0019W1	1.2321	338.15	1.42	9.15	94.63	0.14	15.80	68.5	150.0	0.008	1.54	46.2	11.9	1.08	硫酸镁亚型
15	ZKD0019W2	1.2320	334.27	1.42	9.20	91.65	0.14	16.85	66.5	150.0	0.007	1.48	48.4	2.4	0.99	硫酸镁亚型
16	ZKD0020W1	1.2298	334.17	1.19	7.65	98.16	0.13	14.30	52.5	161.5	0.007	1.37	50.6	13.1	0.91	硫酸镁亚型
17	ZKD0020W2	1.2201	320.87	1.17	7.50	92.96	0.24	14.80	45.1	160.5	0.008	1.50	44.4	12.6	0.75	硫酸钠亚型
18	ZKD0020W3	1.2310	337.52	1.18	7.60	99.25	0.13	14.10	58.0	158.5	0.005	1.07	52.8	12.0	1.03	硫酸镁亚型
19	ZKD0020W4	1.2284	333.25	1.17	7.55	97.90	0.14	14.25	53.0	160.5	0.006	1.10	43.4	12.9	0.92	硫酸镁亚型
20	ZKD0022W1	1.2203	316.65	1.30	8.35	90.74	0.21	14.00	56.5	147.0	0.014	2.85	33.4	11.0	1.00	硫酸钠亚型
21	ZKD0023W1	1.2353	339.93	1.35	8.75	96.31	0.20	16.30	54.0	164.5	0.010	2.00	50.0	11.1	0.82	硫酸镁亚型
22	平均值	1.2270	328.33	1.31	8.46	93.05	0.19	15.50	55.4	155.9	0.015	2.89	50.2	11.2	0.89	硫酸镁亚型

注:Kn2>1,水型为硫酸钠亚型;Kn2<1,为硫酸镁亚型。样品测试由中国地质科学院矿产资源研究所表生地球化学实验室陈永志、李光完成。

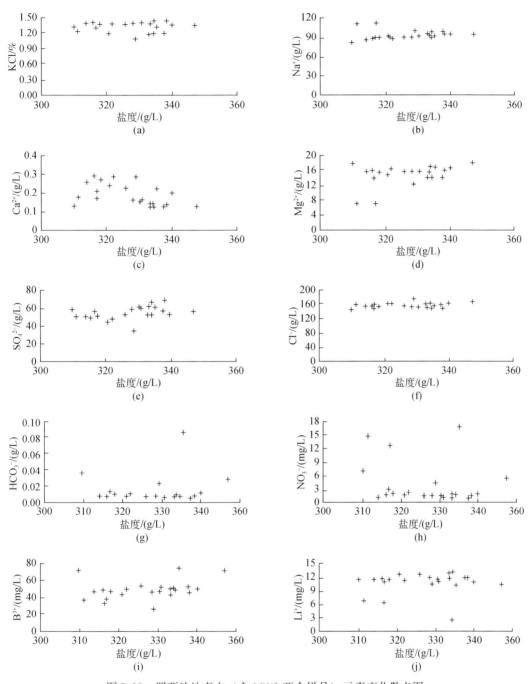

图 7-30 罗西洼地卤水（含 LBX3 两个样品）元素变化散点图

4. 卤水化学组成垂向变化

ZKD0017 钻孔位于罗西洼地中部，孔深 41.3m，采集不同深度卤水样品 9 件，其化学组分由下向上的变化规律如图 7-31 所示。

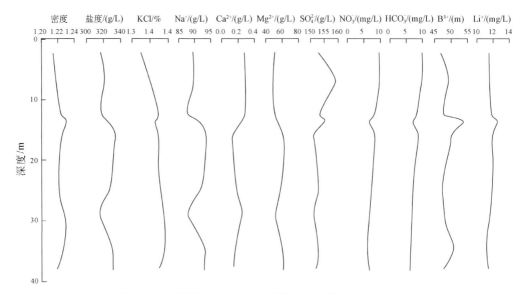

图 7-31 罗西洼地 ZKD0017 钻孔卤水化学组分垂向变化

卤水密度和盐度：呈波状起伏变化，总体上显示下降趋势。

氯化钾（KCl）：具有较明显的由高变低的趋势。

钠离子（Na^+）和镁离子（Mg^{2+}）：变化趋势一致，呈起伏状，略微下降。

钙离子（Ca^{2+}）：与钠离子、镁离子具有较好的负相关性。

硫酸根离子（SO_4^{2-}）：呈上升趋势，但到顶部又快速下降。

硝酸根离子（NO_3^-）和碳酸氢根离子（HCO_3^-）：总体上呈上升趋势，在深度 12～14m 段有负异常。

硼离子（B^{3+}）：变化规律与盐度、氯化钾相近，呈下降趋势。

锂离子（Li^+）：变化不大，在深度 12～14m 段较高。

综上所述，罗西洼地较深部卤水的盐度和钾含量比浅部高，这可能是重力分异的结果，也可能说明晚更新世是卤水钾盐成矿最好的时期，全新世时期可能受到淡化事件影响卤水发生一定淡化作用。

5. 卤水化学组成在五元体系相图上的分布

由图 7-32 可见，罗西洼地卤水组成点在 25℃ 五元体系相图中集中分布于白钠镁矾相区，而且演化轨迹呈一完整的线条，顶端已接近软钾镁矾相区，继续蒸发将析出软钾镁矾混盐。

6. 卤水动态变化规律

卤水矿区别于固体矿产的最主要特征是其可变动性，卤水的动态变化，即水量、水质随时间而变化。水的动态是其补给和排泄的综合表现，如补给量大于排泄量，便引起水量增加，水位抬升，反之亦然。水温和盐度的变化也与含水层热量与盐分的补排关系密切。不同的补给来源、补给方式和排泄过程决定了卤水层的动态特征。研究水动态有助于阐明卤水层的补径排条件和水资源的形成过程。

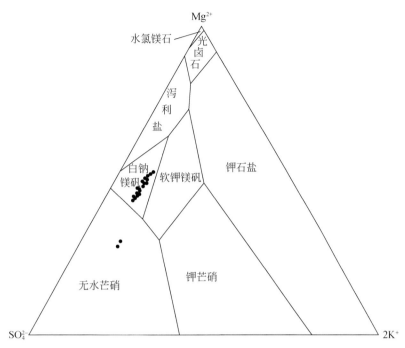

图 7-32 罗西洼地卤水化学组成（无水芒硝相区点为 LBX3 样品）
在 25℃ 五元体系相图中的分布

为此，笔者对罗西洼地中部的 ZKD0017 钻孔卤水开展了 4 年的动态观测研究，2001～2005 年的观测及分析数据列于表 7-4。

ZKD0017 钻孔在这 4 年来的潜水位埋深最大变幅为 0.06m，其中 2001 年水位最高，2003 年、2004 年为低水位期。受观测间隔的限制，4 年来观测到的潜水位埋深的变化可能正是季节变化的反映，即观测时间 5 月、9 月和 10～11 月分别对应了罗布泊地区的丰水期、平水期和枯水期，由枯水期至丰水期，潜水位逐渐抬高、水位埋深逐渐变小。与水量的变化相对应，水化学组分也发生同步变化，即低水位期，盐度相对较高（平均值 333.1g/L），高水位期盐度降低（318.0g/L）。从表 7-4 算得，卤水 K^+、Na^+、Mg^{2+}、Cl^-、SO_4^{2-} 含量的变幅分别为 0.13g/L、22.0g/L、0.9g/L、6.9g/L、43.0g/L。

表 7-4 罗西洼地 ZKD0017 钻孔潜卤水动态变化

取样日期（年/月/日）	潜水位埋深/m	取样深度/m	水化学分析成果/（g/L）					
			K^+	Na^+	Mg^{2+}	Cl^-	SO_4^{2-}	盐度
2001/05/27	1.70	1.8～2.4	8.55	89.6	15.3	153.0	51.5	318.0
2003/10/08	1.76	2.0～2.3	8.42	91.4	14.8	158.6	17.3	326.4
2004/11/11	1.74	1.9～2.1	8.44	111.6	14.4	151.7	60.3	339.7
2005/09/18	1.72	2.0～2.3	—	—	—	—	—	—

注：观测者为焦鹏程、刘成林；分析者为陈永志。

二、储层特征

1. 储卤层岩性

储卤层岩性主要由石膏岩、钙芒硝岩、芒硝岩以及中细砂构成，多为半固结的松散状。钙芒硝岩层常见蜂窝状孔隙。

2. 储卤层类型划分

根据钻孔地层对比（图7-33和图7-34），罗西洼地储卤层可以划分为潜卤层（W1）和一个承压层（W2），它们与罗北凹地的潜卤层和承压层可以对比，即相当于罗北凹地的潜卤水层段和第一承压卤水层段；由图7-33还可以预测，罗西洼地至少还存在第二个承压卤水层（W3），相当于罗北凹地的第二承压卤水层段。

3. 储卤层厚度

根据岩性特征，将罗西洼地储卤层划分为潜卤层（W1）和一个承压层（W2），计算出平均厚度（表7-5）。

表7-5　罗西洼地储卤层组成和厚度

序号	钻孔编号	潜水位深/m	钻孔深度/m	揭示潜卤层（W1）厚度/m	揭示承压层（W2）厚度/m	主要岩性
1	ZKD0016	2.50	12.00	9.50	—	钙芒硝层、砂质层和石膏层
2	ZKD0017	1.80	41.30	3.20	11.30	石膏层和钙芒硝层等
3	ZKD0018	2.80	6.00	3.20	—	石膏砂层
4	ZKD0019	2.30	7.00	4.70	—	含芒硝石膏砂层和石膏层
5	ZKD0020	1.90	24.10	3.50	9.60	钙芒硝层和石膏砂层
6	ZKD0022	2.00	5.30	3.30	—	粉砂石膏层、芒硝层
7	平均值			4.57	10.45	

4. 孔隙度

罗西洼地东区钻孔岩心孔隙度测试结果见表7-6。潜卤层平均孔隙度21.77%，略低于罗北凹地平均值28%。承压储卤层，测得一个样品，孔隙度为15.50%，低于潜卤层平均孔隙度，与罗北凹地承压储卤层孔隙度平均值（14%）相当。

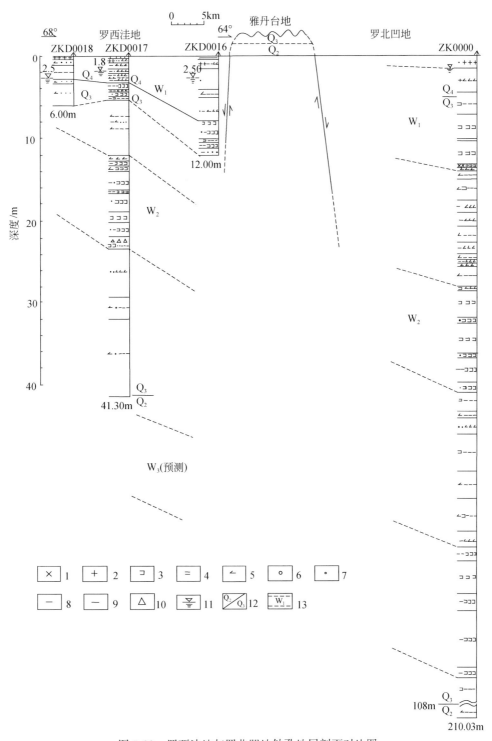

图 7-33 罗西洼地与罗北凹地钻孔地层剖面对比图

1. 杂卤石；2. 石盐；3. 钙芒硝；4. 芒硝；5. 石膏；6. 砂；7. 粉砂；8. 黏土；
9. 淤泥；10. 碎裂岩；11. 潜水位；12. 地层界线；13. 含水层及编号

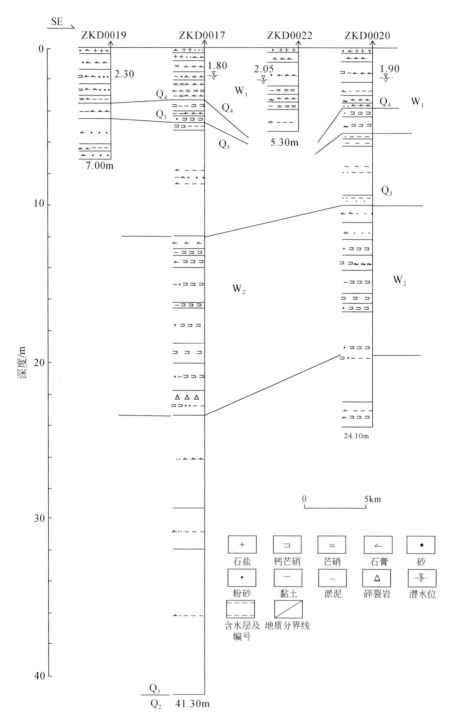

图 7-34　罗西洼地钻孔地层剖面图

表7-6 罗西洼地东区钻孔岩心孔隙度

样品编号	采样深度/m	岩性	渗透率/（$10^{-3}\mu m^2$）	孔隙度/%	储卤层类型
ZKD0017B45	19.0	钙芒硝	5.10	9.30	潜卤层
ZKD0022B3-1	0.80	砂质石膏	125	29.40	潜卤层
ZKD0022B3-2	0.80	砂质石膏	13.10	26.60	潜卤层
ZKD0020B22	15.80	钙芒硝	1.55	15.50	承压储卤层

注：测试单位为中国石油勘探开发研究院石油采收率研究所。

第三节 铁南断陷带钾盐矿床

铁南断陷带形似"黄瓜"状，位于罗北东台地与其东侧北山之间，呈南北向展布（图7-35）。

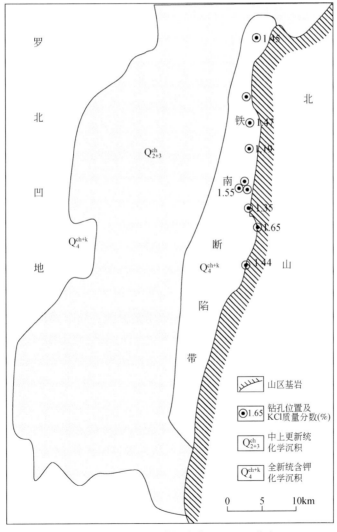

图7-35 铁南断陷带钻孔位置及KCl分布

一、卤水地球化学特征

1. 卤水化学组成及水化学类型

表 7-7 显示，铁南断陷带卤水特征系数 Kn2 大多小于 1，平均值为 0.64，大部分卤水化学类型为硫酸镁亚型，个别为硫酸钠亚型，其总的演化程度要高于罗西断陷带卤水。

铁南断陷带卤水盐度变化为 311.27 ~ 377.06g/L，平均值为 347.40g/L，KCl 质量分数平均为 1.45%，高于罗北凹地和罗西洼地卤水平均值。Na^+ 平均值为 89.37g/L，Ca^{2+} 平均值为 0.13g/L，Mg^{2+} 平均值为 22.18g/L，SO_4^{2-} 平均值为 56.67g/L，Cl^- 平均值为 169.4g/L，HCO_3^- 平均值为 0.149g/L，NO_3^- 平均值为 149.1mg/L，B^{3+} 平均值为 65.2mg/L，Li^+ 平均值为 14.2mg/L。

对比发现，铁南断陷带盐度低于罗北凹地卤水平均值 353.47g/L，高于罗西洼地（328.33g/L）。铁南断陷带卤水 HCO_3^-、NO_3^-、B^{3+} 和 Li^+ 质量浓度明显高于罗西洼地，说明两地卤水蒸发作用、物质来源等有一定的差异。

2. 卤水化学元素与盐度变化关系

卤水化学组分质量浓度与盐度的关系如图 7-36 所示。

当卤水盐度在 320 ~ 380g/L 区间内变化时，卤水中主要离子随盐度的变化规律为：KCl 质量分数多在 1.50% 左右，比较稳定；Ca^{2+} 质量浓度随盐度升高呈线性下降趋势；SO_4^{2-} 质量浓度呈线性上升趋势；HCO_3^- 变化趋势不明显。

当盐度在 320 ~ 350g/L 区间内时，B^{3+} 质量浓度呈上升趋势，当盐度升至 350g/L 时，硼达到最高，随后逐渐下降。

Na^+ 和 Mg^{2+} 随盐度的增加略呈上升趋势；Cl^- 略呈下降趋势；NO_3^- 和 Li^+ 质量浓度变化不明显。

总之，铁南断陷带卤水目前仍然处于浓缩阶段。B^{3+} 质量浓度变化受盐度影响较大，Li^+ 质量浓度变化与盐度关系并不明显。

3. 卤水氯化钾在平面上的分布规律

由图 7-35 可见，铁南断陷带浅部卤水 KCl 质量分数，除个别样品相对较小（1.19%）外，为 1.35% ~ 1.65%，平均 1.45%，高于罗北凹地平均值 1.40%。由于中部卤水 KCl 质量分数最高，推测在卤水钾盐富集晚期，铁南断陷带主要受到来自南部大湖区湖水的补给。

4. 卤水化学组成在五元体系相图上的分布

由图 7-37 可见，铁南断陷带卤水组成点在 25℃ 五元体系相图中主要集中分布于白钠镁矾相区，其次为软钾镁矾相区、泻利盐相区和无水芒硝相区；卤水蒸发演化轨迹从无水芒硝相区和白钠镁矾相区交界处，到白钠镁矾相区，最后进入软钾镁矾相区，部分进入泻利盐相区。这与罗西洼地卤水蒸发析盐路线有较明显的差异，显示相对较高的蒸发浓缩程度，反映出两地物质组成和沉积环境演化有所区别。

表 7-7 铁南断陷带卤水化学组成及特征参数

序号	样品号	密度/(g/cm³)	盐度/(g/L)	KCl/%	K⁺/(g/L)	Na⁺/(g/L)	Ca²⁺/(g/L)	Mg²⁺/(g/L)	SO₄²⁻/(g/L)	Cl⁻/(g/L)	HCO₃⁻/(g/L)	NO₃⁻ mg/L	B³⁺/(mg/L)	Li⁺/(mg/L)	Kn2	水化学类型
1	ZKD0005 W1	1.2467	357.86	1.35	8.80	94.33	0.09	21.95	57.00	175.5	0.111	110.5	63.8	15.7	0.65	硫酸镁亚型
2	ZKD0006 W1	1.2397	343.95	1.65	10.70	81.78	0.18	26.60	40.75	183.5	0.271	270.5	85.6	15.8	0.39	硫酸镁亚型
3	ZKD0007 W1	1.2639	377.06	1.44	9.55	81.95	0.08	32.65	82.00	169.5	0.680	680.0	58.6	15.5	0.64	硫酸镁亚型
4	ZKD0008 W1	1.2330	311.27	1.55	10.05	77.92	0.20	21.35	37.75	164.0	0.072	72.0	52.4	14.8	0.44	硫酸镁亚型
5	ZKD0009 W1	1.2389	336.64	1.58	10.25	85.10	0.15	22.75	42.85	175.5	0.060	59.5	68.0	14.2	0.47	硫酸镁亚型
6	ZKD0010 W1	1.2279	327.21	1.19	7.65	93.42	0.20	16.80	33.65	175.5	0.066	65.5	58.6	12.9	0.50	硫酸镁亚型
7	ZKD0011 W1	1.2419	346.02	1.47	9.55	88.72	0.12	22.15	58.00	167.5	0.014	14.0	69.6	12.5	0.65	硫酸镁亚型
8	ZKD0011 W2	1.2572	373.10	1.36	8.95	99.31	0.05	20.75	84.50	159.5	0.015	15.1	62.8	13.6	1.00	硫酸钠亚型
9	ZKD0012 W1	1.2413	353.49	1.45	9.45	101.77	0.11	14.60	73.50	154.0	0.055	54.5	67.0	12.4	1.25	硫酸钠亚型
10	平均值	1.2434	347.40	1.45	9.44	89.37	0.13	22.18	56.67	169.4	0.149	149.1	65.2	14.2	0.67	硫酸镁亚型

注：样品测试由中国地质科学院矿产资源研究所陈永志、李兴完成。

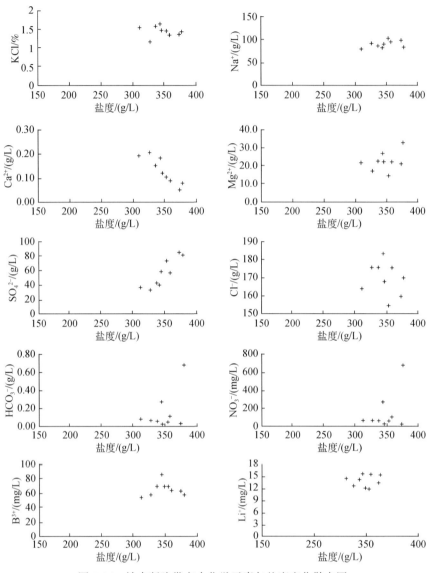

图 7-36　铁南断陷带卤水化学元素与盐度变化散点图

5. 卤水动态变化

由铁南断陷带中部 ZKD0011 钻孔动态观测资料（表 7-8）可见，2001 年和 2002 年潜水位埋深分别为 1.70m 和 1.69m，水位动态稳定；卤水化学组分年度变化不大，盐度变幅 3.1%，动态稳定。

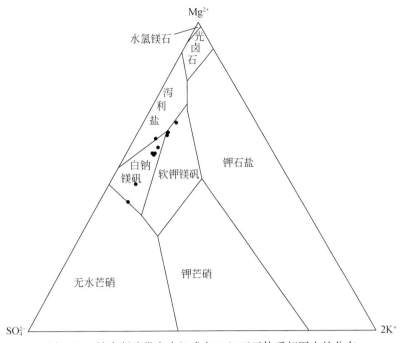

图 7-37　铁南断陷带卤水组成在 25℃五元体系相图中的分布

表 7-8　铁南断陷带 ZKD0011 钻孔潜卤水动态变化

取样日期 （年/月/日）	潜水位埋深 /m	取样深度 /m	水化学分析成果/（g/L）					
			K⁺	Na⁺	Mg²⁺	Cl⁻	SO₄²⁻	盐度
2001/05/15	1.70	2.00	9.55	90.7	22.2	167.5	58.0	348.1
2002/05/14	1.69	2.20	10.06	93.1	23.5	172.1	60.3	359.0

注：观测者为焦鹏程；分析者为陈永志。

二、储层特征

1. 储层组成

在铁南断陷带施工 9 个浅钻孔，其中 7 个揭示卤水层，通过水文地质观察，确定钻孔所揭示的储卤层为潜卤层。储卤岩性组成主要为石膏、钙芒硝、芒硝及碎屑等（表 7-9）。沉积物多为松散状，或弱固结，孔隙较发育。

表 7-9　铁南断陷带潜卤层组成和厚度

钻孔编号	潜水位埋深/m	钻孔深度/m	揭示潜卤层厚度/m	主要岩性
ZKD0005	0.73	5.8	5.08	砂质石盐层、芒硝层、钙芒硝层和砂层
ZKD0006	0.70	3.5	2.80	石膏层和砂层

续表

钻孔编号	潜水位埋深/m	钻孔深度/m	揭示潜卤层厚度/m	主要岩性
ZKD0007	1.42	3.3	1.88	石盐层和砂层
ZKD0008	2.70	4.9	2.20	含石盐砂层和石膏层
ZKD0009	1.70	3.2	1.50	含石盐砂层和砂砾层
ZKD0010	0.60	3.0	2.40	石盐层、芒硝层和石膏层
ZKD0011	1.75	5.8	4.05	砂质层、芒硝层、石膏层和钙芒硝层
ZKD0012	2.40	4.0	1.60	砂质层、芒硝层等

　　由于钻孔深度较浅，均未穿透潜卤层，实际揭示潜卤层的厚度见表 7-9。潜卤层分布见图 7-38 和图 7-39，推测其剖面形态为扁透镜体，最厚处位于 ZKD0005 ~ ZKD0007 之间。因钻孔都未能穿透潜卤层，现仅以 ZKD0005 揭示的潜卤层厚度 5.08m 作为该区潜卤层平均厚度。

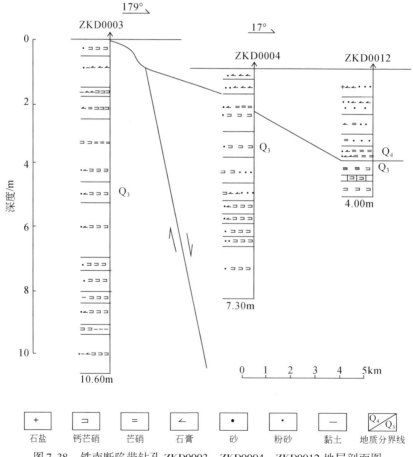

图 7-38　铁南断陷带钻孔 ZKD0003、ZKD0004、ZKD0012 地层剖面图

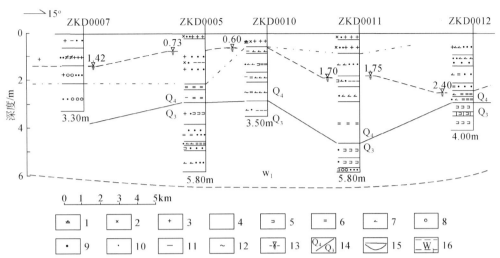

图 7-39　铁南断陷带钻孔 ZKD0007、ZDK0005、ZKD0010、ZKD0011、ZKD0012 地层剖面图

1. 钾盐镁矾；2. 杂卤石；3. 石盐；4. 钠镁矾；5. 钙芒硝；6. 芒硝；7. 石膏；8. 砾石；9. 砂；10. 粉砂；11. 黏土；12. 淤泥；13. 潜水位；14. 地层分界线；15. 固体钾盐异常段；16. 含水层及编号

2. 孔隙度测定及结果

1）孔隙度

大多岩心样品松散，完整固结沉积物样较少，相应孔隙度测试结果很少，仅测得一个钙芒硝岩样品的孔隙度为 31.00%（表 7-10），与罗北凹地潜卤层孔隙度相当。

表 7-10　铁南断陷带岩心孔隙度与渗透率

样品编号	采样深度/m	渗透率/$10^{-3}\mu m^2$	孔隙度/%	备注
ZKD0003B16	3.9~4.0	10540	31.00	钙芒硝（固结）

注：测试单位为中国石油勘探开发研究院石油采收率研究所。

由于钻孔揭示的浅部地层沉积物尚未完全固结，岩心多呈松散状，为了获得松散沉积物的孔隙度，笔者自制一套装置进行测试，经过与已知孔隙度样品校对，证实该套装置可靠性较高，误差较小。测试结果列入表 7-11。

表 7-11　铁南断陷带松散沉积物孔隙度

序号	样品号	采样深度/m	岩性	孔隙度/%
1	ZKD0005/B3	0.75	含石盐的砂	31.43
2	ZKD0005/B9	2.70~2.90	含粉砂黏土芒硝	45.56
3	ZKD0005/B10	3.00~3.10	含砂钙芒硝的芒硝	40.43
4	ZKD0005/B11	3.60	含砂钙芒硝的芒硝	25.45
5	ZKD0005/B13	4.30	芒硝质砂	44.44
平均值				37.46

孔隙度变化在 25.45%~45.56%，平均值为 37.46%，与罗北凹地浅部石盐层孔隙度（表 7-12）相当，对比进一步说明，本次测量的孔隙度结果比较可靠。

表 7-12　石盐（固结沉积物）孔隙度

序号	地点	样号	岩性	样品深度/m	孔隙度/%
1	罗北凹地	窖 2	石盐（壳）	0.18	44.70
2	罗北凹地	窖 5	石盐（壳）	0.79	34.50
3	罗北凹地	窖 6（纵）	石盐（壳）	0.85	27.50
4	罗北凹地	窖 6（横）	石盐（壳）	0.85	28.10
平均值					33.70

注：测试单位为中国石油勘探开发研究院石油采收率研究所。

2）平均孔隙度

由表 7-10 和表 7-11 可见，本次在铁南断陷带潜卤层测得两类沉积物孔隙度，固结物孔隙度为 31%，松散沉积物平均孔隙度为 37.46%，尽管潜卤层以松散沉积物为主，为了避免孔隙度偏大，选择两者简单算术平均值 34.23% 为本区潜卤层的平均孔隙度。

第四节　铁矿湾钾盐矿床

铁矿湾位于罗北凹地东北部，被中更新统抬升区分割而与罗北凹地中断连通，呈近圆形，而含矿区则成不规则的条带状（图 7-40）。

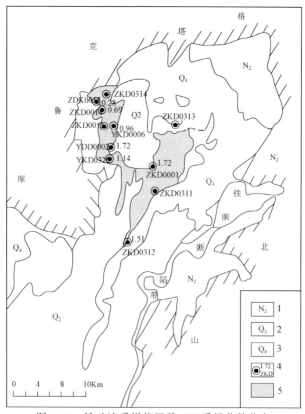

图 7-40　铁矿湾采样位置及 KCl 质量分数分布

1. 上新统；2. 中更新统；3. 全新统；4. 采样位置及 KCl 质量分数（%）；5. 铁矿湾含矿区

一、卤水地球化学特征

铁矿湾共采集卤水样品 11 件，化学组分见表 7-13。卤水盐度为 280.40～392.25g/L，变化范围较大，平均值为 359.08g/L，高于罗北凹地卤水盐度的平均值；KCl 质量分数为 0.28%～2.39%，变化很大，平均值为 1.37%；Na^+ 质量浓度 92.42～126.40g/L，平均值为 108.51g/L；Ca^{2+} 平均为 0.15g/L；Mg^{2+} 质量浓度为 2.62～25.50g/L，平均值为 11.28g/L；SO_4^{2-} 平均值为 61.44g/L，Cl^- 变化范围为 115.0～179.3g/L，平均值为 161.5g/L；NO_3^- 具有质量浓度高（平均值为 3320.96mg/L）、变化大（11.04～8450.0mg/L）的特点；B^{3+} 质量浓度平均值为 65.2mg/L，Li^+ 质量浓度平均值为 13.5mg/L。由表 7-13 可见，铁矿湾卤水特征系数 Kn2 大多大于 1，仅 2 件样品小于 1，平均为 1.80，按照瓦里亚什科的水化学分类方案，卤水水化学类型以硫酸钠亚型为主，个别为硫酸镁亚型。

二、卤水化学元素与盐度的变化关系

总体上，卤水的 KCl 质量分数，Na^+、Mg^{2+}、SO_4^{2-}、Li^+ 质量浓度与盐度呈正相关关系（图 7-41），Ca^{2+} 与盐度呈负相关，NO_3^- 和 B^{3+} 与盐度的相关性不显著。在卤水盐度 340～400g/L 范围内，卤水中组分 KCl、Na^+、NO_3^-、Li^+ 相关规律性较差；Ca^{2+} 含量随盐度升高而呈下降的趋势明显；SO_4^{2-}、Mg^{2+}、B^{3+} 呈上升趋势。

三、浅部卤水氯化钾质量分数在平面上的分布规律

由图 7-40 可见，铁矿湾浅部卤水 KCl 含量具有北部低、中部高的特点，北部三件卤水样品的 KCl 质量分数小于 1.0%，中部最高，达 1.72%，南端为 1.51%，浅部卤水 KCl 质量分数的平面展布规律主要反映出卤水的补给条件和环境特点。北部水点邻近补给区，主要接受库鲁克塔格山基岩裂隙水的侧向补给，在丰水年或丰水季节也接受沟谷洪流的补给，地下水总的径流方向由北往南，顺流方向上 KCl 质量分数逐渐增高，北端的 ZKD0315 钻孔最低，为 0.28%，往南，ZKD0014、YKD0006、ZKD0002 钻孔分别为 0.69%、0.96%、1.72%，增加的趋势十分明显，说明了北部水体与现代降水关系密切，主要表现为接受现代大气降水的补给，卤水中混有大量的现代水。

四、卤水化学组成在五元体系相图上的分布

由图 7-42 可见，铁矿湾卤水组成点在 25℃五元体系相图中分布较为分散，主要分布于无水芒硝相区、白钠镁矾相区，有一个卤水点进入软钾镁矾相区；卤水蒸发演化轨迹从无水芒硝相区，到白钠镁矾相区，最后进入软钾镁矾相区，总体蒸发演化程度相对较低。

表 7-13　铁矿湾卤水化学组成及特征参数

序号	样品号	密度/(g/cm³)	盐度/(g/L)	KCl/%	K⁺/(g/L)	Na⁺/(g/L)	Ca²⁺/(g/L)	Mg²⁺/(g/L)	SO₄²⁻/(g/L)	Cl⁻/(g/L)	NO₃⁻/(mg/L)	B³⁺/(mg/L)	Li⁺/(mg/L)	Kn2	水化学类型
1	ZKD0001W1	1.2546	392.25	1.72	11.30	109.98	0.08	16.20	67.50	173.5	6850.00	72.0	12.0	1.04	硫酸钠亚型
2	ZKD0002W1	1.2536	380.73	1.72	11.30	106.41	0.08	15.95	66.50	168.5	6000.00	67.8	11.7	1.04	硫酸钠亚型
3	ZKD0002W2	1.2561	385.16	1.55	10.20	113.70	0.05	12.30	78.50	159.5	5450.00	58.2	12.0	1.59	硫酸钠亚型
4	ZKD0014W1	1.1911	284.55	0.69	4.30	92.42	0.36	5.25	51.00	122.0	4775.00	32.2	6.2	2.33	硫酸钠亚型
5	ZKD0015W1	1.1972	280.40	0.28	1.75	94.46	0.36	3.95	57.00	115.0	4110.00	16.2	4.3	3.42	硫酸钠亚型
6	ZKD0312W1	1.2369	370.46	1.51	9.82	112.02	0.16	10.11	62.56	165.5	11.04	19.0	13.5	1.53	硫酸钠亚型
7	ZKD0312W2	1.2508	346.02	1.72	11.35	101.48	0.16	11.20	37.04	172.4	12.22	24.5	14.3	0.82	硫酸镁亚型
8	YKD0005W1	1.2683	388.67	1.43	9.50	97.15	0.07	25.50	88.50	167.5	209.50	102.0	19.7	0.87	硫酸镁亚型
9	YKD0006W1	1.2454	383.74	0.96	6.30	126.40	0.07	6.10	54.50	173.5	8450.00	33.8	7.9	2.22	硫酸钠亚型
10	YKD0312W1	1.2560	377.95	2.39	15.80	115.46	0.08	14.86	72.44	179.3	28.64	25.5	23.2	1.21	硫酸钠亚型
11	YKD0320W1	1.2335	359.95	1.14	7.39	126.14	0.13	2.62	40.33	179.3	634.10	9.7	23.2	3.74	硫酸钠亚型
12	平均值	1.2403	359.08	1.37	9.00	108.51	0.15	11.28	61.44	161.5	3320.96	41.9	13.5	1.80	

注：样品测试由中国地质科学院矿产资源研究所陈永志、李兴宇完成。

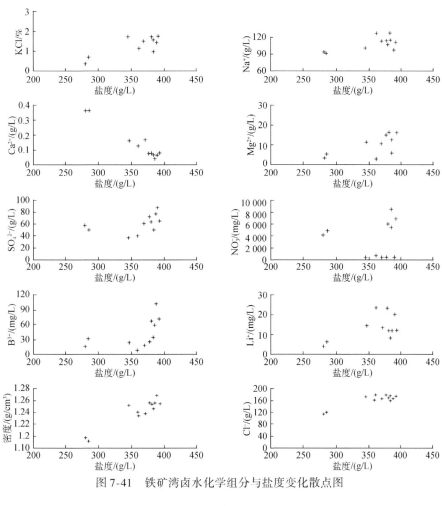

图 7-41　铁矿湾卤水化学组分与盐度变化散点图

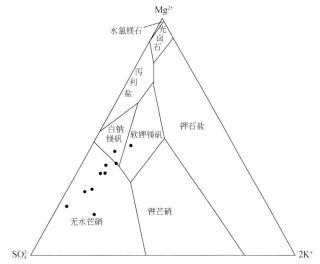

图 7-42　铁矿湾卤水组成在 25℃五元体系相图中的分布

第五节　耳北凹地钾盐矿床

耳北凹地位于大耳朵湖区西北部（图 7-43），属于"隐伏凹地"，因四周的抬升区已被风化剥蚀掉，地貌上没有明显的特征，形态似不规则长方块状。

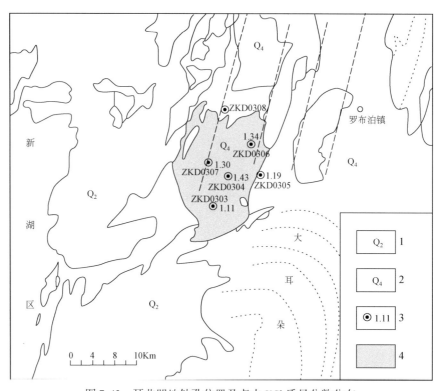

图 7-43　耳北凹地钻孔位置及卤水 KCl 质量分数分布

1. 中更新统；2. 全新统；3. 钻孔及 KCl 质量分数（%）；4. 耳北凹地分布区

一、卤水地球化学特征

1. 卤水化学组成及化学类型

耳北凹地卤水测试成果列于表 7-14。由表可见，耳北凹地卤水盐度变化范围为 303.43 ~ 349.07g/L，平均值为 325.83g/L，KCl 质量分数为 1.09% ~ 1.45%，平均值为 1.26%，Na^+ 质量浓度平均值为 109.36g/L，Ca^{2+} 质量浓度平均值为 0.18g/L，Mg^{2+} 质量浓度平均值为 8.96g/L，SO_4^{2-} 质量浓度变化范围较大，为 37.04 ~ 76.55g/L，平均值为 54.63g/L，Cl^- 质量浓度平均值为 162.16g/L，NO_3^- 质量浓度平均值为 8.73mg/L，B^{3+} 质量浓度平均值为 17.24mg/L，Li^+ 质量浓度平均值为 10.8mg/L。

对照瓦里亚什科的水化学分类方案，耳北凹地卤水化学特征系数 Kn2 均大于 1，因此属于硫酸钠亚型水。

表 7-14　耳北洼地卤水化学组成与参数特征

序号	样品编号	密度/(g/cm³)	盐度/(g/L)	KCl/%	K⁺/(g/L)	Na⁺/(g/L)	Ca²⁺/(g/L)	Mg²⁺/(g/L)	SO₄²⁻/(g/L)	Cl⁻/(g/L)	NO₃⁻/(mg/L)	B³⁺/(mg/L)	Li⁺/(mg/L)	Kn2	水化学类型
1	ZKD0303W1	1.2061	303.43	1.11	7.03	108.07	0.25	8.67	46.92	164.13	9.46	10.86	10.1	1.33	硫酸钠亚型
2	ZKD0303W2	1.2104	317.49	1.09	6.97	103.90	0.23	8.39	44.45	158.62	10.46	12.41	10.5	1.30	硫酸钠亚型
3	ZKD0303W3	1.2102	308.80	1.12	7.12	109.49	0.18	9.58	60.91	158.62	9.62	16.03	9.7	1.57	硫酸钠亚型
4	ZKD0303W4	1.2202	314.91	1.11	7.12	107.67	0.19	9.50	56.80	158.62	9.32	16.38	10.1	1.48	硫酸钠亚型
5	ZKD0303W5	1.2132	308.80	1.12	7.18	108.53	0.18	9.03	56.80	158.62	8.52	20.69	10.2	1.55	硫酸钠亚型
6	ZKD0303W6	1.2144	315.16	1.15	7.33	99.92	0.17	10.34	53.50	151.72	7.30	17.24	10.1	1.28	硫酸钠亚型
7	ZKD0303W7	1.2205	319.36	1.16	7.47	106.84	0.17	9.63	55.97	158.62	9.02	20.34	10.1	1.44	硫酸钠亚型
8	ZKD0303W8	1.2301	332.01	1.22	7.92	105.75	0.21	9.84	55.15	158.62	8.98	20.00	9.6	1.38	硫酸钠亚型
9	ZKD0303W9	1.2273	331.81	1.26	8.17	107.63	0.17	10.25	60.91	158.62	8.24	15.34	10.7	1.47	硫酸钠亚型
10	ZKD0304W1	1.2222	326.51	1.43	9.22	105.95	0.16	8.94	53.50	158.62	7.00	18.45	13.7	1.48	硫酸钠亚型
11	ZKD0304W2	1.2331	331.10	1.43	9.27	112.27	0.13	8.80	56.80	165.51	8.20	17.59	12.9	1.60	硫酸钠亚型
12	ZKD0304W3	1.2290	329.24	1.41	9.14	117.69	0.11	8.90	68.32	165.51	8.58	21.72	13.6	1.90	硫酸钠亚型
13	ZKD0304W4	1.2276	332.00	1.45	9.34	114.30	0.13	8.96	61.74	165.51	8.50	25.52	13.8	1.71	硫酸钠亚型
14	ZKD0304W5	1.2294	337.07	1.42	9.17	119.48	0.09	8.86	76.55	162.07	7.92	17.76	12.8	2.15	硫酸钠亚型
15	ZKD0304W6	1.2384	349.07	1.44	9.39	119.55	0.11	8.82	74.08	164.13	9.04	17.59	13.6	2.08	硫酸钠亚型
16	ZKD0305W1	1.2215	326.00	1.19	7.67	106.71	0.19	8.79	52.68	158.62	8.88	11.72	7.2	1.48	硫酸钠亚型
17	ZKD0305W2	1.2325	333.98	1.18	7.63	106.26	0.18	9.26	53.50	158.62	11.88	10.86	7.8	1.43	硫酸钠亚型
18	ZKD0305W3	1.2221	325.12	1.16	7.46	107.78	0.22	9.17	54.33	160.00	9.60	12.41	7.7	1.46	硫酸钠亚型
19	ZKD0306W1	1.2233	338.03	1.34	8.66	109.83	0.21	7.33	37.86	171.03	8.36	29.83	10.4	1.27	硫酸钠亚型
20	ZKD0306W2	1.2218	330.40	1.37	8.82	109.61	0.26	7.63	37.04	172.41	7.46	23.45	11.1	1.19	硫酸钠亚型
21	ZKD0306W3	1.2251	339.45	1.31	8.44	116.15	0.21	7.57	38.69	180.69	8.98	12.41	11.1	1.26	硫酸钠亚型
22	ZKD0307W1	1.2151	318.61	1.30	8.32	102.50	0.22	8.92	45.27	158.62	6.74	10.69	11.0	1.25	硫酸钠亚型
23	平均值	1.2224	325.83	1.26	8.13	109.36	0.18	8.96	54.63	162.16	8.73	17.24	10.8	1.50	

注：样品由中国地质科学院矿产资源所陈永志、王英素分析完成。

　　与罗西洼地相比，耳北凹地卤水化学特征有较大的差异。从水型上看，前者多为硫酸镁亚型水，而后者全都属于硫酸钠亚型水；两者的 NO_3^-、B^{3+} 含量平均值差异显著，密度、盐度、SO_4^{2-} 及 KCl 品位相近，但耳北凹地略低于罗西洼地，说明其演化阶段比罗西洼地稍低。

2. 卤水化学元素与盐度变化关系

　　图 7-44 显示了耳北凹地 22 件卤水化学组成随盐度增加而变化的特征，KCl 质量分数随盐度增加略为增加；Na^+、Cl^- 和 SO_4^{2-} 质量浓度随盐度的增加呈上升的趋势明显；B^{3+}、Br^-、Li^+ 也略呈上升趋势；Ca^{2+} 随盐度的增加呈下降趋势；卤水 NO_3^- 及 Mg^{2+} 质量浓度与盐度相关性较差，变化趋势不明显。

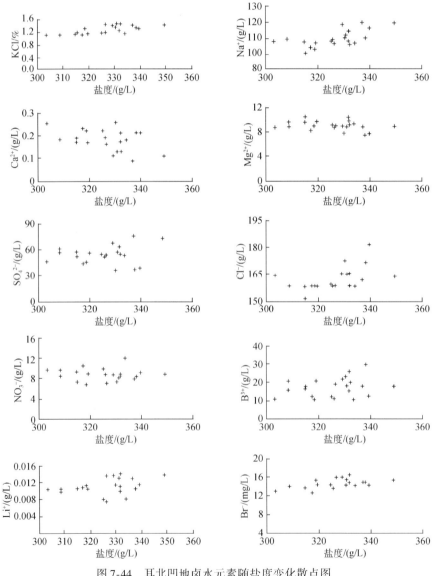

图 7-44　耳北凹地卤水元素随盐度变化散点图

3. 卤水化学组成的平面分布规律

耳北凹地钻遇卤水的钻孔为 5 个，如图 7-43 所示，其南部的 ZKD0303 钻孔潜卤水 KCl 质量分数最低，为 1.11%，中部的 ZKD0304 钻孔 KCl 质量分数最高，为 1.43%，从南往北呈现增高的趋势，反映出南部靠近补给区、中部卤水蒸发浓缩作用较为强烈。

4. 卤水化学组分的垂向变化特征

耳北凹地南部 ZKD0303 钻孔深 41.9m，潜水位埋深 1.18m，卤水样品取样间距为 5m，共采集卤水样品 9 件；耳北凹地中部 ZKD0304 钻孔深 31.1m，潜水位埋深 1.32m，卤水样品取样间距为 5m，共采集卤水样品 6 件。耳北凹地两个定深取样孔的化学组分变化规律如下。

KCl［图 7-45（a）］：ZKD0304 钻孔不同深度上的卤水钾质量分数均高于 ZKD0303 钻孔，两孔 KCl 质量分数随深度增加均表现出明显的增高趋势。ZKD0304 钻孔、ZKD0303 钻孔分别在 6.5m 处和 16.5m 处出现高值异常。

盐度［图 7-45（b）］：ZKD0304 钻孔卤水盐度高于 ZKD0303 孔，随深度增加而缓慢增加，至 21.5~26.5m 段增幅较大。ZKD0303 钻孔不同深度卤水的盐度具有起伏变化特点，总体上显示增高趋势，31.5~36.5m 段增幅显著。

Na^+［图 7-45（c）］：KD0304 钻孔钠质量浓度随深度增加具有明显的增高趋势，ZKD0303 钻孔变化趋势不明显。

Ca^{2+}［图 7-45（d）］：ZKD0304 钻孔和 ZKD0303 钻孔钙质量浓度与深度变化均具有较好的负相关性。

Mg^{2+}［图 7-45（e）］：ZKD0304 钻孔 Mg^{2+} 质量浓度变化平缓，基本保持稳定。ZKD0303 钻孔呈现起伏变化，低值出现在 6.5m 处（8.39g/L），最高值出现在 26.5m 处（10.34g/L），变差为 1.95g/L。

SO_4^{2-}［图 7-45（f）］：ZKD0303 钻孔和 ZKD0304 钻孔 SO_4^{2-} 质量浓度随深度增加而均呈上升趋势，只是 ZKD0304 钻孔的变幅更大。

Cl^-［图 7-45（g）］：ZKD0304 钻孔和 ZKD0303 钻孔 Cl^- 质量浓度随深度变化不大，ZKD0303 钻孔低值出现在 26.5m 处。

NO_3^-［图 7-45（h）］：ZKD0304 钻孔 NO_3^- 质量浓度随深度增加呈上升趋势，ZKD0303 钻孔则表现为与深度负相关，26.5m 处有负异常。

B^{3+}［图 7-45（i）］：ZKD0303 钻孔卤水 B^{3+} 质量浓度随深度增加而增加，ZKD0304 钻孔 B^{3+} 质量浓度在 17m 以上也具有随深度增加而增高规律，17m 以下则出现下降。

Li^+［图 7-45（j）］：两个钻孔卤水 Li^+ 质量浓度随深度增加变化不大，两个钻孔相比，ZKD0304 钻孔锂质量浓度略高于 ZKD0303 钻孔。

耳北凹地卤水化学组分随深度的变化规律也与罗西洼地相一致，反映出两个地区具有相近的沉积环境。

5. 卤水化学组成在五元体系相图上的分布

由图 7-46 可见，耳北凹地卤水组成点在 25℃五元体系相图中集中分布于无水芒硝相

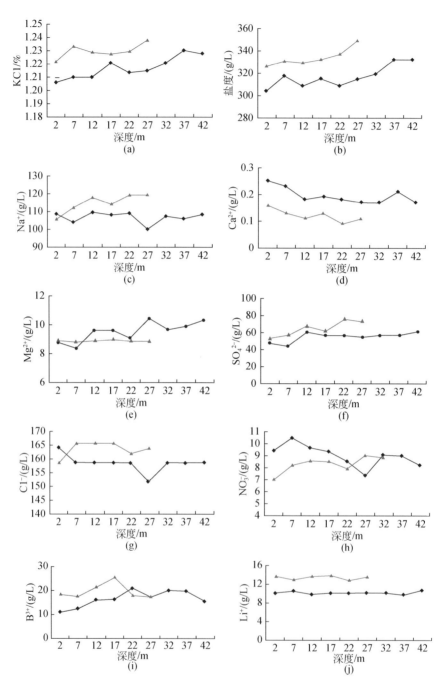

图 7-45　耳北凹地 ZKD0303 钻孔和 ZKD0304 钻孔卤水化学组分垂向变化

ZKD0303 钻孔为连接方块的实线；ZKD0304 钻孔为连接三角形的实线

区，个别样品演化进入软钾镁矾相区，继续蒸发将析出软钾镁矾混盐，总体上蒸发浓缩程度要弱于罗西洼地。

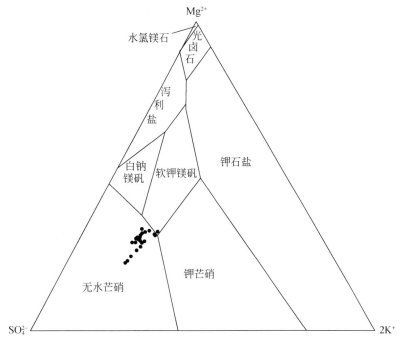

图 7-46　耳北凹地卤水组成在 25℃ 五元体系相图中的投影分布

二、储层特征

耳北凹地的储卤层分布及岩性组成矿物有钙芒硝、砂、石膏等，见图 7-47、图 7-48 和表 7-15）。其储层与罗北凹地以钙芒硝为主要的储卤岩性有较大差别，其碎屑储卤层占较大比例，沉积物多为松散状，孔隙较发育。这也为今后寻找碎屑与石膏等岩性储层提供了依据。钻孔 ZKD0303、ZKD0304、ZKD0305 沿耳北凹地长轴方向分布，平均储卤层厚度为 9.11m。

表 7-15　耳北凹地储层特征

序号	钻孔编号	储层岩性	储层纯厚度/m	水位埋深/m
1	ZKD0303	砂质、石膏及钙芒硝	7.35	1.18
2	ZKD0304	中细砂，钙芒硝，芒硝，石膏	13.70	0.82
3	ZKD0305	中细砂，石膏	6.27	1.70
4	ZKD0306	中细砂，石膏	4.35	1.34
5	ZKD0307	中细砂	1.58	2.47

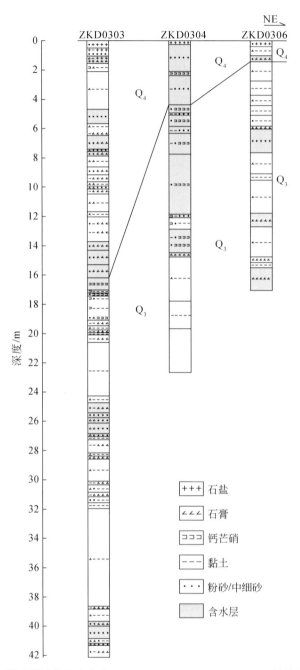

图 7-47　耳北凹地北东向分布 ZKD0303、ZKD0304、ZKD0306 钻孔地层剖面

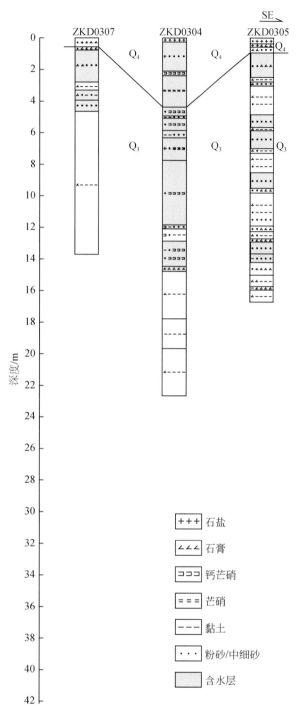

图 7-48　耳北凹地南东向分布 ZKD0307、ZKD0304、ZKD0305 钻孔地层剖面

第六节 小 结

罗布泊钾盐成矿区的主要成钾特征如下:

(1) 罗北凹地 LDK01 钻孔,揭示罗北矿区的蒸发岩系地层有 6 个卤水层段,下部碎屑岩系地层划分为 5 个卤水层段;其中 1 个潜卤水层段,10 个承压卤水层段。LDK01 钻孔卤水氯化钾含量最高值 1.69%,最低值 1.12%,平均值 1.44%。

(2) 罗西洼地浅部卤水氯化钾质量分数分布呈"南低北高"的趋势,卤水钾质量分数的平面分布规律反映了卤水的补径排条件;对比显示罗西洼地至少还存在第二个承压卤水层 (W3)。

(3) 铁南断陷带卤水盐度变化为 311.27 ~ 377.06g/L,平均为 347.40g/L,氯化钾平均值为 1.45%,高于罗北凹地和罗西洼地卤水平均值。

(4) 铁矿湾洼地卤水氯化钾质量分数为 0.28% ~ 2.39%,平均为 1.37%,浅部卤水氯化钾质量分数具有北部低、中部高的特点。

(5) 耳北凹地富钾卤水属于硫酸钠亚型,在密度、盐度、硫酸根及氯化钾质量分数上略低于罗西洼地,卤水蒸发演化轨迹与罗西洼地明显不同,集中分布于无水芒硝区。

第八章　卤水地球化学演化

第一节　罗布泊源区水同位素地球化学

一、氢氧同位素

1. 源区地表水及地下水氢氧同位素特征

罗布泊补给区地表水、地下水的氢氧同位素组成见表 8-1 和图 8-1。根据不同地区不同类别水的同位素组成大致分成三个区域。

表 8-1　罗布泊补给区地表水、地下水氢氧同位素组成

样品编号	取样位置	样品类别	$\delta^{18}O/‰$	$\delta D/‰$
KU-9	台特玛湖	浅坑水	5.6	−33
KU-10	车尔臣河下游	浅坑水	18.4	−2.9
2001W-1	外围补给区	河水	−3.7	−52
KU-1	孔雀河上游	河水	−5.8	−49
KU-2	博斯腾湖	湖水	−3.1	−45
KU-3	博斯腾湖岸	井水	−9.2	−63
KU-4	开都河岸	井水	−10.5	−73
KU-5	开都河	河水	−10.4	−67
KU-6	塔里木河中游	河水	−3.0	−44
KU-7	孔雀河中游	河水	−5.2	−53
KU-8	塔里木河下游	井水	−5.5	−55
KU-11	若羌县城	井水	−9.8	−60
KU-12	若羌县城	河水	−9.1	−64
KU-13	塔里木河下游	河水	−1.4	−45
KU-14	塔里木河中游	河水	−6.0	−52
2002SHI-spring	外围补给区	泉水	−6.9	−60
2002HONGY	天山红英滩铁矿	河水	−3.8	−44

注：样品测试由中国地质科学院矿产资源研究所同位素实验室罗续荣等完成。

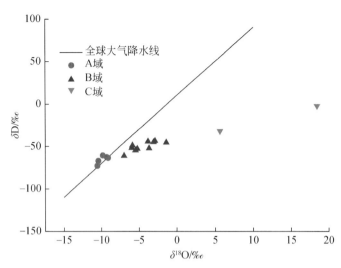

图 8-1　罗布泊补给区地表水、地下水氢氧同位素组成

A 域 （$\delta^{18}O$ 值<-8.9‰）：样品包括开都河河水、博斯腾湖岸边的井水、若羌河水、若羌县城井水等，其氢氧同位素组成位于大气降水线附近，反映了区域大气降水的同位素组成特点，即这些样品点的水体是现代降水补给的，且未经历强烈的蒸发作用、水岩交换作用和不同水体混合作用，地下水的咸化以溶滤作用为主。

B 域 （$\delta^{18}O$ 值-6.9‰ ~ -1.4‰）：主要是塔里木河中下游河水和孔雀河上中游河水样品、博斯腾湖水及其他外围补给区河水、泉水等。该域位于全球大气降水线右下方，与 A 域水存在演化关系，从区域地质、水文地质条件分析可知，B 域水体不是 A 域水体与 C 域水体混合的结果，而是由 A 域水体经蒸发浓缩演化而来。

C 域 （$\delta^{18}O$ 值>0.2‰）包括车尔臣河下游盐湖浅坑水及台特玛湖浅坑水。这两个样点同位素组分已漂离大气降水线，是强烈的蒸发作用所致。台特玛湖浅坑水 （KU-9）具有较高的氢氧同位素组成，采样点为公路旁开挖的水坑，经过长时间的暴晒，相当于进行天然蒸发实验，车尔臣河下游的 KU-10 也是浅坑中的水样，以致出现了氢氧同位素组成的最高值。

从表 8-1 还可以看到，开都河岸边井水与河水同位素组成相同，反映两者水力联系密切，井水由河水补给；博斯腾湖湖水和湖岸井水的同位素组成具有明显差异（$\delta^{18}O$ 相差 6.1‰、δD 值相差 18.0‰），表明井水中没有湖水的混入，两者的补排关系是地下水补给河水；塔里木河中游 （塔河镇）的氧同位素组成为-3.0‰，至下游 （阿拉干）增高至 -1.4‰，反映了强烈的蒸发作用效应；卤水氢氧同位素的差异则可能反映出水体在蒸发程度、补给水源及封闭条件等方面的差异。

2. 罗北凹地外围晶间卤水氢氧同位素组成的垂向变化

在罗北凹地外围 4 个钻孔采集了不同深度的同位素样品，测试结果见表 8-2。

表 8-2　罗北凹地外围钻孔卤水氢氧同位素组成

采样位置	钻孔编号	样品编号	采样深度/m	样品类别	$\delta^{18}O$/‰	δD/‰
罗西洼地	ZKD0309	ZKD0309-W1	6.50	卤水	4.4	−23
		ZKD0309-W2	12.00	卤水	5.4	−25
铁矿湾	ZKD0312	ZKD0312-W1	3.00	卤水	3.7	−27
		ZKD0312-W2	9.00	卤水	6.2	−22
耳北洼地	ZKD0303	ZKD0303-W1	1.50	卤水	4.1	−25
		ZKD0303-W2	6.50	卤水	4.7	−23
		ZKD0303-W3	11.50	卤水	4.5	−25
		ZKD0303-W4	16.50	卤水	4.5	−24
		ZKD0303-W5	21.50	卤水	4.3	−23
		ZKD0303-W6	26.50	卤水	3.6	−27
		ZKD0303-W7	31.50	卤水	4.4	−17
		ZKD0303-W8	36.50	卤水	3.7	−27
		ZKD0303-W9	41.50	卤水	4.6	−24
	ZKD0304	ZKD0304-W1	1.50	卤水	6.8	−23
		ZKD0304-W2	6.50	卤水	5.8	−24
		ZKD0304-W3	11.50	卤水	6.3	−25
		ZKD0304-W4	16.50	卤水	6.3	−32
		ZKD0304-W5	21.50	卤水	5.7	−24
		ZKD0304-W6	26.50	卤水	5.2	−17

注：样品测试由中国地质科学院矿产资源研究所同位素实验室罗续荣等完成。

罗西洼地和铁矿湾显示出 $\delta^{18}O$ 含量随深度的增加而增加的趋势，变化明显。罗西 ZKD0309 钻孔 12.00m 与 6.50m 深度卤水的 $\delta^{18}O$ 值相差 1.0‰，铁矿湾 ZKD0312 钻孔 9.00m 与 3.00m 深度卤水的 $\delta^{18}O$ 值相差 2.5‰，说明不同的含水层组（段）水力联系较差。

耳北洼地 ZKD0304 钻孔卤水同位素组成呈现上部高、下部低的趋势，可能为浅部蒸发作用持续时间较长所致；ZKD0303 钻孔同位素组成随深度的变化规律不明显，呈起伏状，且变幅较小，说明不同含水层（段）同位素组成相近。

二、氚同位素

氚样品取样点 26 个，共采集氚样品 30 件，分析结果列入表 8-3。

表 8-3　罗北凹地外围盐湖及补给流域地表、地下水氚含量分布

地区	样品编号	样品类别	T/TU*	地区	样品编号	样品类别	T/TU*
罗布泊盐湖区	ZKD0002W1	卤水	5.8±2.6	罗布泊补给流域	KU-1	河水	41.6±3.4
	ZKD0002W2	卤水	<2.1		KU-3	井水	12.7±2.4
	ZKD0005W1	卤水	<1.5		KU-4	井水	65.1±3.0
	ZKD0007W1	卤水	<2.0		KU-6	河水	29.4±2.9
	ZKD0010W1	卤水	5.8±1.5		KU-7	河水	26.0±2.0
	ZKD0011W1	卤水	3.8±2.0		KU-8	井水	83.4±2.6
	ZKD0011W2	卤水	7.6±2.6		KU-9	卤水	8.6±1.6
	ZKD0014W1	卤水	6.4±2.0		KU-10	卤水	23.1±2.7
	ZKD0015W1	卤水	5.0±1.6		KU-11	井水	4.2±2.0
	ZKD0017W4	卤水	15.0±3.0		KU-12	河水	66.2±2.6
	ZKD0017W7	卤水	4.2±2.0		KU-13	河水	37.3±3.0
	ZKD0018W1	卤水	<2.1				
	2002ZK2007W1	卤水	9.4±2.5				
	2002ZK0715W2	卤水	22.3±2.9				
	2002ZK0715W3	卤水	<2.3				
	2002ZK0819W3	卤水	<2.0				
	2002ZK2408W1	卤水	7.8±2.4				
	YKD0005W1	卤水	17.1±2.3				
	2002 铁南卤 1	卤水	24.1±2.4				

注：样品测试由中国地质科学院水文地质环境地质研究所开放研究实验室彭玉荣等完成。

* ^{3}H（氚）浓度常用"氚单位" TU（tritium unit）表示，1 氚单位相当于 10^{18} 个氢原子中存在 1 个氚原子。

氚浓度的分布规律：罗布泊盐湖区氚值低，其外围流域地表水、地下水氚值高。罗布泊盐湖区 19 件卤水样品的氚含量平均值为 7.1TU，氚含量较高的水点 2002 铁南卤 1（24.1±2.4TU）、2002ZK0715W1（22.3±2.9TU）、YKD0005W1（17.1±2.3TU）均位于次级湖盆的边部，可能有周边潜流的侧向补给，6 件样品的氚浓度小于检测限，罗布泊研究区卤水氚的特点反映出卤水与现代循环水的水力联系弱，仅有少量现代降水的补给。

罗布泊地区补给流域，即塔里木河流域、孔雀河流域和车尔臣河流域地表水和浅层地下水具有较高的氚含量，氚含量的变化范围 4.2~83.4TU，平均氚含量为 36.1TU（11 件水样品），反映出现代降水的氚同位素组成特征，其中塔里木河流域铁干里克（中游）浅井水样品 KU-8 的氚值高达 83.4±2.6TU，其氚浓度远大于近期大气降水、地表水的氚浓度，这说明潜水含水层中目前仍存在 20 世纪 60 年代大气降水补给的地下水。

三、硫、氮同位素地球化学

1. 硫同位素

1）硫酸盐与卤水硫同位素特征

罗布泊地区采集了硫酸盐沉积物和卤水硫同位素样品 21 件，δ^{34}S 值分布范围为

7.4‰~12.5‰（表8-4）。测试结果表明，罗布泊地区的硫酸盐均是陆相环境来源。

表8-4　罗布泊盐湖硫酸盐沉积物与卤水硫同位素特征

采样位置	样品编号	样品深度/m	样品性质	$\delta^{34}S$/‰
铁南断陷带	ZKD0008W1	2.90	卤水	9.1
铁南断陷带	ZKD0010W1	1.20	卤水	8.2
罗西注地	ZKD0017W2	6.50~7.10	卤水	8.2
罗西注地	ZKD0019W1	2.3~2.4	卤水	8.7
铁矿湾	YKD0006W1	1.72	卤水	7.8
铁矿湾	ZKD0002W1	2.90	卤水	9.9
罗北凹地	ZK95-2SU1*	1.25	卤水	7.8
罗北凹地	ZK95-2SU2*	1.25~9.8	卤水	10.3
罗北凹地	ZK95-3SU1*	1.25	卤水	12.5
罗北凹地	ZK95-3SU2*	1.25~0.29	卤水	9.0
台特马湖（干涸）	KU-9	地表浅坑	卤水	8.2
车尔臣河下游（干涸）	KU-10	地表浅坑	卤水	9.0
铁矿湾	ZKD0014B4	—	芒硝	9.8
铁矿湾	ZKD0014B	—	无水芒硝	11.0
罗西注地	ZKD0017B32	—	石膏	11.4
罗西注地	ZKD0017B41	—	钙芒硝	11.9
罗北凹地	ZK95-1*	—	石膏	10.5
罗北凹地（营地）	95P2*	—	钙芒硝	11.2
罗北凹地	ZK95-1BO5*	—	钙芒硝	7.4
罗北凹地	ZK95-1K1*	—	钙芒硝	10.4
罗北凹地	ZK95-1BO4*	—	钙芒硝	11.5

注：样品测试由中国地质科学院矿产资源研究所同位素实验室白瑞梅等完成。

＊引自王弭力等，2001。

水与硫酸盐的$\delta^{34}S$值差异反映出硫同位素发生了一定的分馏作用。大量的研究表明，在地壳表层的低温环境中，由微生物活动引起的还原反应对硫同位素分馏起着重要作用。此外，在交换平衡反应中，也产生硫同位素的热力学分馏。相比较而言，硫酸盐的硫同位素组成在物理作用中的分馏不明显，天然水中的溶解硫酸盐在蒸发浓缩作用下结晶形成的蒸发硫酸盐矿物和由硫酸盐矿物溶解进入水中的溶解硫酸盐，其硫同位素组成均与原始硫酸盐基本一致。

由表8-4可见，罗布泊盐湖硫酸盐沉积物与卤水的硫同位素特征不尽相同，石膏、钙芒硝等硫酸盐矿物比卤水硫酸盐富集重同位素，固体硫酸盐矿物的平均值为10.6‰，卤水硫同位素的平均值9.1‰，固体硫酸盐的$\delta^{34}S$值比卤水重1.5‰。这一差异反映了硫物质的长期演化过程，即封闭系统中，随着硫酸盐的结晶析出，溶解的硫酸盐数量减少，出现了较明显的同位素分馏。ZKD0014、ZK95-1 钻孔不同深度硫同位素值的变化特征，反映出分馏作用导致深部（先结晶）的硫酸盐富集同位素 $\delta^{34}S$，浅部（后结晶析出）的硫酸盐矿物贫 $\delta^{34}S$。

2）塔里木盆地河水硫同位素特征

采集塔里木河、孔雀河、博斯腾湖等地表水硫同位素样品 4 件，地下水样品 2 件（表 8-5）。塔里木河河水、博斯腾湖湖水的硫同位素 $\delta^{34}S$ 值最大，为 10.6‰，与塔里木盆地西部古近系膏盐层的硫同位素值相近（刘群等，1997）。博斯腾湖主要汇集了开都河河水，而塔里木河、开都河均发源于塔里木盆地西部，故河水中的硫酸盐来自由大气降水淋滤古近系石膏风化产物。孔雀河河水 $\delta^{34}S$ 也较高，这与其受博斯腾湖补给有关。

表 8-5 现代河湖水与井水硫同位素特征

采样位置	样品编号	采样深度/m	样品性质	$SO_4^{2-}/(g/L)$	$\delta^{34}S/‰$
博斯腾湖金沙滩	KU-2	0.3 ~ 0.5	湖水	0.42	10.6
博斯腾湖金沙滩	KU-6	0.3 ~ 0.5	地下水	1.90	10.6
孔雀河	KU-7	0.3 ~ 0.5	河水	0.33	9.7
铁干里克	KU-8	12.0（?）	地下水	0.81	8.2
若羌河	KU-12	0.3 ~ 0.5	河水	0.20	8.0
塔里木河（阿拉干南40km）	KU-13	0.3 ~ 0.5	河水	0.58	10.6

注：样品测试由中国地质科学院矿产资源研究所同位素实验室白瑞梅等完成。

沉积物的硫同位素组成取决于盆地的沉积环境及生物地球化学作用，形成于有限水体或内海盆地中的石膏，因盆地中水与海水进行交替，或者不断地为海水所补充，在这种情况下水体类似一个稳定的平衡系统，硫同位素不产生明显的分馏效应，$\delta^{34}S$ 值与海水相近；而形成于封闭盆地中的石膏，即随着硫酸盐的结晶析出，蒸发岩的 $\delta^{34}S$ 值增高。若羌河河水与塔里木河河水硫同位素有一定差别，主要反映出硫酸盐来源的不同，即塔里木河河水中的硫酸根主要起源于塔里木盆地西部古近系蒸发岩，而若羌河河水中的硫酸根则来源于塔里木盆地南部昆仑山、阿尔金山的岩石风化产物。

2. 氮同位素

调查表明，罗布泊地区地下水中硝酸盐的含量分布具有盐湖钾矿区低、北部山间凹地及冲洪积扇含量高的特点。

通常认为，水中硝酸盐的来源主要有三个：矿化的土壤有机氮、淋滤的化肥氮、氧化的粪肥氮。确定水中硝酸盐来源的有效手段是氮同位素方法，即不同来源的硝酸盐具有不同的 $\delta^{15}N$ 特征值。起源于土壤有机氮矿化形成的硝酸盐 $\delta^{15}N$ 值的特征范围为 +4‰ ~ +9‰，淋滤化肥进入地下水中的硝酸盐的特征范围为 -4‰ ~ +4‰，动物粪便起源的硝酸盐的 $\delta^{15}N$ 特征值为 +10‰ ~ +20‰。

YKD0001、YKD0003、ZKD0015W1 和 ZKD0008W1 号样品水中硝酸盐氮同位素组成（表 8-6）显示出动物粪便起源 $\delta^{15}N$ 的特征，而 YKD0005、YKD0008、YKD0006 样品的 $\delta^{15}N$ 值反映了水中硝酸盐起源于土壤有机氮的矿化。ZKD0007W1 和罗北基地样品的 $\delta^{15}N$ 值分别为 -9.9‰和 -21.7‰，这样的低值在国内外文献未见报道，罗布泊卤水中硝酸盐的来源或富集机制有待进一步研究。

表8-6 罗布泊罗北凹地周边地下水中硝态氮的同位素组成

序号	样品编号	NO$_3^-$/(mg/L)	δ^{15}N/‰	备注
1	YKD0001	520	12.54	—
2	YKD0003	880	9.72	—
3	YKD0005	41.9	8.44	加标准物，后求算
4	YKD0008	390	4.6	—
5	YKD0006	1690	6.68	—
6	ZKD0014W1	955	−2.35	—
7	ZKD0015W1	820	14.96	—
8	ZKD0007W1	130	−9.9	—
9	ZKD0008W1	14.4	19.67	加标准物，后求算
10	罗北基地（罗北北部边缘）	550	−21.7	—

注：样品测试由中国地质科学院水文地质环境地质研究所赵荣翠等完成。

第二节 罗北凹地卤水同位素地球化学

一、硼、氯、锶、硫同位素

1. 硼同位素

LDK01 钻孔 9 件不同深度卤水样品硼同位素组成范围为 12.242‰～16.485‰，将 K×10^3/Cl、Na×10^2/Cl、Ca×10^2/Cl、Mg×10^2/Cl 分别与硼同位素组成作图（图8-2），基本落在柴达木盆地盐湖卤水 δ^{11}B 值范围（0.5‰～15.0‰）（Vengosh et al.，1995）。可见 Na/Cl 和硼同位素组成具有较好的正相关关系（R^2=0.649），K/Cl 和 Mg/Cl 与硼也呈一定的正相关关系，R^2 分别为 0.3773 和 0.3764，而 Ca/Cl 和硼同位素组成具有一定的负相关关系（R^2=0.5655）。

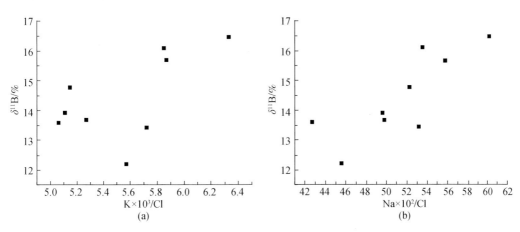

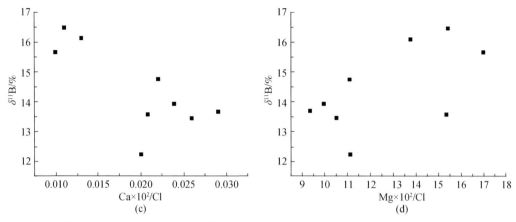

图 8-2　LDK01 钻孔卤水硼同位素组成与 K/Cl、Na/Cl、Ca/Cl 和 Mg/Cl 关系图

2. 氯同位素

LDK01 钻孔 9 件不同深度卤水样品 δ^{37}Cl 值范围为 0.102‰ ~ 1.368‰，而岩盐、含钾石盐的岩盐和光卤石岩的 δ^{37}Cl 分别为 0.1002‰、−0.0407‰ 和 −0.122‰（孙大鹏等，1998）。可见仅部分卤水蒸发浓缩到石盐析出阶段，而多数还在钙芒硝析出阶段。由图 8-3 可见，氯同位素组成与 K/Cl、Na/Cl、Ca/Cl 和 Mg/Cl 相关性不明显。

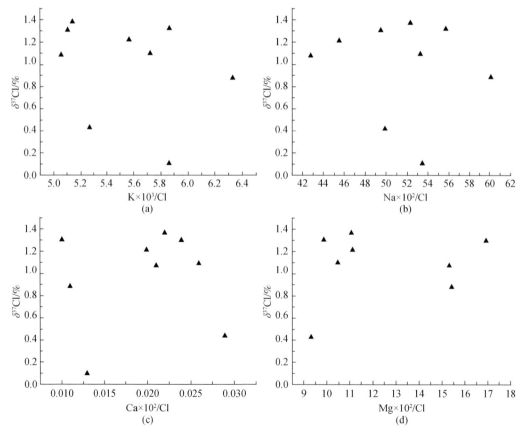

图 8-3　LDK01 钻孔卤水氯同位素组成与 K/Cl、Na/Cl、Ca/Cl 和 Mg/Cl 关系图

3. 锶同位素

自然界中锶有 4 种同位素，即^{84}Sr、^{86}Sr、^{87}Sr、^{88}Sr，它们的相对丰度分别为 0.56%、9.86%、7.02%、82.56%。其中^{87}Sr 是^{87}Rb 天然衰变的产物，故在含铷岩石矿物中的^{87}Sr 含量随时间的推移而增加。自然界中的$^{87}Sr/^{86}Sr$ 值为 0.71197。现代海水$^{87}Sr/^{86}Sr$ 值为 0.7090，新生代海水$^{87}Sr/^{86}Sr$ 值为 0.70776~0.70885，硅铝层（大陆区）岩石的$^{87}Sr/^{86}Sr$ 值大于 0.71，而玄武岩、碱性岩的$^{87}Sr/^{86}Sr$ 值小于 0.71，所以根据比值可以判别物质来源。自罗布泊大耳朵地区采集的两件钻孔卤水样$^{87}Sr/^{86}Sr$ 值分别为 0.711164 和 0.713525，大于现代海水和新生代海水，略大于 0.71，而地壳大陆区岩石的$^{87}Sr/^{86}Sr$ 值多大于 0.71，故可推断，罗布泊卤水锶主要来自地壳硅铝层。

4. 硫同位素

现代大洋中溶解硫酸盐与海相成因蒸发岩具有相似的硫同位素组成，海相蒸发岩及其所反映的古海洋硫酸盐的同位素组成只在狭窄的范围内变化（Holser and Kaplan，1966，李任伟和辛茂安，1989），其$\delta^{34}S$ 值变化范围稳定在 19.0‰~24.3‰，多在 21‰左右（Kampschulte and Strauss，2004；Strauss，1999）。全球古近纪—新近纪发育的海相蒸发岩和现代海洋硫酸盐的硫同位素组成已无明显差别，$\delta^{34}S$ 最大不超过 25‰（李任伟和辛茂安，1989）。陆相湖盆中硫酸盐硫同位素组成变化往往较大（郑喜玉，1988；史忠生等，2005），甚至在同一湖盆中不同环境下的硫同位素组成也具有显著差异。罗布泊卤水中硫酸根的硫同位素比值变化在 7.8‰~12.5‰之间（图 8-4），平均为 9.9‰，与固体硫酸盐硫同位素平均值 10.13‰相近（刘成林等，1999），说明自更新世以来，罗布泊水体属于典型陆相成因（图 8-4）。

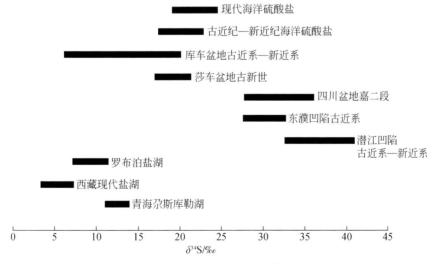

图 8-4 不同沉积背景下蒸发岩硫同位素组成对比图

罗布泊数据，据刘成林等（1999）；四川盆地数据，据陈锦石等（1986）、陈林容（2010）、林耀庭（2003）；东濮凹陷数据，据史忠生等（2005）；潜江凹陷数据，据刘群和陈郁华（1987）；青海数据，据魏新俊等（1993）；西藏数据，据孙镇城等（1997）

二、钙芒硝流体包裹体氢氧同位素

海水和湖水蒸发实验表明，钾盐一般在石盐沉淀之后富集成矿；大量盐湖研究也表明，钾盐富集发生在石盐沉积后，富钾卤水一般赋存在石盐晶间。罗布泊是以钙芒硝沉积为主的盐湖，总体处在硫酸盐沉积阶段，尚未全面进入石盐沉积阶段，石盐很少，按照传统成钾理论，该阶段钾盐不应该出现大规模富集和成矿。但罗布泊富钾卤水确实赋存在钙芒硝晶间，而不是在世界上常见的石盐晶间。钾发生了超前富集，这是现有成钾理论无法解释的。为此 Wang 等（2005）提出了"二阶段"成钾模式。

但有些问题仍然没有解决，罗布泊盐湖是如何从硫酸盐沉积阶段越过石盐沉积阶段直接进入成钾阶段的？钙芒硝与富钾卤水是同期形成的吗？进入罗布泊盐湖的河水中 Cl^-/SO_4^{2-} 值为 0.4 ~ 1.1，平均为 0.7，但罗北凹地卤水中二者平均值的比例约为 1∶5.31，与源区明显不同，巨量石盐（含 K 盐）到哪去了？罗布泊盐湖中还发现一些正常蒸发沉积难以解释的现象，如地层中富钾卤水的年龄（平均 2.9ka）明显小于地层年龄（10ka 以上）；在垂直剖面上卤水的盐度和钾含量从下往上有逐渐降低的现象，与正常沉积的变化趋势刚好相反。

为了解决当前研究中存在的问题，基于盐湖卤水的 δD、$\delta^{18}O$（以 SMOW 为标准，下同）值的大小与盐湖卤水的蒸发浓缩程度正相关，即 δD、$\delta^{18}O$ 值越大，反映盐湖蒸发越强烈，开展比较系统的富钾卤水与钙芒硝流体包裹体的氢氧同位素组成对比研究。

1. 地表及晶间卤水氢氧同位素的分布特征

卤水样品采自罗北凹地正在生产的采卤井、长观井；卤水和微咸水采自外围长观井、地表潜水池、自流井。

罗北凹地中心富钾卤水 δD、$\delta^{18}O$ 值相对最高，盐湖外围微咸水的 δD、$\delta^{18}O$ 值最低（图 8-5 ~ 图 8-7）。罗北凹地外围卤水由于受到四周淡水或微咸水的影响，δD、$\delta^{18}O$ 值有所降低，但是，铁矿湾有一个卤水样品，其 δD、$\delta^{18}O$ 值不但没有降低，反而有所升高，为全区最高值，反映了卤水演化后期的特征。

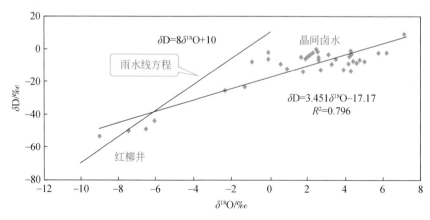

图 8-5　罗布泊富钾卤水及微咸水的氢氧同位素组成

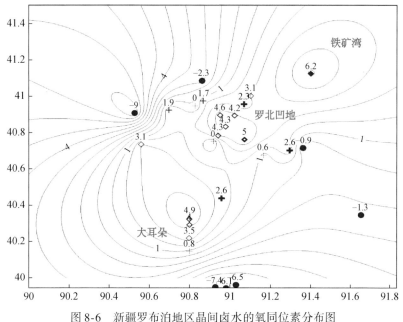

图 8-6　新疆罗布泊地区晶间卤水的氧同位素分布图

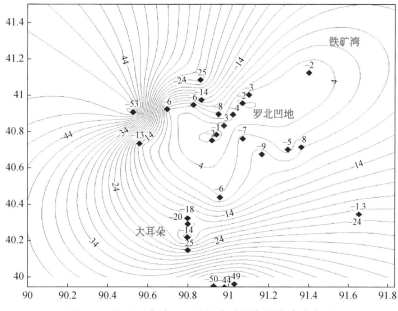

图 8-7　新疆罗布泊地区晶间卤水的氢同位素分布图

2. 钙芒硝流体包裹体卤水氢氧同位素特征

钙芒硝流体包裹体氢同位素采用加热爆裂分析。形成钙芒硝的古盐湖卤水的氧同位素是根据硫酸盐的氧同位素组成和 SO_4^{2-} - H_2O 之间的氧同位素分馏方程（$10^3 \ln\alpha = 2.68 \times 10^6 / T^2 - 7.45$）（Zeebe，2010）及钙芒硝的形成温度（25℃）计算得出。钙芒硝等盐类样品采自 ZK1200B、ZK0615、LDK01 钻孔岩心。

由图 8-8 和图 8-9 可以看出，晶间富钾卤水的 $\delta D_{V\text{-}SMOW}$ 值与钙芒硝的 $\delta D_{V\text{-}SMOW}$ 值明显不同。富钾卤水的 $\delta D_{V\text{-}SMOW}$ 值显著高于钙芒硝的 $\delta D_{V\text{-}SMOW}$ 值，二者相差近 70‰；形成钙芒硝的盐湖卤水与富钾晶间卤水的氢氧同位素组成分别位于两个完全不同的区域。这表明富钾晶间卤水与寄主矿物钙芒硝不是同时形成的或者前者后期受到较强烈的蒸发作用改造，富钾卤水经历了更强烈的蒸发作用，可能是钙芒硝沉淀之后充填到钙芒硝晶间孔隙中的。富钾晶间卤水可能是由形成钙芒硝的卤水演化形成的，但二者不连续，缺一个阶段。在垂直剖面上（图 8-10），晶间富钾卤水的氧同位素值由下往上逐渐变小，这一变化趋势与湖水蒸发浓缩的演化相反，可能反映地层中晶间卤水存在垂向对流现象，即浅部浓缩程度高、盐度高的卤水，因密度大而下渗，将密度和盐度较小的卤水替代上来。

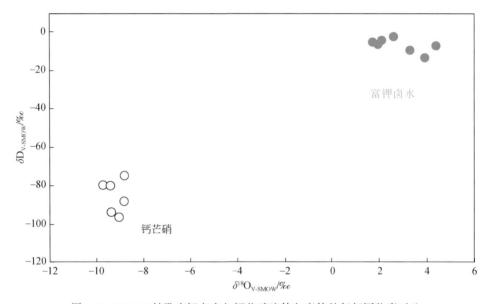

图 8-8　ZK0615 钻孔富钾卤水与钙芒硝流体包裹体的氢氧同位素对比

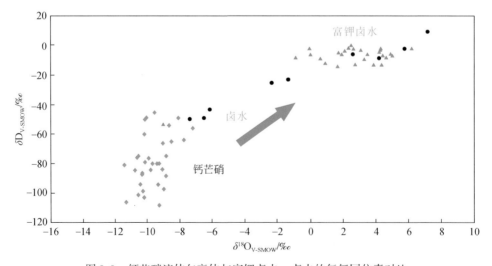

图 8-9　钙芒硝流体包裹体与富钾卤水、卤水的氢氧同位素对比

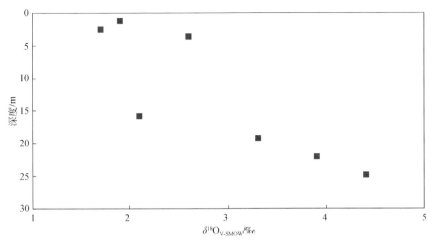

图 8-10 ZK0615 钻孔富钾卤水的氧同位素组成随深度的变化

第三节 盐类矿物流体包裹体成分分析

开发激光剥蚀电感耦合等离子体质谱（LA-ICP-MS）流体包裹体成分分析方法（Sun et al.，2013）测定罗布泊盐湖石膏、钙芒硝、白钠镁矾和石盐 4 种主要盐类矿物流体包裹体成分。

一、石膏流体包裹体成分

利用 LA-ICP-MS 技术对罗北凹地 LDK01 钻孔的石膏样品（表 8-7）进行了流体包裹体组成分析。成功测定了 12 个样品的 27 个流体包裹体。石膏流体包裹体形状多样，有椭圆形、近方形、长方形、纺锤形等，主要为单一相液体包裹体和两相气液包裹体。包裹体大小不一，而测试过程中激光的束斑大小为 $20\mu m$，部分包裹体小于束斑大小，在激光剥蚀时，包裹体周围石膏矿物基质会影响测试结果，因此需要根据包裹体与束斑大小的比值对分析结果进行校正。

表 8-7 石膏测试样品流体包裹体特征

样品编号	样品特征	流体包裹体大小		流体包裹体特征
		长轴/μm	短轴/μm	
LDK01-B47	石膏	20.78	10.95	椭圆形，单一相液体包裹体
LDK01-B63	石膏	16.55	11.18	椭圆形，两相气液包裹体
	石膏	10.13	5.72	椭圆形，单一相液体包裹体
LDK01-B95	石膏	18.75	16.22	近方形，两相气液包裹体
	石膏	38.13	21.25	纺锤形，两相气液包裹体
	石膏	38.77	10.45	长方形，单一相液体包裹体
	石膏	21.02	15.38	扇形，两相气液包裹体
	石膏	20.22	10.75	椭圆形，单一相液体包裹体
	石膏	24.80	17.60	近椭圆形，两相气液包裹体

续表

样品编号	样品特征	流体包裹体大小		流体包裹体特征
		长轴/μm	短轴/μm	
LDK01-B116	石膏	24.70	13.78	椭圆形，单一相液体包裹体
LDK01-B117	石膏	130.00	80.00	纺锤状，两相气液包裹体
LDK01-B130	石膏	32.00	20.00	椭圆形，单一相液体包裹体
LDK01-B132	石膏	12.52	6.10	椭圆形，单一相液体包裹体
	石膏	20.62	8.43	椭圆形，两相气液包裹体
LDK01-B158	石膏	14.15	7.82	不规则五边形，单一相液体包裹体
	石膏	11.32	7.38	近椭圆形，单一相液体包裹体
LDK01-B191	石膏	50.00	30.00	不规则五边形，两相气液包裹体
	石膏	26.70	26.70	菱形，两相气液包裹体
LDK01-B251	石膏	24.73	13.68	半圆形，两相气液包裹体
	石膏	42.77	8.00	长椭圆形，两相气液包裹体
	石膏	12.00	7.62	近椭圆形，单一相液体包裹体
LDK01-B256	石膏	55.00	25.00	纺锤状，两相气液包裹体
	石膏	40.00	30.00	近菱形，两相气液包裹体
	石膏	78.00	30.00	平行四边形，单一相液体包裹体
	石膏	44.00	26.00	不规则状，两相气液包裹体
LDK01-B258	石膏	26.87	10.05	纺锤形，两相气液包裹体
	石膏	13.38	7.88	近椭圆形，两相气液包裹体

测定结果（图 8-11）显示，石膏流体包裹体中 K^+ 的质量浓度为 0.12~12.03g/L，平均 3.11g/L；Mg^{2+} 的质量浓度为 0.05~14.45g/L，平均 4.17g/L。约 81% 的包裹体 K^+ 质量浓度变化在 0.12~5g/L 范围之间，67% 的包裹体 Mg^{2+} 质量浓度变化在 0.05~5g/L 范围之间。除了 K^+ 和 Mg^{2+} 外，还测出了 Rb、B 和 Li 三种微量元素的质量浓度。将石膏包裹体与目前罗布泊大耳朵石膏碎屑层中卤水的元素质量浓度进行对比，显示 K^+、Mg^{2+} 和 Rb^+ 的质量浓度较接近（表 8-8），说明石膏流体包裹体 K^+ 和 Mg^{2+} 的组成可以反映罗布泊盐湖石膏沉积时期的湖水成分。

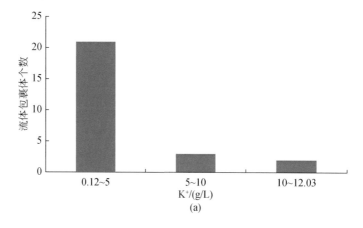

(a)

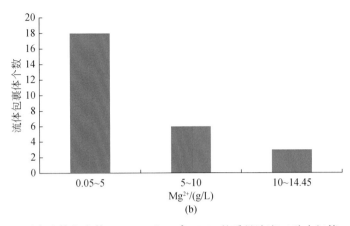

图 8-11 石膏流体包裹体 K⁺（a）和 Mg²⁺（b）的质量浓度（孙小红等，2016）

表 8-8 石膏流体包裹体成分与石膏碎屑层卤水成分平均值对比

样品	K⁺/(g/L)	Mg²⁺/(g/L)	Rb⁺/(mg/L)	B³⁺/(mg/L)	Li⁺/(mg/L)
石膏包裹体	3.11	4.17	0.97	35.61	13.59
石膏碎屑层卤水	3.12	5.03	0.36	—	0.23

二、钙芒硝流体包裹体成分

对 LDK01 钻孔的钙芒硝样品进行流体包裹体 LA-ICP-MS 分析，测定了 11 个样品的 25 个流体包裹体（表 8-9）。钙芒硝流体包裹体形状多样，有椭圆形、近椭圆形、近圆形等，主要为单一相液体包裹体和两相气液包裹体。包裹体大小不一，根据包裹体与束斑大小的比值对分析结果进行了校正。

表 8-9 钙芒硝测试样品流体包裹体特征

样品编号	样品特征	流体包裹体大小		流体包裹体特征
		长轴/μm	短轴/μm	
LDK01-B57	钙芒硝	17.97	6.98	椭圆形，两相气液包裹体
LDK01-B59	钙芒硝	10.33	7.87	近圆形，单一相液体包裹体
	钙芒硝	17.12	8.50	椭圆形，两相气液包裹体
	钙芒硝	22.52	7.92	椭圆形，两相气液包裹体
LDK01-B71	钙芒硝	17.58	15.55	近圆形，两相气液包裹体
	钙芒硝	31.73	14.48	梯形，两相气液包裹体
LDK01-B86	钙芒硝	10.65	6.55	近椭圆形，两相气液包裹体

续表

样品编号	样品特征	流体包裹体大小		流体包裹体特征
		长轴/μm	短轴/μm	
LDK01-B102	钙芒硝	22.45	10.25	近椭圆形，单一相液体包裹体
	钙芒硝	20.55	13.00	近椭圆形，两相气液包裹体
	钙芒硝	11.95	7.13	近椭圆形，两相气液包裹体
LDK01-B133	钙芒硝	13.37	9.37	近椭圆形，单一相液体包裹体
LDK01-B137	钙芒硝	25.23	13.45	近椭圆形，两相气液包裹体
	钙芒硝	17.98	14.28	近椭圆形，两相气液包裹体
LDK01-B150	钙芒硝	17.82	11.70	椭圆形，两相气液包裹体
	钙芒硝	13.27	10.58	近椭圆形，两相气液包裹体
LDK01-B165	钙芒硝	20.98	20.02	梯形，两相气液包裹体
	钙芒硝	14.70	10.10	椭圆形，两相气液包裹体
LDK01-B200	钙芒硝	24.83	9.72	三角形，两相气液包裹体
	钙芒硝	11.63	9.28	近椭圆形，单一相液体包裹体
	钙芒硝	12.77	9.65	近椭圆形，单一相液体包裹体
	钙芒硝	15.40	6.53	不规则五边形，两相气液包裹体
	钙芒硝	14.82	9.90	近椭圆形，两相气液包裹体
	钙芒硝	30.68	8.23	长椭圆形，单一相液体包裹体
	钙芒硝	10.43	8.18	椭圆形，单一相液体包裹体
LDK01-B203	钙芒硝	13.27	10.83	近圆形，单一相液体包裹体

测定结果（图8-12）显示，钙芒硝流体包裹体中K^+的质量浓度为$0.29 \sim 22.46 g/L$，平均$5.85 g/L$，换算成氯化钾，接近1%，达到工业品位；Mg^{2+}的质量浓度为$0.11 \sim 54.25 g/L$，平均$11.35 g/L$。其中，84%的包裹体K^+质量浓度变化在$0.29 \sim 10 g/L$范围内，60%的包裹体Mg^{2+}质量浓度变化在$0.11 \sim 10 g/L$范围内。钙芒硝流体包裹体中K^+和Mg^{2+}的变化范围和平均值均高于石膏包裹体，表明石膏沉积之后钙芒硝沉积过程中，罗布泊盐湖卤水因蒸发浓缩作用，K^+等质量浓度升高，达到工业品位，但略低于目前罗北凹地钙芒硝晶间卤水中K^+质量浓度（$9.16 g/L$），说明现代富钾晶间卤水比钙芒硝矿物结晶时卤水蒸发程度更高一些。

此外，还用该方法测定了罗北凹地 ZK1200B 钻孔的白钠镁矾（1个样品2个包裹体）和罗布泊铁矿湾 ZKD0001 钻孔（41°5.52′N，91°26.86′E）附近的石盐（1个样品2个包裹体）流体包裹体组成，结果如表8-10所示。

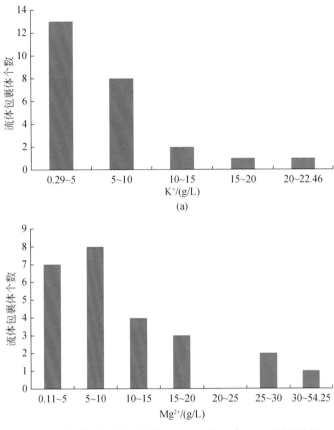

图 8-12　钙芒硝流体包裹体 K$^+$（a）和 Mg^{2+}（b）质量浓度

表 8-10　罗布泊盐湖石膏、钙芒硝、白钠镁矾和石盐流体包裹体成分分析结果（校正后）

矿物	K$^+$/（g/L）	Mg^{2+}/（g/L）	Rb$^+$/（mg/L）	B^{3+}/（mg/L）	Li$^+$/（mg/L）	Sr^{2+}/（mg/L）
石膏	3.11	4.17	0.97	35.61	13.59	—
钙芒硝	5.85	11.35	1.65	79.74	33.86	—
白钠镁矾	18.11	—	1.71	168.85	—	3.18
石盐	24.01	72.51	3.15	153.78	—	11.72

对于石膏和钙芒硝流体包裹体样品，LA-ICP-MS 可测定其中的 K、Mg、Rb、B 4 种元素含量；对于白钠镁矾样品，可测定 K、Sr、Rb、B 4 种元素含量；对于石盐样品，可测定 K、Mg、Rb、Sr、B 5 种元素含量。从表 8-10 可以看出 6 种元素（K、Mg、Rb、B、Li、Sr）的含量在石膏、钙芒硝、白钠镁矾和石盐流体包裹体中依次升高，尤其是常量元素 K 和 Mg 变化规律很明显。尽管包裹体卤水中微量元素含量极低，分析误差较大，但也基本符合以上变化规律，该变化规律与正常卤水蒸发浓缩演化趋势相吻合。

第四节 小 结

（1）氢氧同位素组成特征显示，罗布泊周缘地表水与地下水为大气降水补给；由远至近，越靠近罗布泊地区，水体氢氧同位素比值越高，反映蒸发浓缩越强。

（2）罗布泊固体硫酸盐的硫同位素平均值为 10.6‰，卤水硫酸根的硫同位素平均值为 9.1‰，反映了封闭系统中，随着蒸发作用持续进行，硫酸盐的不断结晶析出，硫同位素出现了一定的分馏。

（3）塔里木河河水中的硫酸根主要起源于塔里木盆地西部古近系石膏，而若羌河河水中的硫酸根则来源于塔里木盆地南部昆仑山、阿尔金山的岩石风化产物。

（4）罗北凹地中心富钾卤水的 δD、$\delta^{18}O$ 值相对最高，盐湖外围由于受到四周淡水或微咸水的影响，水的 δD、$\delta^{18}O$ 最低。

（5）晶间富钾卤水的 δD 值显著高于钙芒硝流体包裹体中水的 δD 值，二者相差近70‰，表明晶间富钾卤水与寄主矿物钙芒硝不是同时形成的，或前者受到进一步蒸发作用；晶间富钾卤水的氧同位素值由下往上逐渐变小，可能反映地层中晶间卤水存在垂向对流现象。

（6）利用 LA-ICP-MS 技术分析钙芒硝流体包裹体钾离子含量，平均达 5.85g/L，换算成氯化钾接近 1%，达到工业品位，进一步证实了罗布泊盐湖在钙芒硝阶段卤水钾离子已富集成矿。

第九章　成钾条件与机理

第一节　成矿时代

罗布泊盐湖钾盐矿床为卤水矿，通过卤水 ^{14}C 测年，结合地层时代及划分结果，分析富钾卤水的形成时代。

一、成盐时代

我国西北内陆地区广泛分布着新生代沉积盆地，这些内陆湖盆为大陆气候变化研究提供了良好的条件，是获得新生代以来大陆气候环境变化的关键记录之一。内陆盐湖沉积是一个十分复杂的沉积体系，具有湖相沉积、河流沉积、尘暴沉积等沉积相。而盐湖沉积是以化学沉积作用为主，是盐湖形成演化过程中的重要地质记录。盐湖沉积真实、完整地记载了盐湖或盐湖盆地的形成演化和发展全过程，准确客观地反映了盐湖或湖泊所经历的地质事件和气候事件及其相关的自然环境。所以盐湖是研究第四纪古气候演化的良好载体。

第四纪沉积常用的测年手段主要有 ^{14}C（时限约 30ka，Ramsey，1995；沈吉等，2010）、光释光（约 100ka，张家富等，2009）、铀系法（约 500ka，程海，2002；何学贤等，2003）、ESR 法（约 2.5Ma，Rink et al.，2007；刘春茹等，2011）、宇宙射线成因核素（约 5Ma，吕延武等，2010）、古地磁等（朱日祥等，1995）。盐湖沉积物年代测定方面，在以往罗布泊工作基础上主要开展了 ^{14}C、热释光、光释光、古地磁等测年方法，正在进行或拟采用的测年手段有铀系法、ESR 法。自 1995 年笔者在罗布泊系统开展找矿工作及科学研究以来，已经在罗北凹地、大耳朵湖区及新湖区等施工数十个钻孔，并利用这些岩心沉积记录恢复地层序列及重建地质历史演化过程。

由多个钻孔的沉积速率资料（表 9-1）可以得出，罗布泊盐湖内部及周缘地区的沉积速率差异较大：新湖区（ZK95-6 和 YKD0301）由于受到孔雀河入湖径流的影响，大体沉积速率为 0.25 ~ 0.6mm/a；大耳朵湖区（K1 和 LBDS1）沉积速率最小，为 0.13 ~ 0.425mm/a，以石膏和粉砂黏土沉积为主；罗北凹地和大耳朵湖区之间为过渡沉积区（ZK95-2 和 ZK1100），受到丰水期大耳朵湖区补给罗北凹地沉积作用，大体沉积速率为 0.23 ~ 1.30mm/a；罗北凹地（ZK1200B、ZK0800 和 LDK01）是受断裂控制的次级凹地，地层沉积物以石膏、蜂窝状钙芒硝等蒸发岩矿物夹碎屑层为主，沉积速率为 0.26 ~ 1.20mm/a，可以看出罗北凹地的北部地区沉积速率最大。以上资料表明，至少从中更新世以来，罗布泊盐湖的沉积中心位于罗北凹地。

表 9-1 罗布泊主要钻孔年龄及沉积速率对比

钻孔	采样深度/m	年龄/a	沉积速率/(mm/a)	文献来源	测年手段
ZK95-2	2.85(2.80~2.90)	11730±160	0.24(0~2.85)	王弭力等(2001)	^{14}C
	5.76(5.74~5.77)	18560±360	0.31(0~5.76)		
ZK95-6	2.93(2.87~3.00)	5390±200	0.54(0~2.93)	刘成林等(2003a)	^{14}C
	4.90(4.85~4.95)	9315±210	0.53(0~4.90)		
YKD0301	0.34~0.4	500±100	0.8(0~0.34)	Zhang 等(2012)	OSL 光释光
	2.2~2.26	9000±900	0.25(0~2.26)		
	5.70	9400	0.60(0~5.7)		
K1	1.15	9220±174	0.13(0~1.15)	Wang 等(2000)	^{14}C
	5.50	23668±347	0.23(0~5.50)		^{14}C
	7.40	26172±479	0.28(0~7.40)		^{14}C
	28.80	65400±5000	—		TL 热释光
	38.90	201300±14900	—		TL 热释光
	56.45	358300±26500	—		TL 热释光
	71.88	429400	—		TL 热释光
	91.28	>600000	—		TL 热释光
LBDS1	2.63~2.68	7515±30	0.349(0~2.63)	本次获得资料	^{14}C
	3.22~3.25	8450±30	0.381(0~3.22)		
	3.64~3.69	7790±30	0.467(0~3.64)		
	4.41~4.43	10355±30	0.425(0~4.41)		
ZK1100	1.95(1.90~2.00)	6445±90	0.23(0~1.95)	王弭力等(2001)	^{14}C
	4.24(4.22~4.26)	9858±100	0.43(0~4.24)		
	27.65(27.60~27.70)	21267±150	1.30(0~27.65)		
ZK0800	19.00	15800±210	0.42(0~0.78)	王弭力等(2001)	^{14}C
	0~149.55		1.20(0~19)		铀系定年
ZK1200B	4.31(2.26~4.36)	10840±100	0.40(0~4.31)	王弭力等(2001)	^{14}C
	7.75(7.70~7.80)	13460±105	0.58(0~7.75)		^{14}C
	27.97(27.92~28.02)	28600±110	0.98(0~29.97)		^{14}C
	31.64(31.58~31.70)	29270±110	1.08(0~31.64)		^{14}C
	1.16(1.15~1.18)	4490±370	0.26(0~1.16)		TL 热释光
	1.77	3930±330	0.45(0~1.77)		TL 热释光
	26.58(26.55~26.63)	25400±2000	1.05(0~26.58)		TL 热释光
	31.77(31.72~31.82)	32300±2700	0.98(0~31.77m)		TL 热释光
	48.66	73800±5800	0.66(0~48.66m)		TL 热释光
LDK01	19.4	43502±647	0.46(0~19.4)	本次获得资料	^{14}C
	27.4	44469±902	0.62(0~27.4)		
	32.1	39686±854	0.81(0~32.1)		

　　石盐的析出代表湖水蒸发速率达到或超过2000mm/a（Liu et al.，2015）以及盐湖环境进行正常发展的关键性演变阶段。从罗布泊盐湖石盐析出的时限上来看（表9-2），从新湖区到大耳朵湖区再到罗北凹地，成盐时限表现为越来越早，意味着同时期罗北凹地相较其他地方蒸发程度最高，湖水盐度也最高，最早进入盐湖演化阶段，而其相对封闭的构造和蒸发条件使得罗北凹地成为最有利成钾区。

表9-2　罗布泊主要钻孔/剖面石盐层年代学特征

钻孔/剖面	位置	测年方法	关键成盐期演化			参考文献
			全新世	晚更新世	中更新世	
ZK0800/ZK1200B	罗北凹地	^{14}C	距今10ka以来出现石盐层	—	—	王弭力等（2001）
CK-2	罗北凹地	^{14}C	—	25~10ka罗布泊属于盐湖阶段；距今12ka第一次出现石盐薄层	—	高东林等（2001）
CK-2	罗北凹地	U-Th	距今10.4ka以来出现含粉砂石盐层	—	—	罗超等（2007）
K1	大耳朵湖区	^{14}C、古地磁	距今9ka以来出现含石盐黏土，距今1540a盐壳形成	—	距今780ka，薄层状石膏层	王弭力等（2001）
湖心剖面	大耳朵湖区	^{14}C	距今1500a，石盐层出现	—	—	胡东生（2007）
湖心剖面	新湖区	^{14}C	距今400a左右，含石盐粉砂层出现	—	—	朱青等（2009）
ZK95-6	新湖区	^{14}C	距今1160a，含粉砂黏土石盐层出现	—	—	王弭力等（2001）

　　罗布泊干盐湖尤其是罗北凹地中-上更新统是以石膏、钙芒硝层为主的沉积地层，然而蒸发岩中传统年代学指标十分缺乏，严重限制了传统定年手段在该区较长时间尺度的应用。因此，针对蒸发岩层的特殊性，系统开展U-Th不平衡法等时线定年体系技术和方法的研究，建立罗北凹地成盐系的年龄框架。

　　铀系定年方法基础是^{238}U（半衰期约4.469×10^{9}a）通过中间的子体，如^{234}U（半衰期约245000a）和^{230}Th（半衰期约75400a）衰退为稳定的^{206}Pb。在这个衰退体系中，当经历了某种特殊的地质过程或者事件时，U就会从Th中分化出来，^{238}U-^{234}U-^{230}Th体系就会不平衡。例如，在自然界水体系中，U元素是轻微溶解的，而Th元素是高度不溶解的，碳酸盐从自然水体系中沉淀出来就会包含微量的U（通常是0.01×10^{-6}~100×10^{-6}），但是几乎不含Th，导致过量的U存在衰变体系中（^{238}U和^{234}U的活动性大于^{230}Th）。一旦不平衡体系建立，它需要花费7倍^{230}Th的衰变时间，即约500ka来让体系重新回到长期平衡附近，换句话说，就是让母体和子体的核素重新平衡，或者让其不均衡的状态低于 TIMS 和 MC-ICPMS 的检测限度。这项应用使得近 500ka 以来 ^{238}U-^{234}U-^{230}Th 体系可以测得较精准的年龄（Zhao et al.，2009）。

U-Th 实验在昆士兰大学放射性超净实验室进行，化学流程详见 Luo 和 Ku（1991）、Peng 等（2001）、Clark T R 等（2012），LDK01 钻孔最终获得 9 个石膏/钙芒硝年龄（表9-3）。与同为罗北凹地 CK-2 孔的石膏质谱年龄呈现良好的线性关系（图9-1），相关性系数达到 0.99 以上，证明模型为可靠的。由图 9-1 可知，在距今 550~200ka 之间，沉积速率较为稳定（31.2cm/ka）；而到距今 200ka 左右，沉积速率突然增大（61.1cm/ka），可能与断陷构造作用有关；距今 110ka 又突然下降（17cm/ka），对应细粒碎屑岩沉积增多；后期沉积速率较为上升（40.9cm/ka）。根据 LDK01 孔岩心描述，石盐层出现的年代大致为距今 14ka 以来，为末次冰消期间，表明罗北凹地当时气候环境已经十分干旱，且构造趋于封闭。硫酸盐矿物的易溶特性导致其 U 系年代学研究还有一定的争议，但是本次尝试性工作在开拓思路和解决蒸发岩地层定年方面仍具有重要意义。

表9-3　罗北凹地蒸发岩 U 系年龄汇总

CK-2			LDK01		
深度/m	U/Th 年龄/ka	参考文献	深度/m	U/Th 年龄/ka	参考文献
0.94	9±0.13	罗超等，2007	2.7	11.5±0.5	本书
4	12.8±0.2	罗超等，2007	3.6	12.3±3.6	本书
5.5	14±0.24	罗超等，2007	6.26	16.2±1.0	本书
6.7	19±0.23	罗超等，2007	24.2	113.7±2.1	本书
8	23±0.56	罗超等，2007	78.7	202.9±14	本书
10.35	32±0.8	罗超等，2007	91.9	310.9±42	本书
41.8	144.9±6.3	罗超等，2007	110.2	373±24	本书
49.1	153±7.2	罗超等，2007	156.8	451±102	本书
			186.27	548±131	本书

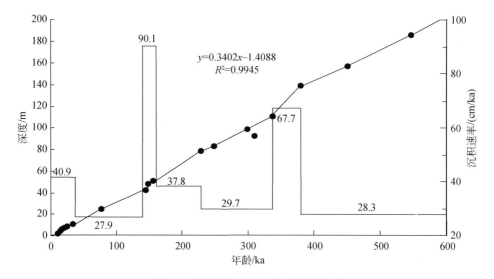

图9-1　罗北凹地 U-Th 年代数据模型

二、富钾卤水年龄

1. 概述

^{14}C 是碳的放射性同位素，^{14}C 存在于水中的各种溶解性无机碳中，为研究地下水运动和测定年龄提供指示作用。^{14}C 方法用来探测相对较老的地下水，对年龄在 1000 ~ 30000 年范围内的地下水是有效的。^{14}C 技术作为测年手段已被水文地质界广泛采用，是解决多方面水文地质问题十分重要的有效手段之一。

地下水中碳以 CO_2、H_2CO_3、HCO_3^-、CO_3^{2-} 等多种形式存在，最主要的存在形式为 HCO_3^-。根据实验室的要求，进行 ^{14}C 测量一般需要 1g 或更多的碳（5g）（王恒纯，1991），借鉴水质分析成果或现场测定的含量来确定取样体积，通常需要 50 ~ 100L 水样。

高盐度水的组成主要特征是水中硫酸根含量很高，且对共沉淀法采集 ^{14}C 样品产生严重干扰。因此，高盐度地下水（卤水）^{14}C 样品采集是同位素水文地质界的一个难题。针对罗布泊钾矿区卤水的化学组成特征（平均盐度为 353.5g/L，SO_4^{2-} 质量浓度 44.03g/L，HCO_3^- 质量浓度为 0.271g/L），笔者研制了野外 ^{14}C 真空取样装置和方法（焦鹏程等，2003）：向卤水中加入 H_2SO_4，调节水的 pH，使得水中无机碳以气体（CO_2）的形式逸出，并导入装有 NaOH 与 $BaCl_2$ 混合溶液的样品瓶中，样品瓶中出现的白色沉淀即为 100% 的碳酸钡。该方法彻底解决了硫酸盐的干扰问题，且省时省力，能较直观地估算所采集到的碳总量，所取样品能满足实验室 ^{14}C 年龄测定的要求。^{14}C 分析方法是：合成苯法，水中溶解无机碳 ^{14}C 测试是将样品转化为 CO_2 后，在高温条件下 CO_2 与锂反应合成碳化物，水解后合成苯，利用液体闪烁谱仪测试，以现代碳百分数给出分析结果（pMC）。测量仪器：1220 Quantulus 型超低本底液体闪烁谱仪。对测试数据采用经验估算模式和皮尔逊同位素混合校正模型计算出地下水的真实年龄。

为了进一步查明罗布泊晶间卤水的成因与形成年龄，近年对一些钻井和采卤井进行了卤水碳样品采集（图9-2）。

图 9-2　罗布泊地下卤水 ^{14}C 样品采集位置图

2. 测试结果

卤水 ^{14}C 年龄分析结果见表 9-4。由表可见，卤水样品的现代碳质量分数在 9.31% ~ 58.15% 之间，校正后地下卤水年龄的最小值为 4.48ka，实测的最老年龄为 19.62ka，平均值为 9.18ka。

表 9-4　罗布泊盐湖卤水 ^{14}C 年龄分析结果

序号	样品编号	野外编号	井号	深度/m	分析结果	
					现代碳质量分数/%	年龄/ka
1	11(T)-01-20-1	201011LBP-C1	ZK1103，大耳朵	0.4 ~ 50	58.15±1.10	4.48±0.16
2	11(T)-01-20-2	201011LBP-C2	ZK0404，大耳朵，承压自流水	2.1 ~ 150	9.31±1.28	19.62±1.14
3	11(T)-01-20-3	201011LBP-C3	1 号渠 1 号井(1-1#)，罗北凹地	4.8 ~ 100	35.48±1.12	8.57±0.27
4	11(T)-01-20-4	201011LBP-C4	1 号渠 5 号井(1-5#)，罗北凹地	6 ~ 60	47.96±3.62	6.08±0.63
5	11(T)-01-19	201011LBP-C7	1 号渠 6 号井(1-6#)，罗北凹地	6 ~ 100	31.83±0.90	9.46±0.24
6	11(T)-01-17	201011LBP-C5	1 号渠 9 号井(1-9#)，罗北凹地	6 ~ 100	37.39±1.98	8.13±0.44
7	11(T)-01-18	201011LBP-C6	1 号渠 13 号井(1-13#)，罗北凹地	6 ~ 100	35.75±1.17	8.50±0.27
8	11(T)-01-20	201011LBP-C8	1 号渠 17 号井(1-17#)，罗北凹地	6 ~ 100	35.52±0.87	8.56±0.20

注：测试单位为中国地质科学院水文地质与环境地质研究所。

罗布泊南部的大耳朵湖区，ZK1103 井卤水最年轻，年龄为 4.48ka，反映出有现代水的混入或地下卤水径流条件好；而采自 ZK0404 井卤水年龄最老，为 19.62ka，为自流井，该年龄能真实反映该区承压卤水的年龄，说明深层卤水径流不畅，运动速度缓慢。

大耳朵湖区两件承压卤水样品，测得年龄分别为 4.48ka、19.62ka。按照大耳朵湖区 K1 孔古地磁极性年龄，第 1 号样品（ZK1103）样品地层深度 50 ~ 52m，年龄为 493 ~ 504ka；第二号样品（ZK0404）地层 97 ~ 100m 处，年龄为 1.201 ~ 1.211Ma。

罗北凹地钾矿区 6 件卤水样品均采自采卤渠旁边的开采井（表 9-4），揭露了潜卤层和第 1、第 2 承压卤水层（图 9-3）。第 3 号样品采自 100m 的水井，井身结构为裸孔，年龄值 8570a 代表了 1 层潜卤水层和 3 层承压卤水的混合年龄，根据含水层厚度及富水性等水文地质条件，该井开采的卤水资源最主要来自潜卤水，其次为第二承压卤水层；第 4 号样品深度为 60m，年龄值 6080a，是 1 层潜卤水和 2 层承压卤水的混合年龄；第 5 ~ 8 号 ^{14}C 样品均采自 100m 开采井，其年龄分布范围 8.13 ~ 9.46ka。这些混合卤水的平均年龄为 8.22ka，这可能代表了主体富钾卤水的年龄。按照罗北凹地 ZK0800 沉积物铀系平均沉积速率 0.42mm/a（王弭力和刘成林，2001），计算出井深 6 ~ 60m 地层年龄大约为 14 ~ 140ka，4.8m、6 ~ 100m 深度为 11ka，23 ~ 230ka。

ZK1200 样品 10.00m、17.00m 深度地层年龄为 1989a、3417a，测量结果代表取样深度上卤水的年龄。按照 ZK1200B 浅部地层沉积速率 0.45mm/a（王弭力和刘成林，2001），计算其 10m 和 17m 深处地层年龄大约为 22ka 和 37ka。

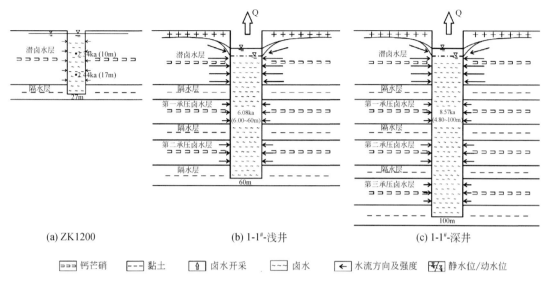

(a) ZK1200　　　　　(b) 1-1#-浅井　　　　　(c) 1-1#-深井

钙芒硝　　黏土　　卤水开采　　卤水　　水流方向及强度　　静水位/动水位

图9-3　罗布泊钾盐开采井结构及水流示意图

　　尽管上述地层卤水年龄属于混合年龄，含水层顶部地层的年龄还是大于卤水年龄至少3000~5000a，而且富钾卤水的年龄随深度增加的趋势十分显著（表9-4）。大耳朵湖区地层卤水年龄比地层更加年轻了。罗北凹地 ZK1200B 孔卤水样为定深取样，10m 和 17m 地层年龄为 22ka 和 37ka，比相应深度的卤水年龄 1989a、3417a，大了两三万年。

　　总之，不仅钙芒硝晶间卤水的年龄相对地层要年轻，同时大耳朵湖区碎屑层卤水也比地层年轻得多。这些说明钙芒硝等沉积后，晶间卤水一直受到补给和改造。由于卤水年龄变化表现为从上向下逐渐变老的趋势，大气降水的补给还是从上往下渗流补给，可能是沿着张性断裂带（Liu et al., 2006）进行补给。

　　罗布泊罗北凹地地层晶间混合卤水样的 ^{14}C 年龄变化为 6~9ka，平均为 8.22ka。钻孔 ZK1200B 定深取样的卤水年龄为 1989~3417a，平均年龄为 2900a。大耳朵湖钻孔石膏碎屑层承压卤水的年龄为 4.48~19.62ka。由此可见，地下卤水年龄小于所赋存的地层年龄（10ka 以上），说明罗北凹地钙芒硝晶间卤水在钙芒硝沉积后，全新世石盐开始沉积时，可能不断受到大气降水补给或改造。这种补给并没有降低卤水氯化钾质量分数，此补给水体不是淡水，而是比较年轻的盐湖蒸发浓缩卤水，沿断裂下渗、充注于钙芒硝孔隙中，并与钙芒硝结晶时形成的"较老"卤水混合形成了现存的晶间卤水。

第二节　气　候　条　件

　　钾盐成矿是地球表生环境中"气候-物源-构造"三要素"极端成分"的耦合作用，尤其极端干旱气候是盐湖成钾的前提（Liu et al., 2015）。罗布泊地处亚洲大陆腹地，属典型的大陆性干旱气候，具有降水量小、蒸发量高、温差大及风力强等典型特征，是中国最干燥的地区（严富华等，1983），素有"旱极"之称。

一、区域性气候变化特征

新近纪全球气候开始变冷,新疆受西风气流影响,但因距大西洋遥远,气候干暖,第四纪青藏高原强烈上升,全球气温进一步下降,激发了现代亚洲西南季风环流,新疆因周边山系的上升而位于西风气流的雨影区,气候干温(现代和间冰期)或干冷(冰期)(张林源和蒋北理,1992)。

夏训诚(1987)、穆桂金(1994)等认为,塔里木盆地的干旱环境始于新近纪末,成于第四纪。塔里木盆地地质时期气候环境的演变至少经历以下几个阶段:古新世—始新世气候环境以温干为主,间以暖湿波动;中新世为温暖半湿润,从中新世晚期开始,气候环境由湿润向干旱发展,到上新世出现暖干;第四纪早、中更新世,气候环境已是极为干旱,并间有冷湿波动,晚更新世—全新世为极端干旱,并间有冷湿波动。姜逢清等(1998)从地层中风成相与河湖相交替出现的事实推测,塔里木盆地在距今12ka以来的气候环境变迁,呈现暖干–冷湿交替,目前正处于暖干的气候环境阶段。

二、罗布泊地区气候变化特征

1. 孢粉记录

吴玉书(1994)通过分析大耳朵地区F4浅坑孢粉组合,认为罗布泊地区自晚更新世末(20ka)以来气候一直干旱,仅在全新世略有波动。以下依据该地区近年施工的钻孔岩心研究,详细阐述气候环境变化。

王永等(2000)、王弭力等(2001)根据孢粉组合特征,得出罗布泊地区早更新世中期—中更新世主要为半干旱气候,仅在距今0.40~0.27Ma出现干旱气候,以后恢复为半干旱气候直到距今0.03Ma的晚更新世末,随后,转变为干旱气候(表9-5)。

表9-5 罗布泊(K1钻孔)孢粉带、自然景观和古气候(王弭力等,2001)

距今年代/Ma	孢粉带	景观	气候
0.03~0.00	麻黄–蒿–藜科带	荒漠草原	干旱
0.27~0.03	蒿–藜科–麻黄–云杉–冷杉带	荒漠草原	半干旱
0.40~0.27	蒿–藜科带	荒漠草原	干旱
0.75~0.40	蒿–藜科–麻黄–云杉–冷杉带	半荒漠草原	半干旱寒温带
0.87~0.75	云杉–冷杉–蒿–藜科带	半荒漠草原	半湿润–半干旱寒温带
1.13~0.87	蒿–藜科–麻黄–云杉–冷杉带	半荒漠草原	温带半干旱
1.21~1.13	蒿–藜科–麻黄带	荒漠草原	温带干旱

近年来高分辨率孢粉序列将罗布泊地区晚更新世—早全新世气候环境变化划分为四个阶段(Yang D et al.,2013):距今31.98~19.26ka为冷湿气候;距今19.26~13.67ka为暖干气候;距今13.67~12.73ka为冷湿气候;距今12.73~9.14ka为暖干气候。而全新世

以来罗布泊地区古气候特征（Liu et al., 2016）呈相对湿润（距今9.0～8.9ka）—干旱（距今8.9～8.7ka）—非常湿润（距今8.7～5.1ka）—干旱（距今5.1～2.4ka）—湿润（距今2.4～1.8ka）—干旱（1.8ka以来）的变化过程，随着全新世的气候变化，罗布泊古湖经历了咸水湖—盐湖—微咸水湖—盐湖—咸水湖，最后演变为干盐湖的演变过程。

2. 盐类矿物的气候记录

除孢粉资料外，盐类矿物也是气候变化的良好指标。通过对现代盐湖沉积盐类矿物的统计发现，现代盐湖蒸发沉积矿物种类与蒸发速率变化很有规律，两者呈线性关系；从碳酸盐到石膏再到钙芒硝、石盐、钾盐镁矾、钾石盐、光卤石，当地蒸发量分别为900mm/a、1030mm/a、1650mm/a、2000mm/a、2728mm/a、3297.9mm/a 和 3518.5mm/a（Liu et al., 2015）。由此可见，从碳酸盐到石膏沉淀，湖水蒸发速率呈小幅增长；到钙芒硝、石盐、钾盐镁矾沉积，蒸发速率快速增长；进入钾石盐析出，蒸发速率又快速增长，到光卤石沉积，蒸发速率继续增加，因此，钾石盐和光卤石沉积是极端干旱气候的产物。

巨量钙芒硝沉积和石盐包裹体均一温度代表或反映了罗布泊的干热气候特征（刘成林等，2006，2007；Sun X H et al., 2017），指示罗布泊盐湖在晚更新世末—全新世时期大部分处于极度干旱气候条件下。

在罗布泊近地表发现了薄层钾盐镁矾（王弭力等，2001）、钾石盐及光卤石等（刘成林等，2010；焦鹏程等，2014），同时，罗布泊除了沉积巨量钙芒硝代表干热气候条件之外（刘成林等，2006），还发现无水芒硝，这些资料说明罗布泊盐湖在晚更新世末—全新世时期处于极度干旱气候条件下，并促使罗布泊盐湖卤水快速、强烈蒸发，实现自然"闪发"（快速蒸发）。

第三节　成矿凹地的形成

一、罗布泊凹陷的发展演化

在罗布泊北部及东北部发现了上新统地层中的薄层石膏岩及菱镁矿层的露头，说明当时罗布泊已开始接受河水的补给，属于较为封闭性、持久的积水区，并在短期出现咸水湖沉积环境。基于对罗布泊盐湖钻井和露头地层的研究，并综合前人的古地理、构造及沉积记录等，编制了罗布泊凹陷及盐湖形成演化示意图（图9-4）。由此可以推断，罗布泊地区已从中新世时期以前的斜坡地貌，到上新世时期转变成为可以积水的洼地地貌（至少局部地区），自此罗布泊已正式成为塔里木盆地的汇水区。早更新世时期，罗布泊凹陷发生大幅沉降，湖泊开始演变为常年的咸水湖，盐湖析出大量薄层状石膏沉积；中更新世时期，又从咸水湖演变为盐湖，石膏沉积相对减少，代之以钙芒硝沉积为主。

晚更新世时期，由于受到北北东向主压应力的作用，罗布泊凹陷的底板发生差异升降，同时产生一系列的地堑式断陷（Liu et al., 2006），导致罗布泊发生分隔作用，形成罗北凹地等次级凹地。

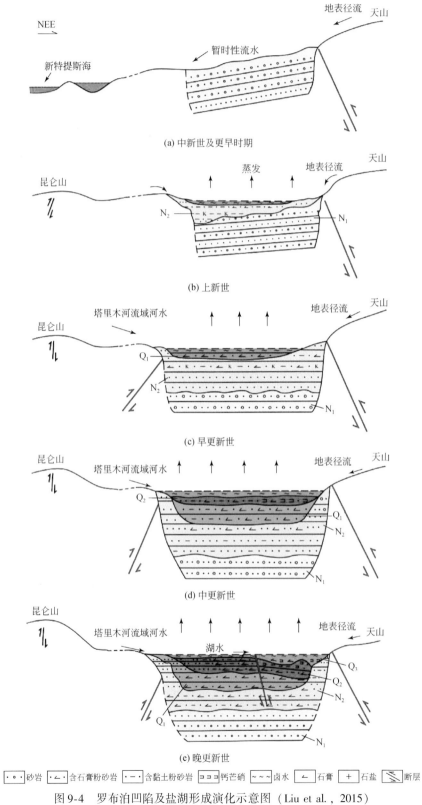

图 9-4 罗布泊凹陷及盐湖形成演化示意图（Liu et al., 2015）

罗布泊北部整体上属于抬升区，但与此相反，罗北凹地则是罗布泊凹陷内沉降最深的次级凹地，而且其基底向北倾斜，形成了封闭的次级凹地，为钾盐的沉积提供了良好的构造空间。

二、成钾凹地的形成

第四纪以来，罗布泊地区主要受近南北向构造挤压作用控制（柏美祥，1992；范芳琴，1993；谢富仁和刘光勋，1989；张岳桥等，2001）；通过构造数值模拟和物理模拟，发现罗布泊地区在渐新世—中新世时期，受到南北向挤压和中新世晚期以来北东向主压应力作用，罗布泊盆地呈向西逃逸态势，盆地内部具有东西向伸展的应力状态（施炜等，2009）。在近南北向挤压应力作用下，形成了罗布泊地堑式断裂系（Liu et al.，2006）。

因受到近南北向构造挤压作用，在罗布泊北部，一方面，大部分地区发生抬升运动，另一方面，受到平行主压应力方向地堑式断裂作用（Liu et al.，2006）及共轭断裂作用，形成棋盘格状构造分布格局（王弭力等，2001）；在北部抬升区内，由于断陷作用产生罗北凹地等次级凹地，罗北凹地的基底向北倾斜（王弭力等，2001），与整体凹陷的抬升地势倾斜方向正好相反；然而，南部继承了原始大湖并演变为大耳朵湖，同时在新生的罗北凹地与南部大湖之间形成了"门槛"（刘成林等，2010b），也就形成了封闭的钾盐聚集构造空间。这其中有一个重要条件，即罗北凹地的盐湖沉积速率大于南部大耳朵湖区的沉积速率，依据之一是，大耳朵湖区 K1 钻孔早更新世末以来的沉积速率（古地磁极性断代）为 0.08mm/a，前者 ZK0800 钻孔中更新世以来（铀系断代）的沉积速率为 0.42mm/a（王弭力等，2001）。

第四节　"矿源层"的地球化学特征

一、新近系的初级"矿源层"

对罗布泊北缘红土堡（位置见图 2-2）新近系露头剖面 30 件样品进行元素化学分析（分析法：稀盐酸溶样）。测试项目主要有 K^+、Na^+、Ca^{2+}、Mg^{2+}、SO_4^{2-}、Cl^- 和 Li^+、Sr^{2+}、B^{3+}，结果见表 9-6。红土堡剖面沉积岩中 Na^+、Ca^{2+}、Mg^{2+}、Li^+、Sr^{2+}、B^{3+} 等离子化学组成均明显低于 LDK01 钻孔，而 K^+ 的平均质量分数较高，达 0.39%。

表 9-6　红土堡和 LDK01 孔沉积物化学组成特征

成分		Na^+/%	K^+/%	Ca^{2+}/%	Mg^{2+}/%	Cl^-/%	SO_4^{2-}/%	B^{3+}/%	Sr^{2+}/%	Li^+/%
红土堡	平均值	2.22	0.39	2.10	0.85	4.56	7.16	0.007	0.007	0.0014
	最大值	9.49	0.92	19.30	5.43	16.56	45.20	0.014	0.039	0.0022
	最小值	0.58	0.10	0.04	0.14	1.54	1.64	0.002	0.004	0.0005

成分		Na⁺/%	K⁺/%	Ca²⁺/%	Mg²⁺/%	Cl⁻/%	SO₄²⁻/%	B³⁺/%	Sr²⁺/%	Li⁺/%
LDK01 钻孔	平均值	4.92	0.39	8.02	3.05	3.72	25.17	0.087	0.054	0.0035
	最大值	33.47	4.33	26.08	9.74	57.45	69.11	0.228	1.140	0.0142
	最小值	0.07	0.03	0.14	0.22	0.33	0.10	0.013	0	0

红土堡剖面各化学组分随深度的变化规律如下（图9-5）。

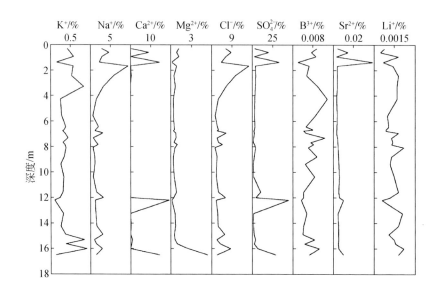

图 9-5　红土堡剖面沉积物化学分析

K⁺：质量分数最大值为 0.92%，最小值为 0.1%，平均值为 0.39%。在剖面上出现 3 个峰值，质量分数分别为 0.8%、0.8% 和 0.92%，对应的地层岩性均为红色砂岩。

Na⁺：质量分数平均值为 2.22%，最大值为 9.49%，岩性为褐红色粉细砂夹灰白色团块状粉细砂；次级峰 5 个，质量分数分别为 4.7%（杂色粉细砂石膏）、3.1%（灰绿色粉砂岩）、3.2%（灰绿色粉砂岩）、3.1%（灰绿色粉砂岩）、2.9%（褐红色粉砂岩）；最小值为 0.58%（褐红色粉细砂、杂色粉砂岩）。

Ca²⁺：质量分数呈现 4 个明显峰值，最大值为 19.3%，对应岩性均为石膏；最小值为 0.04%，对应岩性为深褐红色粉砂岩。

Mg²⁺：质量分数最大值为 5.43%，最小值为 0.14%，平均值为 0.85%。在剖面的上部比较稳定，底部质量分数明显升高，上部 28 件样品的最高值为 1.2%，平均质量分数为 0.62%，而底部 2 件样品的平均为 4.0%，最高值为 5.4%，差异显著，呈突变态势。

Cl⁻：质量分数的分布呈现多峰态势，没有明显谷值，最大值为 16.56%，最小值为 1.54%，平均值为 4.56%。

SO₄²⁻：质量分数同 Ca²⁺ 质量分数相对应，在 4 个石膏层均出现了明显峰值。此外，在剖面顶部出现小峰值，质量分数为 10.4%，对应岩性为灰绿色粉砂岩。

B³⁺：质量分数在剖面上波动频繁，有多个峰值。B³⁺ 质量分数的平均值为 0.007%，最大值为 0.014%，最小值为 0.002%。

Sr^{2+}：质量分数最大值为 0.039%，对应地层岩性为石膏，另外 3 个相对高值点对应岩性分别为含粉细砂石膏、石膏层和含石膏的砾岩。Sr^{2+} 质量分数的平均值为 0.007%，最小值为 0.004%。

Li^+：质量分数在剖面上波动频繁，呈现多个峰值和 3 个较为明显的谷值。3 个谷值对应地层岩性均为石膏。Li^+ 质量分数的最大值为 0.0022%，最小值为 0.0005%，平均值为 0.0014%。

综上所述，红土堡剖面所测各元素中，尽管 K^+ 和 B^{3+} 的质量分数波动较频繁，和其他元素间仍然具有一定的相关性。整个剖面沉积物中 K^+ 的平均质量分数达 0.39%，且出现多个峰值，表明上新世时期罗布泊咸水湖沉积岩捕获大量可溶性钾离子，可将这些地层称为"含钾矿源层"。

含钾矿源层成因及意义：补给罗布泊的地表水相对富含钾离子，因此，在早期的咸水湖碳酸盐-石膏沉积阶段，钾离子在地层中得到初步富集，形成初级矿源层，为下一阶段钾元素进一步富集提供物质基础，如大气循环水淋滤地层中的钾元素并带入地表盐湖，而当上新统及下更新统被风化时也使得钾离子得到释放并进入盐湖等。

二、中-下更新统矿源层

LDK01 钻孔 550 件岩心样品化学分析结果显示了各化学组分随深度的变化规律（图 9-6）。

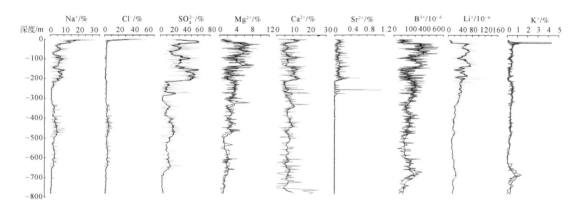

图 9-6　LDK01 钻孔固样化学分析（焦鹏程等，2014）

K^+：质量分数平均值为 0.39%，最大值为 4.33%，最小值为 0.03%。整个钻孔 K^+ 质量分数波动频繁。顶部十多米处出现 2 个峰值，达 4.3%，主要含钾盐类矿物为光卤石、钾石盐。蒸发岩沉积层 200m 深之下，普遍具有较高可溶性 K^+，质量分数多为 0.5%～1%，尤其在深 660～688m 的碎屑层出现 1 个较高次级峰，平均质量分数约 1%，换算成 KCl 为 1%～2%，同时在碎屑颗粒间发现次生钾盐矿物，这些碎屑岩层蕴藏了巨量钾资源，可以将它们定为低品位矿层。

Ca^{2+}：质量分数平均值为 8.02%，最小值为 0.14%。0～200m，主要盐类矿物是钙芒硝和石膏，钙芒硝在此层位大量沉积，并且质量分数较高；200~450m 阶段，Ca^{2+} 的值较低，此时的盐类矿物主要是微晶-细晶石膏。最大值为 26.08%，出现在钻孔最底部 760.9m，此时含 Ca^{2+} 的盐类矿物为方解石。

Na^+：质量分数平均值为 4.92%，最大值 33.47% 对应为地表盐壳，最小值为 0.07% 在 780.83m 处。0~207.6m 层位的 Na^+ 平均质量分数为 7.52%，之后在 207.6~310m 质量分数降低，在 310~620m 时，又出现若干个峰值。

Mg^{2+}：质量分数平均值为 3.05%，最大值为 9.74%，最小值为 0.22%。Mg^{2+} 在钻孔 250m 以上较为富集，主要赋存于白钠镁矾、泻利盐等盐类矿物中。

Cl^-：质量分数平均值为 3.72%。在地表盐壳及地表浅层 5m 处质量分数最高为 57.45%，以石盐的形式出现，其余层位质量分数较低，最小值为 0.33%。

SO_4^{2-}：质量分数平均值为 25.17%，最大值为 69.11%，最小值为 0.1%，峰值分布在 0~226.05m 之间，钙芒硝中的 SO_4^{2-} 为主要的来源。0~240m 左右的 SO_4^{2-} 平均值大于下部 SO_4^{2-} 平均值。

Li^+：质量分数平均值为 0.0035%，最大值为 0.0142%，最小值为 0，峰值都集中在 230m 以上，180.7m 为最大值，岩性为含白钠镁矾黏土钙芒硝。

B^{3+}：质量分数平均值为 0.087%，最大值为 0.228%，最小值为 0.013%，在 200m 以上的地层质量分数较为富集，出现了明显的峰值，在 200m 以下出现谷值。

Sr^{2+}：质量分数平均值为 0.054%，最大值为 1.14%，最小值为 0，200m 左右时出现最高峰，质量分数为 1.1395%，这个层位是钙芒硝在地层中开始出现的位置，而在 300m 左右之后质量分数极少。

LDK01 钻孔中岩心样品的化学元素的垂向变化，揭示了盐湖逐渐由淡水湖向盐湖的演化过程。总体来说，"造盐"元素基本在 0~260m 较为富集，其中微量元素 B^{3+}、Li^+ 的含量变化曲线相似度较高，这可能反映罗布泊地区受到来自昆仑山区等地火山期后富 B^{3+}、Li^+ 温热泉水（地热水）的补给。同时，可能还有来自盆地较深处的地层水补给（王弭力等，2001）。

罗布泊中-下更新统含钾碎屑层，当出露地表或地下水沿断裂垂向循环时，地层中的钾元素可被淋滤而带到晚期盐湖中参与成矿。因此，该地层也应是"矿源层"。

三、其他物质来源

1. 塔里木河水

采集塔里木盆地水样品 193 件（河水样品 159 件），采样点位置如图 9-7 所示，各组分质量浓度统计见表 9-7。数据显示，盆地流域内水盐度最高值为 17.894g/L，最低值 0.163g/L，中位值 0.596g/L，整体上高于柴达木盆地河水盐度（0.13~0.78g/L）（周长进和董锁成，2002）。K^+ 质量浓度的范围为 1.472~213.512mg/L，Na^+ 最高值 7.663g/L，最低值 0.002g/L，Ca^{2+}、Mg^{2+} 质量浓度的变化范围分别为 0~515.37mg/L 和 0~411.273mg/L；主要阴离子 Cl^-、SO_4^{2-}、HCO_3^- 的最高值分别为 5.632g/L、4.922g/L、537.289mg/L，最低值分别为 0g/L、0.008g/L 和 0.086mg/L。

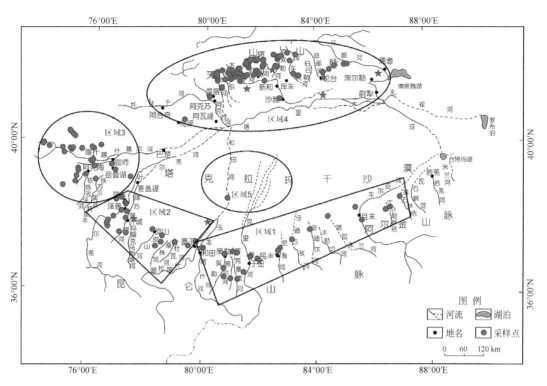

图 9-7 塔里木盆地河水采样点位置分布图（据 Bo et al., 2013 修改）

表 9-7 塔里木盆地河水组分质量浓度统计结果 （$n=193$）（Bo et al., 2013）

组分	N	最高值	中位值	平均值	最低值
K^+/(mg/L)	163	213.512	4.649	10.386	1.472
Na^+/(g/L)	140	7.663	0.084	0.353	0.002
Ca^{2+}/(mg/L)	193	515.37	58.605	75.305	0
Mg^{2+}/(mg/L)	193	411.273	22.195	33.385	0
Sr^{2+}/(mg/L)	158	12.177	0.568	1.203	0
Li^+/(mg/L)	158	1.257	0.05	0.084	0
Cl^-/(g/L)	193	5.632	0.089	0.264	0
SO_4^{2-}/(g/L)	193	4.922	0.198	0.386	0.008
I^-/(mg/L)	158	0.149	0.034	0.034	0
Br^-/(mg/L)	158	7.738	0.235	1.303	0
B_2O_3/(mg/L)	147	30.821	0.445	1.602	0
HCO_3^-/(mg/L)	186	537.289	113.778	110.144	0.086
盐度/(g/L)	166	17.894	0.596	1.284	0.163

注：N 代表参与统计的样本数。

依据采样位置分布，将水样品分布区分成 5 个区域：昆仑山北麓，玉龙喀什河以东为区域 1；喀喇昆仑山北麓、叶尔羌河以东至喀拉喀什河为区域 2；发源于帕米尔高原的喀什噶尔河及周边区域为区域 3；天山南麓、塔里木河以北为区域 4；塔克拉玛干沙漠腹地为区域 5 （图 9-7）。5 个区域河水的水化学类型按瓦里亚什科的水化学分类方案分类后发现，区域1和区域2的河水以碳酸盐型为主，其次是硫酸钠亚型；区域3的河水以硫酸钠亚型为主，另有小部分为硫酸镁亚型；区域4的河水以硫酸盐型（硫酸钠亚型和硫酸镁亚型）为主，其次是氯化物型（与深部地层水排泄到地表有关）；区域5有一件河水样，为硫酸镁亚型。

用SPSS17.0软件对区域1、区域2、区域3、区域4共191件河水样品主量、微量组分进行背景值统计分析（表9-8）（区域1、区域2、区域3、区域4样品件数分别为37件、25件、35件、94件，区域5的两件水样没有参与统计；收集资料样品组分数据不全，只有主要阴、阳离子数据参与统计）。

表9-8　塔里木盆地河水组分背景值分析结果（Bo et al.，2013）

区域1 (n=37)	N	极小值	极大值	均值	标准差	区域2 (n=25)	N	极小值	极大值	均值	标准差
K^+/(mg/L)	18	4.563	15.614	8.895	3.067	K^+/(mg/L)	16	2.021	13.199	6.127	2.827
Na^+/(g/L)	19	0.042	0.659	0.244	0.182	Na^+/(g/L)	13	0.036	0.340	0.141	0.088
Ca^{2+}/(mg/L)	36	0.026	212.978	57.854	61.570	Ca^{2+}/(mg/L)	25	0.048	155.088	51.174	50.073
Mg^{2+}/(mg/L)	36	0.001	67.540	24.279	20.077	Mg^{2+}/(mg/L)	25	0.001	72.968	22.077	24.003
Sr^{2+}/(mg/L)	8	0.001	0.002	0.001	0.000	Sr^{2+}/(mg/L)	15	0.000	1.099	0.294	0.393
Li^+/(mg/L)	12	0.032	0.064	0.042	0.009	Li^+/(mg/L)	17	0.008	0.141	0.052	0.041
Cl^-/(g/L)	31	0.055	0.325	0.164	0.073	Cl^-/(g/L)	21	0.037	0.254	0.113	0.065
SO_4^{2-}/(g/L)	33	0.064	0.757	0.272	0.206	SO_4^{2-}/(g/L)	22	0.090	0.513	0.225	0.127
I^-/(mg/L)	19	0.044	0.067	0.059	0.006	I^-/(mg/L)	17	0.047	0.073	0.058	0.009
Br^-/(mg/L)	17	2.024	3.393	2.475	0.384	Br^-/(mg/L)	7	2.381	2.381	2.381	0.000
B_2O_3/(mg/L)	18	0.646	9.234	3.043	2.933	B_2O_3/(mg/L)	13	0.220	1.081	0.541	0.261
HCO_3^-/(mg/L)	33	22.066	309.109	165.023	61.071	HCO_3^-/(mg/L)	23	98.071	232.800	144.374	36.558
盐度/(g/L)	33	0.351	1.864	0.923	0.422	盐度/(g/L)	22	0.412	1.675	0.824	0.404
区域3 (n=35)	N	极小值	极大值	均值	标准差	区域4 (n=94)	N	极小值	极大值	均值	标准差
K^+/(mg/L)	28	1.494	9.713	4.464	1.494	K^+/(mg/L)	77	1.472	7.951	3.823	1.625
Na^+/(g/L)	28	0.016	0.170	0.066	0.016	Na^+/(g/L)	44	0.000	0.101	0.042	0.027
Ca^{2+}/(mg/L)	31	0.044	146.014	63.867	0.044	Ca^{2+}/(mg/L)	87	0.000	125.071	65.247	26.074
Mg^{2+}/(mg/L)	28	0.002	69.953	26.003	0.002	Mg^{2+}/(mg/L)	88	0.000	64.947	24.637	15.182
Sr^{2+}/(mg/L)	32	0.001	4.143	1.323	0.001	Sr^{2+}/(mg/L)	65	0.010	1.216	0.511	0.223
Li^+/(mg/L)	23	0.035	0.070	0.054	0.035	Li^+/(mg/L)	79	0.000	0.087	0.039	0.023
Cl^-/(g/L)	28	0.014	0.152	0.061	0.014	Cl^-/(g/L)	56	0.009	0.067	0.039	0.016
SO_4^{2-}/(g/L)	34	0.008	0.975	0.282	0.008	SO_4^{2-}/(g/L)	86	0.045	0.489	0.206	0.107
I^-/(mg/L)	33	0.002	0.082	0.024	0.002	I^-/(mg/L)	86	0.000	0.092	0.025	0.023
Br^-/(mg/L)	32	0.000	4.819	1.062	0.000	Br^-/(mg/L)	66	0.000	0.369	0.103	0.097
B_2O_3/(mg/L)	27	0.000	1.470	0.448	0.000	B_2O_3/(mg/L)	68	0.056	0.733	0.320	0.163
HCO_3^-/(mg/L)	34	49.035	269.500	155.101	49.035	HCO_3^-/(mg/L)	85	0.086	173.900	35.373	55.609
盐度/(g/L)	23	0.240	0.667	0.446	0.240	盐度/(g/L)	48	0.163	0.900	0.444	0.160

注：表中各区域各项指标样本容量不等，N代表参与背景值计算的有效样本数。

河水盐度及各主要离子组成背景值由南（区域 1 和区域 2）向北（区域 4、区域 3）呈水平地带性规律，区域 1 和区域 2 的盐度背景值高于区域 3 和区域 4，区域 1 盐度背景值最高，达 0.923g/L，区域 4 盐度最低，为 0.444g/L，这与盆地内北湿南干（吕明强，1993）的气候条件有一定关系。河水中 K^+、Na^+、Cl^-、Ca^{2+} 的背景值范围分别为 3.823 ~ 8.895mg/L，0.042 ~ 0.244g/L、0.039 ~ 0.164g/L 和 51.174 ~ 65.247mg/L；Mg^{2+} 背景值在 4 个区域相差不大，范围为 22.077 ~ 26.003mg/L；HCO_3^- 背景值范围为 35.373 ~ 165.023mg/L；SO_4^{2-} 背景值范围为 0.206 ~ 0.282g/L。

此外，根据上述塔里木盆地 4 个区域河水各组分（i）参与背景值计算的有效样本数量（n_{ij}）和各区域组分背景值（b_{ij}），利用公式（9-1）计算出塔里木盆地河水中各组分含量背景值 B_i，结果见表 9-9。

$$B_i = \sum_{j=1}^{4} b_{ij} \times k_{ij} \ (其中，k_{ij} = n_{ij} / \sum_{j=1}^{4} n_{ij}) \tag{9-1}$$

表 9-9　塔里木盆地河水组分背景值计算结果（Bo et al.，2013）

组分	背景值	组分	背景值
K^+/(mg/L)	4.924	SO_4^{2-}/(g/L)	0.242
Na^+/(g/L)	0.102	I^-/(mg/L)	0.033
Ca^{2+}/(mg/L)	60.778	Br^-/(mg/L)	0.834
Mg^{2+}/(mg/L)	24.640	B_2O_3/(mg/L)	0.767
Sr^{2+}/(mg/L)	0.669	HCO_3^-/(mg/L)	89.249
Li^+/(mg/L)	0.044	盐度/(g/L)	0.685
Cl^-/(g/L)	0.088		

上述背景值的计算便于了解塔里木盆地河水整体特征，但实际工作中判断异常的时候，还应根据各个区域的背景值和标准差（δ_{ij}）计算异常值下限（m_{ij}，$m_{ij} = b_{ij} + 2\delta_{ij}$）。

与柴达木盆地河水数据（周长进和董锁成，2002）进行背景值统计与对比，发现塔里木盆地主要离子 K^+、Cl^-、SO_4^{2-} 背景值均高于柴达木盆地河水（表 9-10）。将塔里木盆地河水背景值（SO_4^{2-}/Cl）与海水、柴达木盆地河水相比（表 9-10），发现塔里木盆地河水（SO_4^{2-}/Cl）背景值高出海水 19 倍多，高出柴达木盆地河水 3 倍；塔里木盆地河水 K^+/Cl^- 背景值比海水高 3 倍，比柴达木盆地略低；塔里木盆地河水的 $K \times 10^3/(Cl^- + SO_4^{2-})$ 为 14.90，接近海水的 17.50。这些数据揭示了罗布泊物质来源具有 K^+、SO_4^{2-} 相对富集，而 Cl^- 相对亏损的特点，这也与罗布泊出现巨量钙芒硝沉积并伴有钾富集（刘成林等，2007）的地质事实相吻合。

表 9-10　塔里木盆地河水、柴达木盆地河水与海水主要离子含量及比值

成分	K^+/(mg/L)	Cl^-/(mg/L)	SO_4^{2-}/(mg/L)	K^+/Cl^-	SO_4^{2-}/Cl	$K \times 10^3/(Cl^- + SO_4^{2-})$
塔里木盆地河水	4.92	88	242	0.06	2.75	14.90
海水	380	19100	2660	0.02	0.14	17.50
柴达木盆地河水	3.67	51	45	0.07	0.88	—

　　王文祥等（2013）在分析前人对塔里木盆地气候、温度、径流量变化等研究的基础上，分别根据竺可桢对近 5000a 的古温度曲线、青藏高原古里雅冰芯 $\delta^{18}O$ 记录的古气候变化及六盘山朝那黄土剖面磁化率记录的古温度变化的研究，得出了近 5000a、120000a、2000000a 的温度变化，并根据温度-径流量变化模型，估算了塔里木河流域三源流在第四纪时段内的径流总量。根据径流总量和河水中的 K^+ 浓度，计算了以上 3 个时段塔里木河输运的 K^+ 质量，分别为 2.1×10^8t、40.2×10^8t、524.4×10^8t。第四纪开始时罗布泊成为塔里木盆地的汇水中心，塔里木盆地的地表水最终汇入罗布泊，初步估算，通过塔里木河流域输运的 K^+ 总质量为 524.4×10^8t。

2. 岩石风化

　　对罗布泊东北部、西北部天山东南缘以及阿尔金山和昆仑山北缘的花岗岩及水系沉积物进行采样，开展了岩石学、地球化学研究，确定了未风化、弱风化、强风化花岗岩的钾含量变化规律，探讨了罗布泊钾盐物质来源与花岗岩的关系，进行了不同介质（沙、土壤）中钾元素的形态特点及其对河流组成的贡献的研究，依据水化学特点对钾盐成矿物源区进行预测。

　　在野外进行了岩石、沙子和土壤样品的取样，取样点位置见图9-8。

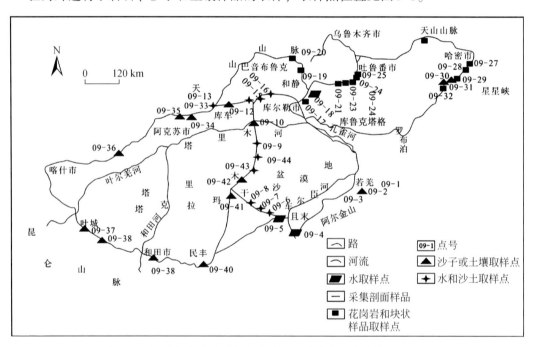

图9-8　塔里木盆地岩石与水系沉积物采样点（李波涛，2012）

　　1）汇水区花岗岩岩石类型及其风化后的钾含量变化特点

　　罗布泊以北汇水区范围内花岗岩主要为二长花岗岩、花岗闪长岩和细晶岩，蚀变强烈，为偏铝质中高钾碱性钙碱性系列花岗岩；来源多样，侵入岩浆来源于地壳和地幔；形成环境为一个类似于火山弧的环境。风化作用，使花岗岩钾含量从未风化花岗岩到中等风化花岗岩再到强烈风化花岗岩有降低趋势，提供了罗布泊钾盐的物质来源。

从花岗岩的岩石化学分析结果可以看出 K_2O 变化范围为 1.73% ~ 6.32%，平均为 3.85% （图9-9）。在 14 个地点采集了花岗岩样品，其中 11 个地点采集到不同风化程度花岗岩，未风化花岗岩 K_2O 质量分数变化范围为 1.73% ~ 6.02%，中等风化花岗岩 K_2O 质量分数变化范围为 1.73% ~ 5.28%，强烈风化花岗岩 K_2O 质量分数变化范围为 1.80% ~ 3.55%。未风化花岗岩 K_2O 质量分数变化范围较大；中等风化花岗岩 K_2O 质量分数变化范围较小，K_2O 质量分数在 4% 左右变动；强烈风化花岗岩 K_2O 质量分数变化范围最小，K_2O 质量分数在 2.5% 左右变动。

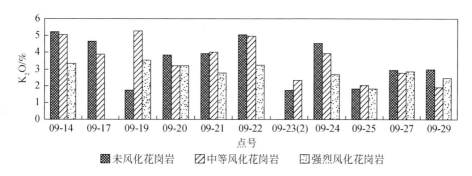

图9-9 塔里木盆地同一地点不同风化程度花岗岩的 K_2O 含量柱状图（李波涛，2012）

大部分样品花岗岩钾质量分数从未风化花岗岩到中等风化花岗岩再到强烈风化花岗岩有降低趋势，这是钾易被淋溶所致。

2）不同介质中钾元素的赋存状态特点及其对河流组成的贡献

在塔里木盆地沉积表层（0 ~ 6m），随深度的增加，钾含量有降低趋势。从中等风化花岗岩到强烈风化花岗岩中水不溶态钾和水溶态钾（即可溶性钾）均呈降低趋势，说明风化的花岗岩为钾元素迁移的物质基础和条件，是盆地细砂和土壤钾元素的物质来源。水不溶态钾和水溶态钾从细砂到土壤呈升高趋势，这是从风化花岗岩和细砂中随水迁移出的钾元素在土壤中聚集的结果。由于罗布泊是塔里木盆地的最低地区，这些风化迁出的钾元素最终会随水迁移到罗布泊。

水溶态的钾元素对于钾的迁移具有重要的意义。中等风化花岗岩中，水不溶态的钾元素含量为 26000 ~ 53126μg/g，水溶态的钾元素含量为 86.5 ~ 861μg/g。强烈风化花岗岩中，水不溶态的钾元素含量为 27379 ~ 40943μg/g，水溶态的钾元素含量为 49 ~ 1124μg/g。K、Ca、Na、Mg 各元素主要以水不溶态的形式存在。水溶态中钾元素含量大于 600μg/g 的采样地点为轮台–独山子（点号：09-14）、库米什镇（点号：09-22）、库米什镇东（点号：09-23）、托克逊西（点号：09-24 和 09-25）4 个地点（图9-10），由于钾元素的迁移主要是水溶态的钾离子，所以这 4 个地点相对于其他地点对河水中钾元素含量有较大的贡献。

在细砂中钾元素主要以水不溶态存在，钾元素含量的变化范围为 7953 ~ 24488μg/g；水溶态钾元素含量的变化范围较大，为 20.2 ~ 1147μg/g，一般在 40μg/g，塔中–轮台沙漠公路旁样点（点号：09-41）水溶态钾元素含量远远高于其他的地点，达到 1147μg/g，其他地点水溶态钾元素含量相对较高的点为哈密—罗布泊公路旁（点号：09-30 和 09-31）

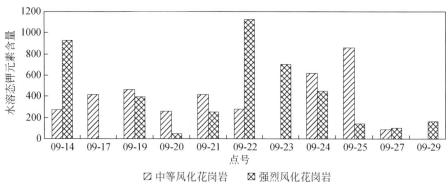

图 9-10　塔里木盆地中等风化和强烈风化花岗岩中水溶态钾元素含量（李波涛，2012）

和塔中—轮台沙漠公路（点号：09-42），分别为 102μg/g、170μg/g、127μg/g。在土壤中钾元素也主要以水不溶态存在，水不溶态钾元素含量的变化范围为 14671～29121μg/g；水溶态钾元素含量的变化范围较大，为 35.7～2948μg/g，一般在 100μg/g，但高于细砂中的含量。轮台县城东侧约 10km（点号：09-15）和轮台县城东侧约 60km（点号：09-16）土壤中水溶态钾元素含量远远高于其他的地点，分别达到 2186μg/g 和 2948μg/g。

　　塔里木盆地范围内土壤和细砂中的钾元素主要以水不溶态存在，占总钾含量在 95% 以上，因此水不溶态钾元素的分布基本上可以代表钾元素的分布，水不溶态钾元素含量变化不大，也就是说在塔里木盆地范围内钾元素含量分布比较均匀，含量在 7953～29121μg/g 范围内。整体上土壤中水溶态钾元素含量明显高于细砂中水溶态钾元素含量（图 9-11）。

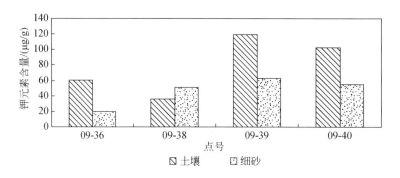

图 9-11　塔里木盆地同一地点土壤和细砂中水溶态钾元素含量

3. 深部补给

　　在罗布泊盐湖大耳朵湖区采集两件地下卤水中气体样品，开展 He、Ar、Ne 同位素分析，测试结果见表 9-11。

表 9-11　罗布泊卤水样品稀有气体同位素分析结果（伯英等，2012）

样品号	$^4He/10^{-4}$	$^{21}Ne/10^{-4}$	$^{40}Ar/10^{-4}$	$^4He/^{20}Ne$	$^4He/^{40}Ar$	R/R_a	$^{40}Ar/^{39}Ar$
1103#-1 AD	0.0923 ±0.0062	0.160 ±0.011	81.1 ±6.1	0.557	0.00114	1.355 ±0.036	289.7 ±9.0

样品号	$^4He/10^{-4}$	$^{21}Ne/10^{-4}$	$^{40}Ar/10^{-4}$	$^4He/^{20}Ne$	$^4He/^{40}Ar$	R/R_a	$^{40}Ar/^{39}Ar$
$1103^\#$-2 AD	0.0953 ±0.0064	0.167 ±0.011	114.4 ±8.7	0.572	0.000833	1.0929 ±0.0055	296.5 ±7.6
$0404^\#$-1 AD	0.289 ±0.019	0.1403 ±0.0098	63.1 ±4.7	2.059	0.00458	2.199 ±0.027	288.7 ±6.7
$0404^\#$-2 AD	0.293 ±0.020	0.1391 ±0.0097	73.5 ±5.2	2.105	0.00399	2.732 ±0.041	313.6 ±21.0
$KZE-Q_1$ AD	2.09±0.14	0.0246 ±0.0021	11.97 ±0.82	84.8	0.174	0.0306 ±0.0010	321.1 ±17.4
$KZE-Q_2$ AD	2.23±0.15	0.00381 ±0.00037	9.10 ±0.62	585.30	0.245	0.0313 ±0.0021	332.1 ±14.0
Air	0.0524	0.1645	93.04	0.3185	0.0005633	1.000	295.5

注：AD 为绝对偏差，同位素的含量为体积比，R 表示样品中的 $^3He/^4He$ 同位素比值，R_a 代表地球大气中的 $^3He/^4He$ 同位素比值，$R_a=(^3He/^4He)_{Air}=1.40\times10^{-6}$。样品由中国科学院油气资源研究重点实验室检测稀有气体同位素。

　　由表 9-11 可见，罗布泊地区的两个钻孔的卤水样品自释出气 R 值均高于大气的 R 值，明显地显示出有高 $^3He/^4He$ 值源区流体的贡献，揭示了该区域深部存在壳–幔流体相互作用，深部地幔流体可能沿活动构造断裂带（如阿尔金断裂带）上涌。罗布泊 $1103^\#$ 钻孔卤水释出气的 $^4He/^{20}Ne$ 值为 0.572～0.577，略高于大气值（0.3185）；罗布泊 $0404^\#$ 钻孔卤水释出气的 $^4He/^{20}Ne$ 值为 2.059～2.105，是大气值的近 7 倍。

　　罗布泊与中国西部其他地区稀有气体数据对比可见（图 9-12）：第一，腾冲热泉气的 He 同位素比值比较均一，呈窄带状分布于 $R_a=1$ 的大气线之上，且有少量地球大气的混

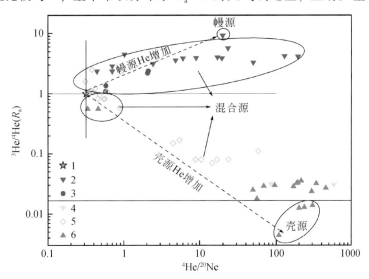

图 9-12　罗布泊与中国西部其他地区稀有气体 $^4He/^{20}Ne$ 与 R_a 关系图（伯英等，2012）

1. 空气；2. 腾冲热泉水；3. 罗布泊地下卤水；4. 库车盆地地下卤水；5. 河西走廊温泉水；6. 塔里木盆地天然气

染。腾冲的热泉属于高温热泉（温度达100℃），常年喷流，可以较好地表征中国西部地幔流体的特征。第二，塔里木盆地天然气具有典型的地壳 He 同位素特征，多集中于 $R = 0.020R_a$ 区域，或沿地壳–大气混合线分布。塔里木盆地基底长期稳定，其中储藏的天然气可以作为中国西部地壳流体稀有气体同位素特征的代表。第三，河西走廊活动断裂带温泉气中的氦一部分主要来自地壳，还有一部分沿地壳–大气混合线分布或沿地幔流体–大气混合线分布。第四，采集于罗布泊的卤水样品数据点全部位于 $R_a = 1$ 的大气线之上，且沿地幔流体–大气混合线分布；采集于塔里木北缘库车的卤水样品数据点集中于中国西部壳源流体区，大气的混染不明显。这种特征在塔里木盆地寒武系底部硅质岩中也得到了非常一致的体现，塔里木盆地西北边缘的柯坪地区（位于新疆阿克苏地区）硅质岩的 $^3He/^4He$ 值 $R = 0.032 \sim 0.319R_a$，位于塔里木盆地东北缘、罗布泊地区北岸的库鲁克塔格硅质岩的 R 值为 $0.44 \sim 10.21R_a$，表明罗布泊地区深部壳–幔相互作用一直很活跃。

罗布泊地下卤水中高 R 值的特征揭示了地幔流体可能参与了该地区地下流体的形成演化。该地区广泛分布的断裂带为地幔流体提供了上升通道。

第五节　钾盐成矿过程与机理

一、原生沉积成矿过程与机理

综合前面分析得出，罗布泊盐湖在塔里木盆地流域的富钾硫、贫氯的河水补给下，湖水钾离子经过多期次或阶段积累，晚期快速蒸发，最终富集成矿。

第一阶段：上新世时期，罗布泊已开始从中新世时期的"斜坡"地貌，转变成为"平底锅"地貌，罗布泊已正式成为塔里木盆地的汇水区，开始接受河水补给。罗布泊出现薄层石膏、菱镁矿沉积，说明已有永久性湖泊或暂时性湖泊出现；由于补给的河水富含钾离子，而且气候较为干旱，在上新世的湖相细碎屑沉积物和早期盐类矿物中开始有钾离子富集，尤其黏土吸附等，形成"初级钾矿源层"，地层钾离子（可溶性）平均质量分数达0.39%。

第二阶段：早更新世时期，"平底锅"地貌大幅沉降期，湖相持续沉积，咸水湖中析出大量石膏，卤水富集氯化钾达0.30%，后转移并存储于碎屑岩孔隙中，形成初级含钾卤水，同时，碎屑岩层形成"中级矿源层"或低品位钾矿层，碎屑颗粒之间出现钾盐矿物，可溶性氯化钾含量可达1%～2%。

第三阶段：中更新世时期，在罗布泊凹陷北部（图9-13a），钙芒硝开始析出，卤水钾离子得到进一步富集，钙芒硝晶间形成富钾卤水，钙芒硝流体包裹体钾含量分析，大多数可达5～10g/L，部分达到工业品位；卤水模拟蒸发实验，钙芒硝析出时卤水中钾离子也达0.65%～1%，两者相近。

第四阶段：晚更新世时期，钙芒硝大量析出，卤水中钾离子含量得到进一步提升；晚更新世末期，罗布泊"锅底"发生差异升降，导致盆地分隔，形成台特玛湖–大耳朵湖–罗北凹地的湖链系统，前两者为后者的预备盆地（图9-13b），晶间卤水向罗北凹地汇集。

同时，早期地层即"矿源层"中积累的钾元素通过越流、地表风化及水循环淋滤等方式进入地表盐湖及晶间卤水。

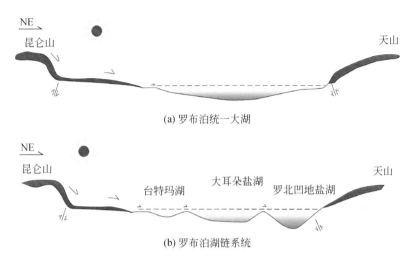

图 9-13　罗布泊的湖链及次级深凹（罗北凹地）形成示意图（据 Wang et al.，2005，修改）

由此可见，罗布泊盐湖钾盐成矿离不开物源、构造及气候三要素的共同作用，其本质也是地球外动力与内动力共同作用的结果，外动力太阳能致使地表物质风化并蒸发掉水分，内动力则主要导致盆地分隔和形成钾盐聚集的湖链构造空间（图 9-13）。而湖链构造中远离补给源的次盆的沉积速率要大于预备湖盆的沉积速率，这可能是决定钾盐成矿的最关键因素之一。而关于气候变化，尤其极端干旱气候（如热事件、冷事件及极旱事件等）的发生则具有一定区域性或全球性，对成钾可能起到至关重要的作用。钾盐沉积，尤其氯化物型钾（镁）盐的沉积则需要极旱气候，即蒸发速率达到 3200mm/a 或以上，而一般干旱气候带内这种极端干旱气候，可能不仅具有突发性，同时其持续时间也相对较短。可见，钾盐沉积的概率就远小于石盐沉积的概率。综合分析，罗布泊成钾作用的要素耦合过程如下（图 9-14）。

（1）物质准备：盆地流域有丰富的含钾物质持续补给，一方面，相对"富钾"的河水源源不断补给，另一方面，早期形成的矿源层（上新统及下更新统等老地层）经风化作用，可以提供成矿物质的补给源；在丰富物源补给下，盆地内成矿物质不断积累。

（2）构造空间准备：盆地分三个阶段演化，即形成期、发育期及萎缩-分隔期，形成预备次级盆-成钾次级盆系统，后者沉积速率大于前者，预备盐湖中的卤水最终汇集于最深的次级盆中。

（3）强烈"抽吸"作用：经过预备次级盆进入成钾次级盆的卤水，需更干旱的气候环境才能继续蒸发，水汽才能被"抽吸"掉，这就需要极端干旱气候（蒸发速率3200mm/a 以上）。当盆地出现极端干旱气候，成钾次级盆内的卤水就受强烈蒸发"抽吸"，钾盐最终富集成矿（图 9-14）。

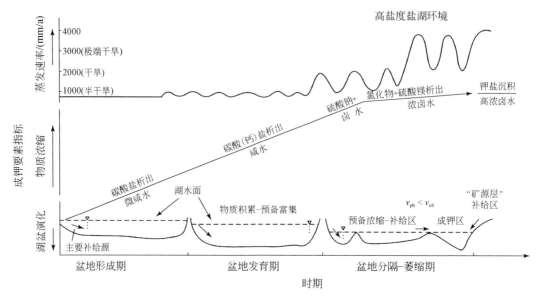

图 9-14　蒸发盆地系统的物源、构造、气候三要素演化及其耦合成钾示意图（Liu et al.，2015）

v_{pb} 为预备盆地的沉积速率；v_{nb} 为新生次盆（成钾区）的沉积速率

二、沉积后期——卤水迁移再成矿

1. 新构造改造成矿

盐湖卤水钾盐矿通常存储于水平状产出的盐类沉积层和部分碎屑层中，可以称为水平成藏模式，这是国内外盐湖钾盐形成和储集的基本规律或模式；一般由一个潜水层和几个承压层构成，呈层状、似层状及透镜状。盐湖钾盐矿层的水平产状特征也是国内外进行盐湖钾盐勘查与开采工作的地质依据。

研究发现，罗布泊出现一些北北东-南南西向的张性断裂和断陷带，长度可达 30 ~ 60km，宽度从数百米到几千米，在它们的内部地表还出现固体钾盐沉积，同时其内卤水丰富，蕴藏中小型钾盐矿床。根据区域构造特征分析与地球物理探测等推断，这些断裂带延长深度大，可以成为罗布泊盐湖钾盐扩大找矿的新方向。这种断裂带呈垂向分布，其分布形态类似未封顶的墙体，因此，将这种成钾模式称为"含水墙"成钾模式（图 9-15）。在此模式指导下，通过钻探工程与 EH-4 物探测量，揭示铁南断陷带、罗西断陷带及断陷带控制的几个次级凹地内，蕴藏有丰富的卤水钾盐资源，取得了罗布泊找钾新的重要进展。

含水墙成钾模式的原理是：罗布泊受到北北东-南南西向主压应力作用，产生了一系列相同方向的地垒式断陷带，一方面，形成较大规模的凹地，如罗北凹地、罗西洼地和耳北凹地，并且在这些地区形成了超大型及中型钾盐矿床；另一方面，断裂带因破碎而成为良好的储卤构造，同样可以形成/储集一定规模的卤水钾盐矿床。盐湖演化过程中，由于湖水和河水顺着断裂带补给，断裂带内出现较小规模的汇水洼地，湖水蒸发浓缩形成卤水；上部卤水因蒸发强烈而使其密度增大，在重力驱动下沿张性断裂逐渐向下部或深部流

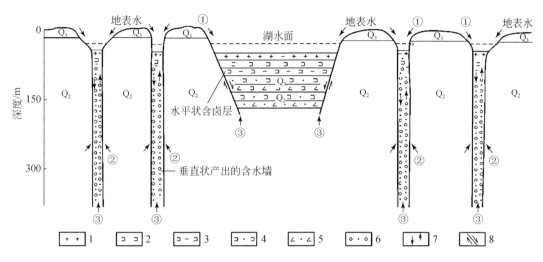

图 9-15　罗布泊盐湖含水墙成钾模式示意图（刘成林等，2010a）

1. 石盐；2. 钙芒硝；3. 含黏土钙芒硝；4. 含粉砂钙芒硝；5. 含粉砂石膏；6. 断裂带内的沉积物；
7. 断陷带内的卤水对流；8. 正断层；①地表水；②第四系地层水；③深部地层水；Q_2. 中更新统；Q_3. 上更新统

动或渗透；深部地层水，因断裂带破碎减压"构造泵"作用，在地层静压力影响作用下向断裂带汇集甚至上涌至地表，同时，来自山区的深循环大气降水也向断裂带汇集；第四纪盐层中水平含卤矿层也因断裂产生的"构造泵"作用而汇集-补给断裂带。由于表层卤水不断蒸发浓缩，密度不断增加，密度大的卤水向下运移，密度小的卤水向上运移，形成了卤水的对流；长期循环对流，导致断裂带深部或下部卤水密度高于上部，其卤水中氯化钾品位逐渐增加，到达工业品位，并呈下高上低的态势，这种情况在耳北凹地和罗北凹地中也有明显反映，这与一般盐湖卤水逐渐浓缩的顺序不一致。同时，断裂带内卤水也会流动至深部的碎屑层中聚集而形成碎屑储集的富钾卤水矿。

总之，"含水墙"成钾模式归结为：浅部地表盐湖蒸发，卤水沿张性断裂下渗，地层卤水也侧向补给到断裂中，长期循环致使断裂带以及深部碎屑层内卤水聚集成矿。

"含水墙"成钾模式理论在国内外盐湖钾盐研究中属首次提出，该理论不仅指导寻找、扩大了罗布泊钾盐资源量，为罗布泊钾盐开发可持续开展提供了后备资源，还可以指导柴达木盆地盐湖等钾盐资源进一步勘查，获得更多钾盐资源量。

2. 上升卤水补给与钾盐成矿作用

上升卤水流体是一种特殊的上升泉水。在我国内陆干旱地区盐湖沉积区中，常常出现一些盐泉。例如，柴达木盆地马海凹陷西北部的牛郎-织女湖（干盐湖），内部小泉眼众多，卤水不断缓慢上涌，在泉眼附近沉积以光卤石和水氯镁石为主的盐类矿物。柴达木昆特依北部的钾盐湖也受到上升卤水的补给形成光卤石矿层沉积（王弭力等，1997a）。柴达木盆地察尔汗大型钾盐矿床也受到深部水或油田水补给（段振豪和袁见齐，1988）。新疆玛纳斯干盐湖底也出现大量小泉眼，上升卤水正在补给干盐湖。国外一些盐湖沉积区也有上升卤水出露的现象（Peter，1984）或产生烟囱或管道（Anderson and Kirkland，1980）。通过研究，笔者认为上升卤水流体对罗布泊盐湖沉积演化与钾盐沉积产生重要影响。

罗布泊地区上升卤水流体可能有三种基本来源：大气循环水、地层水及地壳深部–地幔流体。实际上，三者之间可能存在混合情况。

从罗北凹地的盐类矿物组合分析，钙芒硝是该区沉积量最大的盐类矿物，同时，地层中杂卤石的分布也较广泛，这被认为与深部富钙水的补给有关（刘成林等，2003a；Li et al.，2020），即罗布泊盐湖受到过深部水的补给。

三、卤水演化与钾盐富集

1. 卤水化学组成在相图中的分布

将罗北凹地 LDK01 钻孔、浅部卤水、其他钻孔卤水等近 400 件样品分类整理，并将数据投点于相图中（图 9-16）。由图可见，不同类型卤水在相图上的投点呈规律性分布，整体上沿着靠近 SO_4^{2-} 端元和 Mg^{2+} 端元的连线，从无水芒硝相区逐渐过渡到白钠镁矾相区、软钾镁矾相区、泻利盐相区，直至钾石盐相区。总体上，浅部石盐晶间卤水投点集中分布在白钠镁矾、软钾镁矾、泻利盐三个相区的过渡区域附近，而钙芒硝晶间卤水投点则主要落于无水芒硝和白钠镁矾相区，少数落于软钾镁矾相区，较好地反映了石盐晶间卤水演化程度高于钙芒硝晶间卤水的特点［图 9-16（a）］。此外，LDK01 钻孔卤水（深度 10～700m）投点集中落在白钠镁矾、软钾镁矾、泻利盐、钾石盐相区［图 9-16（a）］，代表了卤水演化相对晚期阶段，其外围区域［图 9-16（b）］浅部卤水投点落在无水芒硝至白钠镁矾、软钾镁矾区，个别落于泻利盐相区，表明外围浅部卤水演化比较复杂，大多演化程度较 LDK01 钻孔卤水低得多。

按瓦里亚什科的水化学分类方案，罗布泊地区水化学类型在不同层位的分布也存在着一定的规律性。浅部石盐晶间卤水水化学类型主要为硫酸镁亚型，钙芒硝晶间卤水主要为硫酸钠亚型，个别为硫酸镁亚型；LDK01 钻孔 53 件卤水样品均为硫酸镁亚型；LDK01 钻孔外围 53 件卤水样品中，37 件为硫酸镁亚型，16 件为硫酸钠亚型，其中较低盐度（低于80g/L）的卤水样品只有一件为硫酸镁亚型，其余均为硫酸钠亚型。卤水从无水芒硝相区至钾石盐相区演化的同时，水化学类型也由硫酸钠亚型向硫酸镁亚型演变。总体上，硫酸镁亚型水中钾的富集程度相对于硫酸钠亚型水较高。

2. 卤水化学特征演化

1）水体 SO_4^{2-}/Cl^- 值

据大量数据统计分析，塔里木盆地河水 SO_4^{2-}/Cl^- 值范围为 2.012～13.278，其河水环境背景值 SO_4^{2-}/Cl^- 值为 2.75。为了研究罗布泊水体化学演化，将浅部不同含水层水的 SO_4^{2-}/Cl^- 值进行对比分析，如图 9-17 所示，罗布泊石盐晶间卤水（近地表）与海水石盐析出阶段 SO_4^{2-}/Cl^- 值投点位置较吻合；而钙芒硝晶间卤水 SO_4^{2-}/Cl^- 值与海水在石膏析出阶段的 SO_4^{2-}/Cl^- 值有较大差异，且其投点整体上位于石盐层卤水的左上方；自石盐晶间卤水和钙芒硝晶间卤水投点区域连线反向延长，可延伸到塔里木盆地河水环境背景值的投点位置，揭示了罗布泊卤水可能是由塔里木河水演化而来的。

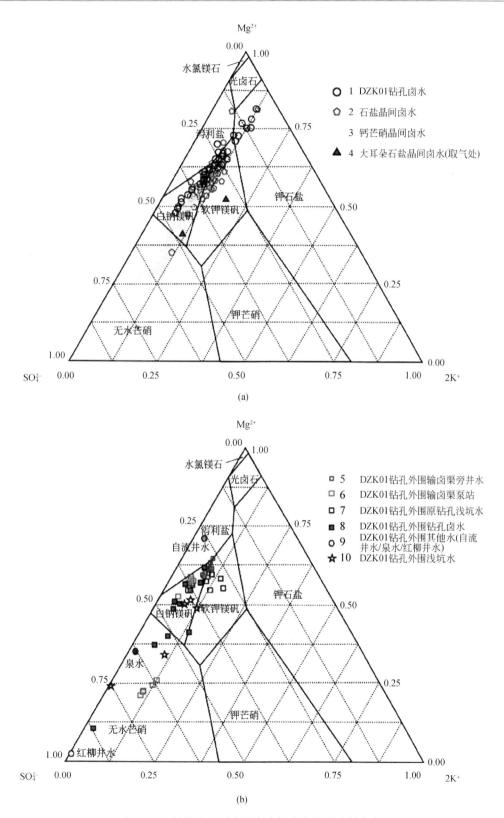

图 9-16 罗布泊不同类型卤水投点在相图中的分布

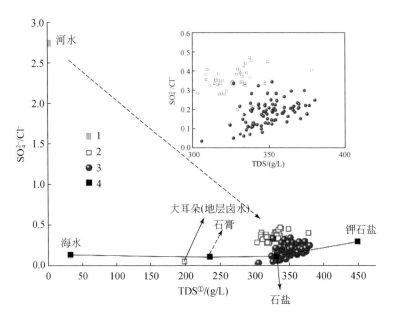

图 9-17　罗布泊水体演化过程（SO_4^{2-}/Cl^-）

1. 塔里木盆地河水环境背景值；2. 钙芒硝晶间卤水；3. 石盐晶间卤水；4. 海水不同演化阶段

2）K^+ 质量浓度演化

石盐晶间卤水盐度平均值为 356.99g/L，K^+ 质量浓度平均值为 9.89g/L；钙芒硝晶间卤水盐度平均值为 325.04g/L，K^+ 质量浓度平均值为 8.29g/L。

将卤水 K^+ 质量浓度与 TDS 作图（图 9-18），钙芒硝晶间卤水和石盐晶间卤水的投点均集中落于海水蒸发过程中石盐析出阶段附近，但两种卤水在图中仍能看到一定的差异，钙芒硝晶间卤水整体盐度低于石盐晶间卤水，且石盐晶间卤水 K^+ 质量浓度波动范围相对较大。由 $K^+/(Cl^-+SO_4^{2-})$ 与 TDS 作图可见（图 9-19），钙芒硝晶间卤水和大部分石盐晶间卤水投点同样落于海水石盐析出阶段附近，两者关系密切，而另一部分石盐晶间卤水投点偏离较远，被分离出来，相对而言，卤水中 K^+ 更加富集，SO_4^{2-} 质量浓度也较快减少。由此可见，罗布泊卤水演化是一个相当复杂的过程。

3）Mg^{2+} 质量浓度演化

Mg^{2+} 的质量浓度与卤水的盐度变化如图 9-20 所示，钙芒硝晶间卤水和石盐晶间卤水的投点有一定的重叠，与 K^+ 的演化情况相似。

4）B^{3+}、Li^+ 质量浓度演化

由图 9-21 和图 9-22 可见，卤水中微量元素的 B^{3+} 和 Li^+ 的演化过程与主量元素 K^+、Mg^{2+} 等相似，反映了蒸发浓缩作用是卤水中离子 B^{3+} 和 Li^+ 变化的主控因素。

---

① 溶解固体总量（total dissolved solid，TDS）。

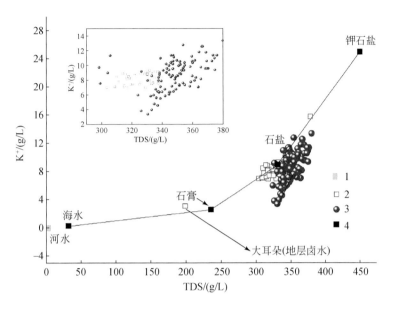

图 9-18　罗布泊水体 K^+ 质量浓度演化过程

1. 塔里木盆地河水环境背景值；2. 钙芒硝晶间卤水；3. 石盐晶间卤水；4. 海水不同演化阶段

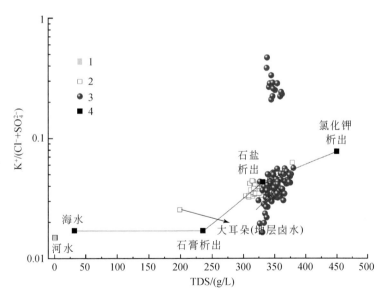

图 9-19　罗布泊水体 $K^+/(Cl^- + SO_4^{2-})$ 值演化过程

1. 塔里木盆地河水环境背景值；2. 钙芒硝晶间卤水；3. 石盐晶间卤水；4. 海水不同演化阶段

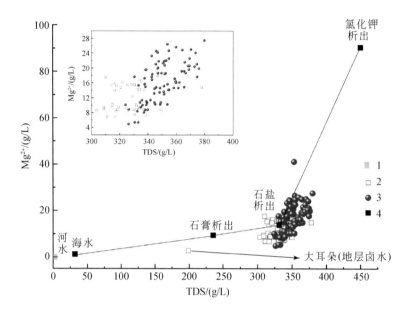

图 9-20　罗布泊水体 Mg^{2+} 质量浓度演化过程

1. 塔里木盆地河水环境背景值；2. 钙芒硝晶间卤水；3. 石盐晶间卤水；4. 海水不同演化阶段

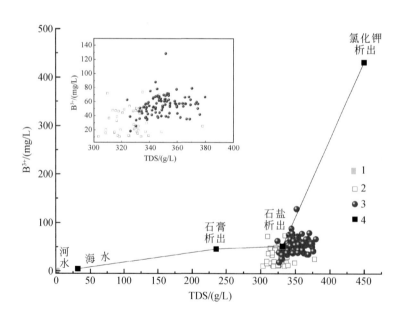

图 9-21　罗布泊水体演化过程（B^{3+}）

1. 塔里木盆地河水环境背景值；2. 钙芒硝晶间卤水；3. 石盐晶间卤水；4. 海水不同演化阶段

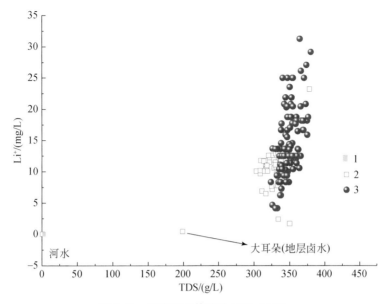

图 9-22　罗布泊水体演化过程（Li⁺）

1. 塔里木盆地河水环境背景值；2. 钙芒硝晶间卤水；3. 石盐晶间卤水

3. 地层卤水氢氧同位素演化

将罗布泊钙芒硝晶间卤水和石盐晶间卤水氢氧同位素比值投图（图 9-23）。钙芒硝晶间卤水和石盐晶间卤水 $\delta^{18}O$ 值均为正值，分别为 1.1‰ ~ 6.3‰和 1.7‰ ~ 6.9‰，投点均落于全球大气降水线的下方且远离全球大气降水线，说明在卤水演化过程中曾受到强烈蒸发作用影响。钙芒硝晶间卤水和石盐晶间卤水 δD 值范围分别为 –38‰ ~ –17‰和 –42‰ ~ –29‰，钙芒硝晶间卤水 δD 值相对石盐晶间卤水较高，投点整体分布在石盐晶间卤水的上方，这显示钙芒硝晶间卤水的蒸发程度略高一些，这可能与石盐沉积于全新世时受到大气降水影响相对多一些有关。

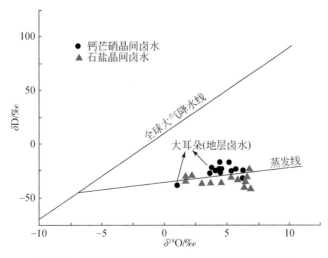

图 9-23　罗布泊不同地层卤水氢氧同位素组成对比

综上所述，罗布泊盐湖卤水演化到钙芒硝大量析出阶段，与海水演化到石盐析出点的 K^+ 含量、$K^+/(Cl^- + SO_4^{2-})$、SO_4^{2-}/Cl^- 以及 Mg^{2+}、B^{3+}、Li^+ 等的演化基本一致，再进一步即可转变为石盐析出。因此，罗布泊盐湖演化到钙芒硝析出阶段，卤水中 K^+ 得到富集，甚至成矿；进入石盐析出阶段，卤水中 K^+ 得到更进一步富集。从离子比值和氢氧同位素演化看，大耳朵两件卤水样品中 TDS 较低（ZK0404[#]，TDS = 199g/L，自流井），揭示了其演化程度相对较低。

4. 卤水循环

1）罗布泊卤水循环运动基本特征

罗布泊周边山区，分布不少苦水或卤水泉，其温度属常温。它们可能起源于大气循环水。在干旱山区，大气降水通常以两种形式运动，一种以洪水形式快速向山谷流动；一种渗入地下坡积、风化壳、基岩等的孔隙、裂隙或断裂中，以地下水的形式缓慢向下运移。山区的地下水在运移过程中，溶解地表与围岩介质中的易溶组分，随着运动时间与路程的增加，地下水中溶解的盐分也逐渐增高，其溶解能力不断得到增强；同时，发生离子交换，使钾、钠等阳离子及氯、硫酸根等阴离子富集于流体中。最终，在水头压力差的作用下，地下水上升出露地表，即形成大气循环水。推测罗布泊上升卤水流体部分起源于大气循环水（图9-24）。

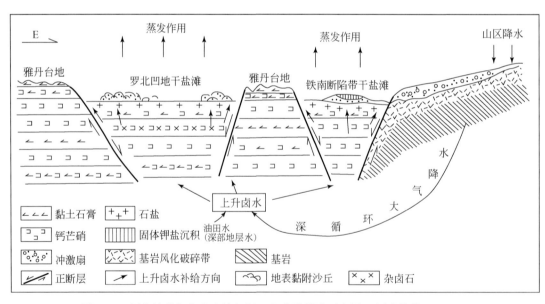

图 9-24　罗布泊盐湖卤水流体起源、上升及排泄示意图（刘成林等，2003a）

根据卫星影像解译（王弭力等，2001），初步推断，罗布泊的地质构造可能具有地壳水平运动与深部物质垂直上涌的叠加、外生与内生作用复合的特点。从影像特征与分布特点分析，这些环体应与地下流体在应力作用下垂直向上喷涌有关。由此可见，罗布泊地区广泛发育的环形构造可能与地壳深部构造活动密切相关，并导致地壳深部流体上涌。可以肯定的是，罗布泊盐湖区受到地下流体卤水的补给，流体可能以地层水和大气循环水为主。

2）上升流体的补给与钙芒硝沉积

罗布泊北部的罗北凹地等地区，中-上更新统沉积矿物以钙芒硝为主，其成因应与从地下深部上升的富钙卤水的补给密切相关。古湖水在蒸发至石膏析出阶段，接近石盐结晶时，受到大量上升的富钙卤水持续补给，卤水结晶路线发生变化，转而沉淀大量的钙芒硝，已析出的石膏被钙芒硝大量交代。这种补给、结晶和交代作用的状态可能一直持续到全新世。钙芒硝在埋藏成岩阶段发生重结晶或继续生长，形成蜂窝状孔隙（刘成林等，2002）。钙芒硝从卤水中大量析出，将钠、钙、硫酸根等从卤水大量移出，也导致了卤水中的钾元素相对富集。因此，上升卤水的补给，促进了罗布泊盐湖中钾盐储卤层孔隙的发育和卤水中钾元素的富集。

3）上升流体的补给与固体钾盐矿物沉积

目前，罗布泊的罗北凹地、罗中、铁南断陷带、铁矿湾等地区地表及较浅地层发现多处固体钾盐矿物的沉积。钾盐矿物包括钾盐镁矾、光卤石及杂卤石等，它们多呈薄层状或分散状出现，杂卤石有时呈胶结物形式出现。罗北凹地以杂卤石为主，呈薄层状，主要分布于上更新统上部（王弭力等，2001；刘成林等，2008），笔者认为杂卤石的沉积与富钙水的补给有关。罗中地区主要出现钾盐镁矾层，产于全新统中，埋深 $0.20 \sim 0.60m$，其下部基本上为粉砂黏土沉积物。罗中与罗北凹地紧密相连，它们之间可能存在物质交换，基于罗中地区钾盐的沉积具有事件性，推测上升卤水对其进行过直接补给。在铁南断陷带地表，出现光卤石薄层，沉积于黏附细粉砂沉积物表面，同时，该地区还有钾盐镁矾沉积，地层基本上为全新统。在铁矿湾一些小洼地浅部还有杂硝矾、钾盐镁矾、杂卤石等沉积。铁南断陷带和铁矿湾等地与罗北凹地不可能发生物质交换，其固体钾盐的沉积显然也不是盐湖演化晚期的产物，应与上升流体的直接补给有密切关系。可以认为，罗布泊固体钾盐矿物薄层的出现与上升卤水的补给密切相关，有的固体钾盐矿物的沉积可能是由上升卤水流体的补给排泄在近地表，后经蒸发形成的。

综合国内外上升卤水补给盐湖的事实，可以认为，无论在现代还是在更新世时期，上升卤水流体的活动在罗布泊盐湖可能是一种常见的地质现象。上升卤水的补给促进了罗布泊卤水中钾的富集，也促进了钙芒硝储集层孔隙的生长发育，同时，直接导致一些固体钾盐矿的沉积。目前，这种卤水流体补给可能还在罗布泊钾盐矿区地下盐层中继续进行。总之，上升卤水流体补给成钾的认识对罗布泊等陆相钾盐找矿和评价具有一定的指导意义。

第六节　盐湖钾盐富集数学模型

一、地质背景

钾离子在表生条件下的地球化学性状特殊，即钾离子既可以在水体中聚集，又可以从水体中被移出（在某些特定条件下）。罗布泊盐湖以固态、液态形式储藏了大量的钾盐资源。该地区气候干旱、蒸发量大、浓缩速率较快，罗布泊水体中的含钾量因聚集效应会逐渐增大。部分钾离子被黏土吸附、生物吸收、水体带走（通过断裂地下泄漏、灌溉引水等），但绝大多数钾离子随着湖水渗透到地下以液态形式或固态钾盐矿物形式保存。

研究罗布泊钾离子聚集的各种条件，对影响钾离子聚集多种因素进行综合分析，提出定性分析模型、定量化模拟和反演钾离子聚集量的数学模型（主要考虑 KCl 等可溶性钾盐的聚集情况），用以证实是经过盐湖湖水的钾离子聚集而形成钾盐的机理设想。

二、建模思路

系统分析和定量化模拟罗布泊盐湖钾盐形成过程的总体工作思路如图 9-25 所示：
（1）分析罗布泊地下钾离子的分布基本情况；
（2）建立钾离子聚集定性分析模型；
（3）开展罗布泊钾盐聚集的定性分析；
（4）建立钾离子聚集定量分析数学模型；
（5）进行钾离子聚集定量化分析与模拟；
（6）开展罗布泊地层中的钾离子总量计算；
（7）编制模拟软件，实现参数变化下的数据模拟；
（8）通过多次迭代，持续完善和修正定性分析模型、定量数学模型。

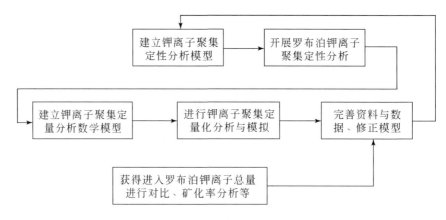

图 9-25　总体工作思路

三、钾盐聚集概念模型

1. 钾离子聚集框架性概念模型

钾离子总量主要是指通过河流等补给到罗布泊的所有水体提供的钾离子总量，以 2Ma 以来流入罗布泊的河水（主要是塔里木河）所带来的钾离子累积量为基础，除可能存在部分钾离子随断裂流失外，其余通过植物吸附、动物（主要指水生和微体动物等）吸附、黏土带走（晶格内非吸附），存在于各种含钾岩石（地下不同岩石中不同程度地含有钾离子，包括吸附于各种矿物上的钾离子）、含钾水体（如卤水）内等（图 9-26）。

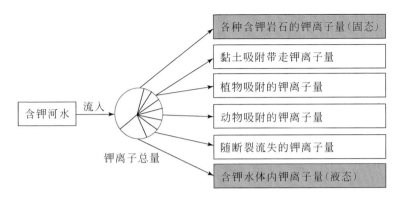

图 9-26　钾离子聚集框架性概念模型

目前罗布泊较明确的钾离子存在主要形式是已探明富钾卤水（液态）中（3.2×10^8 t 可溶性氯化钾），虽然保存在其他固态物质单位体积内的钾离子含量（或品位）较低，但是由于固体岩层覆盖面积广、厚度大、体积巨大，固体形式存在的钾离子含量亦是巨大的。

2. 钾离子聚集示意性概念模型

在平面空间上，罗布泊钾离子总体分布于 2 万多平方千米内，纵向上又分布在地下不同深度、不同岩性的地层中，暂且以第四纪以来进行分析。图 9-27 给出了钾离子聚集的盆体概念模型，它显示了罗布泊钾离子在地下的总体分布情况。根据罗布泊地下岩性分布，以地下第四纪以来地层为基底，自底向上逐层叠加，地层形成年代逐渐年轻，最上层的是最后形成的最年轻地层。由下向上将罗布泊含钾离子的地层分成 5 层，每一层是一个体积不同的盆状曲面体，可称之为岩相盆体，分别为碎屑盆、石膏盆、钙芒硝盆、石盐盆、钾盐盆。

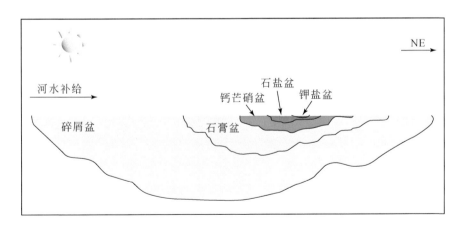

图 9-27　罗布泊地下钾离子聚集的盆体概念模型

图 9-27 中用不同颜色及图案的曲面代表对应的岩相三维盆体，各盆体有其不同深度、

不同岩性、不同厚度变化，形状如剖开的半个切面向上的洋葱（或一组从大到小依次嵌套的碗）。

1）碎屑盆

碎屑盆从层位上看是在最下面的盆体，也是面积最大的盆体。该层主要包括黏土矿物（含钾的、不含钾的）、碳酸盐（10%～20%）、粉细砂、中砂、粗砂、砾、有机质（原来为含钾的动物、植物残体）等。

本层固体岩石中钾离子含量较低，钾离子主要以固体形式存在，也可能还存在部分液体形式的钾离子。

2）石膏盆

以层状石膏沉积第一次出现为标准，它与薄层碎屑层可能交替出现。此层因形成时蒸发量相对较大，钾离子以固体形式存在为主，但也可能存在部分液体形式的钾离子。

3）钙芒硝盆

纵向上以层状钙芒硝沉积出现开始，到层状石盐出现为止。其形成时的蒸发量增大，成钾性较好（杂卤石），存在大量液体形式的钾离子（含钾水体）。

4）石盐盆

以层状石盐沉积出现为标志，以钾盐层出现结束。其形成时的蒸发量最大，成矿概率高，除存在固体形式的钾离子外，还存在大量液态形式的钾离子（含钾水体内）。

5）钾盐盆

钾盐盆位于最上层，其面积最小、地质时代最年轻，其厚度大约为0.5m。

3. 钾离子聚集概念模型

图9-28给出了完整的钾离子聚集概念模型，显示出流入罗布泊的钾离子总量被分配到碎屑盆、石膏盆、钙芒硝盆、石盐盆、钾盐盆中，各盆体均可能存在着不同程度的钾离

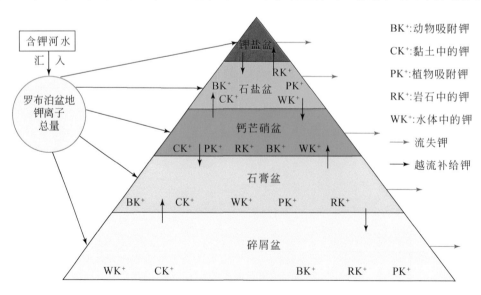

图9-28　罗布泊盆地的钾离子聚集概念模型

子流失情况。各盆体内剩余的钾离子主要以动物吸附的钾、黏土中的钾、植物吸附钾、岩石中的钾、水体中的钾等形态存在，而且相邻盆体之间也可能通过地下水的越流进行单向或双向的钾离子交换补给。

四、钾盐聚集的数学模型

1. 计算钾盐总量数学模型

钾盐总量（主要是钾离子总量，主要指可溶性钾离子，不包括碎屑矿物晶格中的钾离子）的求解问题以钾离子聚集的概念模型为基础，从数学角度出发，使用一个数学函数 F 来计算罗布泊盆地的钾离子（钾盐）总量 K_M，其数学模型可以表示为两种模式，第一种数学模型为

$$F = \sum_{i=1}^{n} K_i, \quad n = 5 \tag{9-2}$$

式（9-2）中的 K_i 含义如下，K_1 指罗布泊的碎屑盆中钾离子分量；K_2 指罗布泊的石膏盆中钾离子分量；K_3 指罗布泊的钙芒硝盆中钾离子分量；K_4 指罗布泊的石盐盆中钾离子分量；K_5 指罗布泊的钾盐盆中钾离子分量。

F 的第二种数学模型为

$$F = \sum_{i=1}^{m} a_i k_i, \quad m = 8 \tag{9-3}$$

式（9-3）中的 a_i 为计算系数，$a_i = 1$ 表示对应的钾离子量对总和有正向贡献（越流流入），$a_i = -1$ 表示从总量中减去对应的钾离子量（如流失、越流流出的钾离子量）。k_i 含义如下，k_1 指罗布泊地下所有地层中储存在岩石（非黏土部分）钾离子总和（图 9-28 中的 RK$^+$）；k_2 指罗布泊地下所有地层以液态存在的钾离子总和（图 9-28 中的 WK$^+$）；k_3 指罗布泊地下所有地层中储存在黏土晶格中的钾离子总和吸附钾（图 9-28 中的 CK$^+$）；k_4 指罗布泊地下所有地层内动物吸附的钾离子总和（图 9-28 中的 BK$^+$）；k_5 指罗布泊地下所有地层内植物吸附的钾离子总和（图 9-28 中的 PK$^+$）；k_6 指罗布泊 5 个盆体之间通过越流互相补给的钾离子总和（图 9-28 中的黑色箭头）；k_7 指从罗布泊 5 个盆体流失的钾离子总和（图 9-28 中的红色箭头）；k_8 指钾离子以其他形式存在的总和。

由图 9-28 所示的概念模型可知，通过式（9-2）计算的 K_i 中包含着式（9-3）中计算的 k_i 的一部分，即计算结果中 k_i 的若干分量的总量最终与式（9-2）计算结果相同。可以将式（9-3）中的 k_i 与式（9-2）中的 K_i 进行改造，得到如下计算公式：

$$K_i = \sum_{j=1}^{m} a_j k_j, \quad m = 8, \quad i = 1, 2, \cdots, 5 \tag{9-4}$$

式（9-4）体现出了每一个盆体中的钾离子总和为盆体内 8 种类型钾离子分量的和，据此原理将式（9-2）可以转换成式（9-5）：

$$F = \sum_{i=1}^{n} K_i = \sum_{i=1}^{n} \left(\sum_{j=1}^{m} a_{i,j} k_{i,j} \right), \quad m = 8, \quad n = 5 \tag{9-5}$$

即将求解罗布泊钾离子总量问题转变成计算各盆体内各种形式存在的钾离子的分量问

题。求解每个盆地中的钾离子含量，须先确定盆地的空间基本特性及分布情况（如厚度 D、面积 S、体积 V），再求解每一种形式钾离子的存在数量。每一种钾离子量与不同的制约因素密切相关（如孔隙度、黏土吸附能力、生物吸附能力、植物吸附能力、岩石吸附能力、越流情况、流失程度等）。

2. 钾离子分量计算数学模型与方法

1）盆体面积

通过遥感解译、地面地质调查（露头等）等成果的综合分析，使用钻孔分析结果进行控制，考虑相互约束关系，依据地质、钾盐等相关的专家知识，求得每一个盆体的边界坐标，使用 ArcMap 进行解析、绘制，形成最终的推算、划分结果（表 9-12）。

表 9-12　罗布泊"地下岩相盆体"面积

序号	地下盆体名称	面积/km²
1	钾盐盆	43.52
2	石盐盆	1499.64
3	钙芒硝盆	4959.87
4	石膏盆	9317.04
5	碎屑盆	20521.50

最下层的碎屑盆面积为 20521.50km²，石膏盆约占碎屑盆面积的一半（9317.04km²），钙芒硝盆面积约为碎屑盆的五分之一（4959.87km²），石盐盆面积约为碎屑盆的 7.3%（1499.64km²），而钾盐盆的面积仅为碎屑盆的 0.21%（43.52km²）。

2）盆体剖面

根据地质、物探、钻探等资料画出穿过五个盆体的南西-北东向的剖面线（图 9-29 中绿色线），以此线作为切割盆地的剖面。

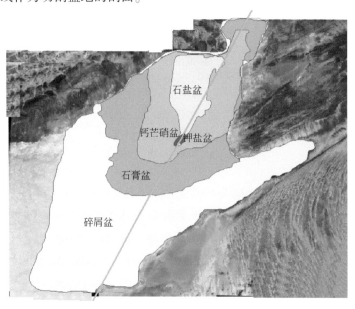

图 9-29　罗布泊五个岩相盆体与计算剖面线关系图

3）盆体厚度

每一个盆体的顶面与底面均是一个不规则曲面（可能存在缺失或挖空），上下各点之间对应的厚度可能并不均匀，故厚度根据盆体地势起伏可能变化很大，甚至有的层位在一处或多处缺失或尖灭。

盆体厚度根据钻孔资料等进行分析，再结合专家知识进行不同位置的厚度确定。分析了罗布泊的多个钻孔分别落入各盆体的厚度，计算钻孔落入各盆体厚度的平均值作为盆体厚度。因盆体厚度不均，应考虑一个非线性的盆体起伏指数以体现厚度变化。

4）盆体体积

各盆体的体积可以通过计算盆体曲面体的体积求得，采用重积分来分别求得某个盆体上、下两个曲面的体积，用下曲面的体积 $V_下$ 减去上曲面的体积 $V_上$，可计算得到该盆体曲面体的体积 V。

$$V = V_下 - V_上 = \iiint F_下(x,y,z)\,\mathrm{d}x\mathrm{d}y\mathrm{d}z - \iiint F_上(x,y,z)\,\mathrm{d}x\mathrm{d}y\mathrm{d}z \tag{9-6}$$

式中，$F_下$ 为盆体的底面；$F_上$ 为盆体的顶面。

若盆体曲面体接近于半球体或椭球体，可以使用对应的体积求解公式计算或转换成球面坐标系求解。盆体体积也可以将各盆体根据地形变化分成若干个易于计算的"小盆"或"小曲面体"，而这些小盆可以足够小，小到可以用立方体来计算，这样求出若干个"小曲面体"的体积 V_j 即可求出该盆体的体积 V。

$$V = \sum_{j=1}^{5} V_j = \sum_{j=1}^{5}(s_j d_j) = \sum_{j=1}^{5}\sum_{i=1}^{m}(s_{i,j} d_{i,j}) \tag{9-7}$$

式中，s_j 为第 j 个小曲面体的面积；d_j 为第 j 个曲面体的厚度；m 为小曲面体的个数。

5）盆体内岩石孔隙度

各盆的岩石均不同程度地存在孔隙和盐溶洞，用孔隙度来衡量岩石内的空间与岩石总体积比。计算盆体孔隙度的主要目的是求出该盆体地下空隙的体积，从而得到盆体内可能存在的含钾水体体积，据此即可计算出液态钾离子重量。

每一个盆体内不同岩石的孔隙度存在很大差异，甚至在同一盆体的不同位置因岩性、周围环境的不同产生一定差异。通过对罗布泊多个钻孔的不同深度岩心孔隙度的综合性分析，再结合多个盆地数据分析，可求出各盆体不同深度的平均孔隙度 E_j。

$$E_j = \frac{\sum_{i=1}^{n} e_i}{n}, j = 1,2,\cdots,5 \tag{9-8}$$

式中，e_i 为某个盆体第 i 个深度的孔隙度；n 为计算孔隙度的深度个数。

6）含钾盆的地层内孔隙体积

盆体中须存在间隙或岩溶洞才有可能存在可溶性 KCl 储存的空间，但并非所有地下空隙中全部充满了可溶性的氯化钾，有的只是一部分，另外也因品位不同而导致含钾量不同。

$$V_空 = \sum_{j=1}^{5} V_j E_j k_j = \sum_{j=1}^{5}\left(V_j k_j (\sum_{i=1}^{n} e_i)/n\right) \tag{9-9}$$

式中，k_j 为地下空间中可能储存含钾水体的百分比。

7）岩石含钾量

第一步：求出不同深度、不同岩性岩石的钾离子含量 $p_{i,j}$（第 i 个盆地第 j 类岩石的钾离子含量）。

第二步：计算每个盆体、不同岩性的岩石体积（去除孔隙空间的体积）$V_{i,j}$（第 i 个盆地第 j 类岩石的体积）。

第三步：计算每个盆体、不同岩性岩石的密度 $g_{i,j}$（第 i 个盆地第 j 类岩石的密度）。

第四步：计算每个盆体、不同岩性岩石含钾离子重量 $k_{i,j}$（第 i 个盆地第 j 类岩石的钾离子重量）。

第五步：求出一个盆体内所有岩石含钾离子总量 $K_i = \sum_{j=1}^{n} k_{i,j}$，$i = 1,2,\cdots,5$。

第六步：计算出罗布泊所有岩石含钾离子总量。

$$K = \sum_{i=1}^{5} K_i = \sum_{i=1}^{5} \sum_{j=1}^{n} V_{i,j}\, g_{i,j}\, p_{i,j} \tag{9-10}$$

其他吸附：通过水溶实验等得到的其他吸附性钾离子，求出每种物质吸附钾离子能力，再求出物质的重量，就可以得到以其他吸附形式存在的钾离子量。

8）黏土带走的钾离子

第一步：计算（不同类型）黏土晶格内的钾离子含量，计算公式为

$$k = \left(\sum_{i=1}^{n} c_i \right) / n \tag{9-11}$$

第二步：计算每个盆体各个地层中不同岩石内的黏土含量 c_i。

第三步：计算每个盆体的黏土体积。

$$V = \sum_{i=1}^{n} a_i\, V_i\, c_i \tag{9-12}$$

式中，V_i 为黏土所在岩石体积；c_i 为岩石中黏土的体积分数；a_i 为是否参与计算黏土体积（参与取 1，不参与取 0）。

第四步：计算每个盆体的黏土总量。

$$C = \sum_{i=1}^{n} a_i V_i c_i r_i \tag{9-13}$$

式中，r_i 为黏土的密度。

第五步：计算每个盆体内黏土内钾离子的总量。

$$K_j = \sum_{i=1}^{n} a_i V_i c_i r_i k_i, \quad j = 1,2,\cdots,5 \tag{9-14}$$

式中，k_i 为钾离子质量分数。

第六步：计算出罗布泊所有黏土中的钾离子总量。

$$K_{黏} = \sum_{j=1}^{5} K_j = \sum_{j=1}^{5} \sum_{i=1}^{n} a_i V_i c_i r_i k_i \tag{9-15}$$

9）流失钾离子计算

部分含钾湖水通过地下河、断裂等流到罗布泊之外或更深部的水体，这部分水体带走了溶于其内的钾离子。流失的钾离子由持续性、间歇性或一次性事件带走，主要受制于造

成湖水流失的通道开放与封闭情况。

$$K_{失} = \sum_{i=1}^{n} a_i g_i, \quad n = 2000 ka \text{（估算 2000ka 以来的量）} \tag{9-16}$$

10）越流补给钾离子计算

越流补给包括流入盆地 $s_入$、流出盆地 $s_出$ 两种，最终在盆地中留下来的 $s_留 = s_出 - s_入$。

11）动物吸附钾离子计算

罗布泊的水体在地表存在时，其湖内的各种动物将吸收钾离子于体内，形成有机体的一部分，动物消亡后可能还留在罗布泊，甚至位于不同岩层内，但这部分钾离子难以成矿。其他动物（鱼、牲畜等）等带出罗布泊的量很少，甚至可以忽略不计。

12）植物吸附钾离子计算

罗布泊内及湖边生长的植物吸收钾离子于体内。在罗布泊有人类活动以来的 2000a 内，受当时生产能力限制，虽然湖水生长了芦苇等多种植物，且每年消耗了水体中部分钾离子，但是带出罗布泊的量很小，大部分又通过生物链循环回到湖水中或湖底。

13）成矿率计算

从进入罗布泊的钾离子总量中减去不能成矿的（流失、流出、动物吸附、植物吸附、其他吸附、不能成矿的某些岩性等）的钾离子，即得到可能成矿的钾离子总量（液态、固态），用它除以进入罗布泊的钾离子总量即得理论上的可能成矿率 t。

$$t = \frac{K_{矿}}{K_M} = \frac{K_M - K_{黏} - K_{动} - K_{植} - K_{失} - K_{水-} - K_{岩-} - K_{他}}{K_M} \times 100\% \tag{9-17}$$

式中，K_M 为进入罗布泊的钾离子总量；$K_{矿}$ 为可成矿的钾离子总量；$K_{黏}$ 为黏土带走的钾离子总量；$K_{动}$ 为动物吸附的钾离子总量；$K_{植}$ 为植物吸附的钾离子总量；$K_{失}$ 为通过地下断裂等渠道流失的钾离子总量；$K_{水-}$ 为水体中含有但是不能成矿的钾离子总量；$K_{岩-}$ 为岩体中含有但是不能成矿的钾离子总量；$K_{他}$ 为其他吸附等不能成矿部分的钾离子总量。

五、钾盐聚集的数学计算与分析

1. 岩相盆体平均厚度

根据盆体平均厚度计算方法，对收集到的数据进行系统研究与综合分析（钙芒硝盆厚度引自《罗布泊盐湖钾盐资源》（王弭力和刘成林，2001）第 204～206 页相关数据，其他主要取自大耳朵地区相关钻孔数据），结合地质剖面图、钻孔柱状图等资料，计算得到各盆体的平均厚度，该厚度为将盆体的曲面体展平近似形成与盆体面积相同的厚度（表9-13）。

表 9-13 岩相盆体平均厚度计算

序号	盆地名称	LDK01 钻孔 厚度/m	K1 钻孔 厚度/m	ZK1500 钻孔 厚度/m	ZK0000 钻孔 厚度/m	…	ZK1200b 钻孔 厚度/m	平均厚度/m
1	钾盐盆	—	—	0～0.5	—	…		0.5
2	石盐盆	0～3.1	0～2	0.5～2	0.5～2	…	0～5	3.19
3	钙芒硝盆	3.1～224	—	—	2～150	…	5～125	63

序号	盆地名称	LDK01 钻孔厚度/m	K1 钻孔厚度/m	ZK1500 钻孔厚度/m	ZK0000 钻孔厚度/m	…	ZK1200b 钻孔厚度/m	平均厚度/m
4	石膏盆	224～480	2～100.2	2～188	150～210	…	125～200	85
5	碎屑盆	480～780	100.2～300	>188	>210	…	>200	150

2. 计算盆体体积

不同深度盆体（"曲面体"）的体积暂且按空间均匀分布为前提进行体积求解估算，可以采用面积、平均厚度求解对应盆体的体积（表9-14）。

表9-14　罗布泊各级盆体体积

序号	盆地名称	面积/km²	平均厚度/m	体积/m³
1	钾盐盆	43.52	0.5	$0.22×10^8$
2	石盐盆	1499.64	3.19	$4.78×10^9$
3	钙芒硝盆	4959.87	63	$3.12×10^{11}$
4	石膏盆	9317.04	85	$7.92×10^{11}$
5	碎屑盆	20521.5	150	$3.08×10^{12}$

3. 黏土带走钾离子计算

1）黏土带走钾离子含量

使用罗布泊地区采集的19个岩心化验样本中黏土含量数据，求出每一块岩心内黏土钾离子含量，再求其平均值。

$$c =(5.36+8.11+4.03+3.55+8.51+2.80+5.49+9.69+3.00+4.10+3.50+1.51+7.95+$$
$$7.98+10.72+6.90+3.10+3.35+7.50)/19$$
$$=107.15/19$$
$$≈5.6\%$$

根据大耳朵K1钻孔相关资料分析（引自《罗布泊盐湖钾盐资源》第49页"沉积环境标志分析"）（王弭力等，2001）可知，含钾黏土（伊利石、伊蒙混层）占黏土总量的58%，则黏土中钾离子含量为5.64%×58%≈3.27%。

2）计算岩石中的黏土含量

以LDK01钻孔衍射结果中0～780m物质成分的分析数据为基础，提取该孔落入各盆地对应的地层深度、黏土百分比，计算各盆地的黏土含量平均值（表9-15），以及有黏土的地层厚度（去除掉没有黏土层位的厚度）。

表9-15　各盆体岩石中的黏土含量

序号	盆地名称	黏土含量/%	地层厚度/m	含有黏土地层厚度/m	含黏土地层厚度百分比/%	含黏土地层平均厚度百分比/%
1	钾盐盆	0	0.5	0	0	0
2	石盐盆	0	0.5～3.1	0	0	0

续表

序号	盆地名称	黏土含量/%	地层厚度/m	含有黏土地层厚度/m	含黏土地层厚度百分比/%	含黏土地层平均厚度百分比/%
3	钙芒硝盆	11.311	212	187.33	88.36	30
4	石膏盆	11.778	252	230	91.27	25
5	碎屑盆	22.576	293.37	293.37	100.00	12

3）计算各盆体黏土中钾离子。

各盆体黏土中钾离子含量见表9-16。

表9-16 各盆体黏土中钾离子

序号	盆体名称	盆体体积/m³	以LDK01钻孔计算			
			含黏土地层厚度百分比/%	含黏土的盆体体积/m³	黏土含量/%	黏土中钾离子总量/(10⁸t)
1	钾盐盆	0.22×10⁸	—	—	—	—
2	石盐盆	4.78×10⁹	—	—	—	—
3	钙芒硝盆	3.12×10¹¹	88.36	6.826×10¹¹	11.311	25.25
4	石膏盆	7.92×10¹¹	91.27	9.142×10¹¹	11.778	35.22
5	碎屑盆	3.08×10¹²	100.00	5.130×10¹²	22.576	378.84
	总计					439.32

4. 孔隙度计算

以罗布泊多个钻孔岩心化学分析中积累的孔隙数据为基础，根据盆体孔隙度求解方法进行计算，得到各盆体的平均孔隙度（表9-17）。

表9-17 各级盆体的平均孔隙度

序号	盆地名称	平均孔隙度/%
1	钾盐盆	20
2	石盐盆	20
3	钙芒硝盆	10
4	石膏盆	6
5	碎屑盆	5

5. 含钾水体中的钾离子总量计算

1）水体中KCl质量分数

各盆体水体中KCl质量分数（表9-18），是综合各盆体中各种岩石或盐类晶间卤水KCl质量浓度获得。

表 9-18　各盆体水体中 KCl 质量分数

序号	盆地名称	水体中 KCl 质量分数/%
1	钾盐盆	1.8
2	石盐盆	1.6
3	钙芒硝盆	1.4
4	石膏盆	0.4
5	碎屑盆	0.09

2）液体中的钾离子总量

液体中的钾离子总量计算结果见表 9-19，可知，罗布泊干盐湖地层中蕴藏的卤水钾离子总量估算达约 5.28×10^8 t，达品位氯化钾约 8.02×10^8 t。

表 9-19　各岩相盆中水体钾含量分布

盆地名称	体积/m³	孔隙度/%	水体中钾离子含量/(kg/m³)	水体中氯化钾含量/(kg/m³)	水体中钾离子总量/(10⁴t)	KCl 总量/(10⁴t)	备注
钾盐盆	0.22×10^8	20	10.7	20.4	4.66	8.88	钾质量浓度采用铁南凹地卤水最大值，因为该地有光卤石沉积
石盐盆	4.78×10^9	20	8.8	16.78	841.28	1604.17	采用罗北潜卤水平均值（王弭力等，2001）
钙芒硝盆	3.12×10^{11}	10	9.44	16.12	29452.80	50294.40	采用罗西卤水平均值，因罗西凹地卤水主要来自钙芒硝晶间卤水
石膏盆	7.92×10^{11}	6	3.12	5.95	14826.24	28274.40	采用大耳朵北部含石膏岩承压水钾质量浓度
小计					45124.98	80181.85	达品位（氯化钾为0.5%）预测资源量
碎屑盆	3.08×10^{12}	5	0.5	0.95	7700.00	14630.00	根据 2019 年考察获得大耳朵外围地区碎屑层水钾质量浓度综合确定
总计					52824.98	94811.85	

6. 岩石中的钾离子计算

1）各盆体岩石中钾离子质量浓度

使用 LDK01 等多个钻孔钾离子质量分数进行计算，采用实测数据修正，计算出各盆体岩石中钾离子质量分数（表 9-20）。

表 9-20　各盆体岩石中钾离子质量分数

盆体名称	固体地层钾离子质量分数/%
钾盐盆	3.00
石盐盆	1.25

盆体名称	固体地层钾离子质量分数/%
钙芒硝盆	0.39
石膏盆	0.43
碎屑盆	0.35

2）岩石体重

根据罗布泊的 LDK01 孔 247 个岩石样本的统计分析结果，参考物理、化学等相关资料，计算出各盆体岩石的平均体重数据（表 9-21）。

表 9-21　各盆体岩石体重

盆体名称	岩石体重/（t/m³）
钾盐盆	1.78
石盐盆	2.13
钙芒硝盆	2.26
石膏盆	2.36
碎屑盆	2.23

3）沉积岩石中的钾离子总量

根据孔隙计算地下空间体积 $V_\text{空}$，用地层体积 $V_\text{地}$ 减去 $V_\text{空}$，得到地下固体地层体积 $V_\text{固}$，再从 $V_\text{固}$ 中减去黏土所占空间才得到含钾离子的岩石体积，即 $V_\text{钾} = V_\text{地} - V_\text{空} - V_\text{固}$。再根据岩石体重计算出各盆体的岩石质量，根据岩石的钾离子质量浓度计算出岩石的钾离子总量（表 9-22）。

表 9-22　各类沉积岩石中钾离子总量

盆体名称	地层体积/m³	岩石孔隙度/%	地层含黏土百分比/%	岩石体重/（t/m³）	岩石质量/t	岩石中 K⁺含量/%	岩石中 K⁺/t	岩石中 K⁺/（10⁸ t）
钾盐盆	0.22×10^8	20		1.78	0.31×10^8	3.00	9.30×10^5	0.01
石盐盆	4.78×10^9	20		2.13	8.15×10^9	1.25	1.02×10^8	1.02
钙芒硝盆	3.12×10^{11}	10	11.31	2.26	5.37×10^{11}	0.39	2.08×10^9	20.76
石膏盆	7.92×10^{11}	6	11.78	2.36	1.55×10^{12}	0.43	6.6×10^9	65.98
碎屑盆	3.08×10^{12}	5	22.58	2.23	5.05×10^{12}	0.35	1.74×10^{10}	174.24
合计								262.01

7. 植物吸附钾离子量计算

国家荒漠–绿洲生态建设工程技术研究中心等单位在实施国家科技支撑计划项目"塔里木盆地西南缘生态综合整治关键技术开发与示范"（2009～2013）中经试验发现，植物的移盐作用比较明显，植物移钾最小值 2kg/（hm²·a），最大值可达 90kg/（hm²·a）。但罗布泊自 200 万年以来基本上处于盐湖环境，尽管盆地周边发育芦苇等植物，由于分布面积有限，吸附钾离子总量也有限，在此暂时忽略不计。

8. 动物吸附钾离子量计算

虽然 200 万年以来，罗布泊地区的微体介壳及鱼类等水生动物对吸附钾离子起到了一定的作用，因罗布泊地区总体上水生动物相对较少，而人、牲畜只是近几千年才产生有限的影响。由于绝大多数动物通过循环又回到了罗布泊内部，故动物吸附钾离子还在罗布泊内部，对钾离子总量影响不大，故可忽略不计。

9. 流失钾离子计算

由于罗布泊地区断裂发育数量、范围、规模、性质等研究程度不高，目前没有收集到可靠资料，难以计算从罗布泊向下的流失量，暂不考虑这类钾离子的对外流失量。

10. 罗布泊钾离子总量与成矿率分析

根据以上计算，罗布泊钾离子总量＝岩石中钾离子总量（262.02×10^8t）＋水体中的钾离子总量（5.28×10^8t）＋黏土中的钾离子总量（439.30×10^8t）＋动物吸附钾离子总量（0t）＋植物吸附钾离子总量（0t）－流失钾离子总量（0t），即：

$$K_M = K_岩 + K_水 + K_黏 + K_动 + K_植 - K_失 = 262.02 + 5.28 + 439.30 + 0 + 0 - 0 = 706.60 \ (\times 10^8 t)$$

由此可见，通过计算得出，罗布泊地层和水体中赋存的钾离子总量为 706.60×10^8t，而前述根据河水带入量估算，河流带入罗布泊的钾离子总量为 551×10^8t。此两种估算值有一定误差，因为河流带入只考虑水体带入量，没有考虑河流挟带的黏土等碎屑物带来的钾离子。不过，两个数据处于同一数量级，大致相近，基本揭示了罗布泊蕴藏钾离子总量。罗布泊钾离子主要在黏土中，占钾离子总量的 67.12%，其他岩石钾离子总量占 37.83%，而水体含钾比例仅为 0.75%，即钾离子的成矿概率略小于 1%。

由此，水体中可能成矿的钾离子，仅占带入罗布泊钾离子的很少部分，而绝大部分钾离子在黏土中，同时，岩石中其他形式的钾离子占比也很高，可能部分形成低品位的非常规钾盐，值得进一步探讨。鉴于参数有限和模型不太成熟，上述计算结果还不能完全反映自然界的真实情况，仅供参考。

第七节　小　　结

（1）罗布泊成钾物质来源主要有塔里木河流域河水、周边矿源层、深部流体及深循环水等。

（2）罗北凹地石膏主要形成时限为距今 $0.9 \sim 0.61$Ma，钙芒硝为距今 $0.61 \sim 0.25$Ma，富钾卤水校正后 ^{14}C 年龄最小值为 4.48ka，最老年龄为 19.62ka，平均值为 9.18ka。

（3）罗布泊凹陷晚新生代以来主要受到北北东向构造挤压作用控制，经历了多个构造演化阶段，导致罗布泊北部出现地堑式断裂，控制了成钾凹地及含卤构造的形成。

（4）由于塔里木河水相对富钾，在早期的咸水湖碳酸盐沉积阶段，钾离子在碎屑层和孔隙水中得到初步富集，形成初级矿源层，经后来地质作用使这部分钾离子释放并进入盐湖，参与成矿。

（5）罗布泊成钾规律可总结为三种：①原生沉积成矿，多阶段富集—晚期极旱—爆发成矿；②沉积后再成矿，含水墙成钾模式；③上升卤水补给成钾。

（6）建立初步的数学模型估算进入罗布泊钾离子总量，其中，黏土中钾离子总量439.32×10^{8}t，岩石中钾离子总量262.02×10^{8}t；水体中钾离子总量5.28×10^{8}t，换算成氯化钾总量9.48×10^{8}t，其中达品位氯化钾8.02×10^{8}t，成矿概率略小于1%。

第十章 钾盐矿集区特征与资源预测

罗布泊地区不仅有罗北凹地超大型钾矿，其外围尚有多个小凹地或洼地钾矿，而且深部也发现富钾卤水。因此，可以认为罗布泊地区是继柴达木盆地钾盐矿聚集区之后，中国另一个钾盐成矿聚集区，而且具有不同于柴达木盆地钾盐矿床的特征与成因机理。总结罗布泊钾盐矿床的空间分布规律，探讨其控制影响因素，对于罗布泊卤水钾盐矿的开采、扩大寻找后备资源及古代钾盐找矿具有重要现实意义。

第一节 钾盐矿集区结构

一、矿床空间分布

罗布泊钾盐矿主要赋存于卤水中，属于液体矿床，具有一个潜卤层和数个承压层。同时，含盐系地层中也分布一定规模的钾盐矿物，主要为杂卤石，其次为钾盐镁矾、杂硝矾及光卤石等，构成厚度数厘米至2m的固体含钾盐矿层，具有一定资源规模和潜在的开采价值。

1. 平面分布特征

由图10-1可见，罗布泊盐湖钾盐矿集区结构特征是：以罗北凹地为中心，外围还分布有一些较小的成钾凹地，例如罗中（固体钾盐矿点）、罗西、耳北、铁南凹地等。这种分布模式符合"卫星式"模式特征（刘群和陈郁华，1987），该模式揭示出一个超大型矿床周边一般还分布有一系列中小型矿床或矿化区。此外，在更大的外围地区，如南部大耳朵湖区的碎屑层中卤水 KCl 质量分数大多已达 0.50% 的最低工业品位（孙小虹等，2016），同时，位于罗布泊地区西南部的台特玛湖等地表/浅部卤水氯化钾质量分数也达 0.5%~1% 的工业品位（数据引自中国地质科学院矿产资源研究所，《罗布泊及邻区盐湖钾盐资源调查评价报告》，2005），新疆地矿局第三地质大队普查台特马湖地区获得数百万吨的氯化钾资源量。

2. 几何形态特征

各卤水矿区的形态特征参数见表10-1。所有的钾矿区或凹地，均受到两组不同方向的断裂构造控制，大致呈棋盘格状分布，形态多为方格状-长方形状。矿区凹地的长宽比值分别是：罗北凹地为1.76，罗西洼地为1.52，耳北凹地为1.75，铁南断陷带为3。除铁南断陷带外，前三者面积较大，形态相似，其长宽比值也相近，平均为1.68；而铁南断陷带面积小，基本属于盆地边缘断裂带，尚未拉分形成较大规模的凹地，因此，其长宽比不具代表性。

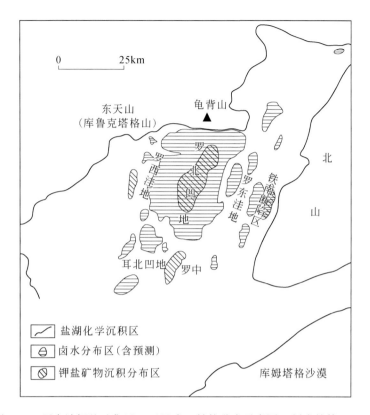

图 10-1 罗布泊钾盐矿集区"卫星式"结构分布示意图（刘成林等，2009）

表 10-1 罗布泊地区主要钾盐矿区的几何参数特征（刘成林等，2009）

序号	凹地名称	形态	长度/km	宽度/km	长宽比	面积/km²
1	罗北凹地	葫芦状	60	34	1.76	1411
2	罗西洼地	方块形	14	9.2	1.52	100
3	铁南断陷带	拐把状	18	6	3	42
4	耳北凹地	菱形	28	16	1.75	290
合计						1843

注：数据根据 ETM2002 合成影像分析求算得出。

统计显示，罗布泊地区所有的卤水矿凹地面积共计 1843km²，而盐湖区总面积为 18494km²，卤水矿凹地面积占盐湖区总面积约 10%。

3. 矿床分布的方向性与等距性

罗布泊盐湖钾盐矿集区内，不论固体或液体钾矿区，它们的分布都受到张性地堑式断裂控制，并平行于区域主应力场，即北东 10°；矿床之间的间隔也有一定规律性，即间距 5~10km（图 10-2）。

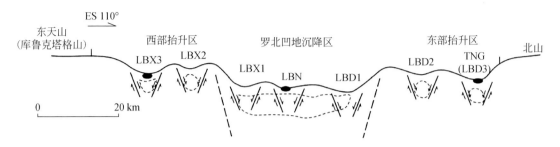

图 10-2　罗布泊盐湖北部地区的北西西–南东东向剖面上的成钾凹地空间分布示意图（刘成林等，2009）

二、控制因素

1. 构造性质与主压应力

根据卫星影像解译、地貌调查、沉积对比及地球物理探测，发现罗布泊北部存在一系列北北东 10° 走向的断陷带，共 7 条，具有地堑式断陷特征，间距 5~10km，构成了罗布泊地堑式断裂系统（Liu et al.，2006）。地堑式断裂是罗布泊地区新发现的一种构造类型，对成钾凹地的形成与展布规律起到直接控制作用。这些地堑式断裂的发育是区域性北北东 10° 主压应力（王弭力等，2001）挤压作用的结果。

罗布泊地堑构造的形成经历了以下几个阶段（Liu et al.，2006）：第一阶段，伴随罗布泊北部盐湖（以钙芒硝沉积为主）沉积区抬升露出水面，地堑断裂开始形成，并形成罗北凹地等，继续沉积钙芒硝；第二阶段，北部区抬升作用继续，已形成的凹地则继续沉降，同时形成新的断陷洼地；第三阶段，拉张断裂作用和新生断陷洼地继续生长，深部上升卤水流体补给断陷洼地，并出现钾盐矿物沉积（刘成林等，2003）。

从图 10-1 和图 10-2 可见，罗北凹地的长轴沿北北东 10° 走向展布，长轴与短轴之比约为 1.76。区域主压应力方向与凹地长轴平行，由于凹地中部受到的压力最大，拉张强度也最大，形成的地堑式断裂规模也较大，有利于凹地的形成。从罗布泊应力分布情况看，在长条形或椭圆形的凹陷中部，出现应力中心，形成最大的成钾凹地，而其两侧出现相对较小的成钾凹地。

2. 地表物源补给方向

由图 10-1 可见，罗布泊钾盐矿总体上分布于盐湖沉积区的东北部。上新世末以来，塔里木盆地演化为"西高东低"的地形格局，罗布泊成为塔里木盆地的汇水区，因此，罗布泊湖水主要受西部、西南部及西北部的河流补给，如塔里木河、车尔臣河、孔雀河及若羌河等，而罗布泊北部、东部及南部的地表水补给很弱。罗布泊东北部湖区属于远离补给源的地区，故有利于古湖水的持续蒸发浓缩，富钾卤水在次级凹地中聚集成矿。

第二节　资源量估算

一、罗北凹地

罗北凹地位置如图 10-1 所示，卤水氯化钾资源特征已在《罗布泊盐湖钾盐资源》（王弭力等，2001）中较详细介绍，现总结一些特征如下。

1. 储卤层特征

卤水钾矿赋存于盐类矿物晶间孔隙及碎屑孔隙中，因此，储卤层特征是矿床研究的主要内容，也是储量计算、首采区选择及制定开发方案的重要基础。

1）储卤层的矿物组成

（1）钙芒硝，是构成罗北凹地储卤层的最主要矿物，多呈半自形-自形，菱板状，晶体粒径为几毫米至几厘米；多呈钙芒硝岩，部分为半固结或松散状；并呈层状产出，厚度为几米至几十米。

（2）石膏，呈自形晶，针状，松散结构，构成良好的储卤层。

（3）石盐、杂卤石、钠镁矾等沉积物，发育一定的孔隙或呈松散状。

（4）砂质沉积物，部分结构较松散，组成薄层-中厚层的储卤层。

2）孔隙种类

（1）原生晶间孔隙。此类孔隙普遍较小，一般为 0.1～1mm，主要分布于松散沉积物中，多出现于石膏、石盐及碎屑层中，分布深度多在 6m 以上。

（2）原生-准同生晶间孔隙。此类孔隙在钙芒硝地层中大量发育，是主要的储卤孔隙，其长轴长度从几毫米至几十毫米，形态上常表现为蜂窝状，系由较淡卤水溶蚀产生。晶间孔隙由菱片状、菱板状钙芒硝晶体无规则排列构成。蜂窝状钙芒硝岩块的孔隙度均较大，一般 25%～40%。

在杂卤石发育的岩层内，也常见溶蚀交代形成的孔隙，长轴可达数毫米，且发育密集。

（3）晶洞孔隙。该类孔隙是钙芒硝岩内出现的空穴或空洞，一般较大，直径常为 10～40mm，最大者可能几十厘米。钻探过程中，常突然出现"掉钻"或"钻具下滑"现象，即进尺很快，但岩心很少，可能是遇到了地层中的溶洞或空洞所致。晶洞可能系成岩阶段较淡卤水溶蚀形成。

3）孔隙度

潜卤层钻孔样品孔隙度平均值为 28.37%～32.57%；而第一、第二、第三、第四和第五承压层孔隙度分别为 11.7%、12.7%、16.6%、17.2% 和 13.1%。承压层孔隙度平均为 14.26%，为潜水层孔隙度的一半左右，这与地层的静压力压榨压实作用有关。

2. 储卤层划分

根据钻孔沉积孔隙发育情况、沉积物结构构造特征、富水性和地层时代等，划分出 6

个储卤层，包括1个潜卤层和5个承压层。

储卤层呈扁透镜状、似层状展布，最厚部位分布于罗北凹地中部 ZK0000 钻孔与 ZK1200B 钻孔之间，ZK0000 钻孔以南的储层厚度比 ZK1200B 钻孔以北的储层薄，这可能主要是罗北凹地北部下沉速率大于南部所致。

3. 资源量（孔隙度静资源量）

按照体积法，估算罗北凹地卤水 KCl 资源量（表 10-2）。

表 10-2　罗北凹地卤水 KCl 资源量（孔隙度静资源量）

储卤层	面积/m²	纯厚度/m	孔隙度/%	平均 KCl 品位/%	平均密度/(g/cm³)	KCl 资源量/(10⁴t)
潜卤层	$1.344×10^9$	14	28.26	1.37	1.225	8924
承压层	$1.200×10^9$	52	14	1.45	1.252	16164
合计						25088

注：数据引自王弭力等（2001）。

二、罗西洼地

1. 分布范围面积

盐壳分布区面积大约 $100km^2$，由北北东向钻孔剖面图（参见图 7-33）可见，罗西洼地最深的沉降区位于其东北部，显示它是一个北东部深、西南部浅的"箕状"次凹地，这种情况与罗北凹地的北深南浅的"箕状"结构相类似。

2. 卤水氯化钾品位

对各钻孔进行定深采集水样，分析结果列入表 7-3。潜卤层卤水盐度平均为 328.6g/L，氯化钾平均品位 1.30%，略低于罗北凹地潜卤层氯化钾平均品位 1.37%，明显低于铁南断陷带卤水氯化钾平均品位 1.51%；承压层卤水盐度平均为 328.24g/L，氯化钾平均品位 1.32%，低于罗北凹地承压层卤水品位 1.45%（表 10-2）。

3. 储卤层特征

（1）储卤层岩性主要由石膏、钙芒硝、芒硝以及中细砂构成，多为半固结–松散状。钙芒硝岩层常见蜂窝状孔隙。

（2）储卤层可以划分为一个潜卤层（W1）和一个承压层（W2），它们与罗北凹地的 W1（潜卤层）和 W2（承压层）可以对应，即相当于罗北凹地的潜卤层和第一个承压层；由图 7-33 还可以预测，罗西洼地至少还存在第二个承压层（W3），与罗北凹地的 W3 承压层相对应。

（3）罗西洼地储卤层厚度见表 7-5，潜卤层平均厚度为 4.57m，承压卤水层平均厚度为 10.45m。

4. 孔隙度

罗西洼地钻孔岩心孔隙度测试结果见表 7-6。潜卤层平均孔隙度 21.77%，承压储卤层孔隙度为 15.50% 。

5. 卤水钾盐资源量计算

控制潜卤层分布面积约 100km²；潜卤层平均厚度 4.56m，平均孔隙度 21.77%；卤水氯化钾平均品位 1.30%，卤水平均密度为 1.2262g/cm³。第一承压层，面积同潜卤层，平均厚度 10.45m，实测平均孔隙度 15.5%，卤水氯化钾平均品位 1.32%，卤水平均密度为 1.2263g/cm³。计算出潜卤层与承压储卤层的卤水氯化钾资源量列入表 10-3，合计 420.43× 10^4t，接近中型规模，储量级别可达到 333 级别。对于推测的第二承压层（W3），本次不进行资源量计算。

表 10-3　罗西洼地卤水氯化钾资源量评价与预测

储卤层	面积/km²	平均厚度/m	平均孔隙度/%	卤水平均密度/(g/cm³)	卤水氯化钾平均品位/%	氯化钾资源量/(10^4t)	氯化钾资源量合计/(10^4t)	储量级别
潜卤层	100	4.56	21.77	1.2262	1.30	158.24	420.43	333
承压层	100	10.45	15.5	1.2263	1.32	262.19		

注：氯化钾资源量为面积、平均厚度、平均孔隙度、卤水平均密度及平均品位的乘积。

三、铁南断陷带

1. 储卤层特征

根据"含水墙"成钾模式理论预测，铁南断陷带应形成和储集有一定规模卤水钾盐资源，开展的一些浅钻工程（图 7-39）均揭示大量卤水的聚集。

铁南断陷带内储卤岩性的组成主要为石膏、钙芒硝、芒硝及碎屑等沉积物（表 7-9）。沉积物多为松散状，或弱固结，孔隙较发育，由于钻孔深度较浅，均未穿透潜卤层，已有钻孔揭示平均潜水位埋深为 1.5m。

2. 卤水氯化钾品位

在铁南断陷带施工 9 个浅钻，其中 7 个揭示卤水层，通过水文地质观察，确定钻孔所揭示的储卤层为潜卤层。由表 10-4 可见，铁南断陷带内浅层卤水氯化钾品位为 1.19% ~ 2.06%，平均为 1.51%，超过罗北凹地卤水氯化钾品位平均值 1.40%。

表 10-4　铁南断陷带卤水氯化钾品位

序号	样品号	采样深度/m	密度/(g/cm³)	盐度/(g/L)	氯化钾品位/%
1	地表卤-1	0.10	1.3009	419.81	2.06
2	ZKD0005W1	1.95	1.2467	357.78	1.35
3	ZKD0006W1	2.10	1.2397	343.78	1.65
4	ZKD0007W1	1.70	1.2639	376.40	1.44
5	ZKD0008W1	3.70	1.2330	311.34	1.55

序号	样品号	采样深度/m	密度/（g/cm³）	盐度/（g/L）	氯化钾品位/%
6	ZKD0009W1	2.10	1.2389	336.66	1.58
7	ZKD0010W1	1.00	1.2279	327.29	1.19
8	ZKD0011W1	2.10	1.2419	346.06	1.47
9	ZKD0011W2	4.80	1.2572	373.07	1.36
10	ZKD0012W1	2.70	1.2413	353.48	1.45
平均值			1.2491	354.57	1.51

注：测试单位为中国地质科学院国家地质实验测试中心。

3. 孔隙度

1）固结岩石孔隙度

大多数钻孔岩心样品松散，完整固结沉积物样较少，相应孔隙度测试结果很少，仅测得一个钙芒硝样品的孔隙度为31%（表7-10）。

2）松散沉积物孔隙度

测试结果列入表7-11，孔隙度变化为25.45%~45.56%，平均为37.46%。

4. 储卤断陷带特征

根据 EH-4 探测，确定含水断裂带分布深度达1000m。经卫星影像分析、物探与地面调查，确定总长度约62km，平均宽约1000m，平均深度约250m，假设含水层纯厚率为50%（参考罗北凹地含水层纯厚度率），则含水层纯厚度=250m×50%=125m。

5. 钾盐资源量估算

铁南断陷带卤水平均密度1.2491g/cm³，氯化钾平均品位1.51%。潜卤层孔隙度算术平均值为34.5%，参考罗北凹地潜水层平均厚度14m，确定该区潜水层厚度为14m，减去1.5m水位埋深，潜水层厚度为12.5m；14m以下地层的孔隙度，引用罗北凹地承压层平均孔隙度14.26%。计算卤水氯化钾资源量见表10-5，浅部卤水钾盐资源量已达到中型钾盐矿规模（$500×10^4$~$5000×10^4$t 属中型矿床），铁南断陷带氯化钾预测资源总量为$2321×10^4$。

表10-5　铁南断陷带卤水氯化钾资源量

储卤层	长度/m	宽度/m	厚度/m	孔隙度/%	密度/（t/m³）	氯化钾品位/%	预测资源量/（10^4t）
浅部	62000	1000	12.5	34.5	1.2491	1.51	504
中深部	62000	1000	111	14.26	1.2491	1.51	1817
合计							2321

四、耳北凹地

耳北凹地位于罗布泊大耳朵湖区西北部，面积290km²。从地貌上看，耳北凹地不是一个明显的洼地，四周基本没有抬升区，但在卫星影像图上，因岩性与凹地边缘不同，反射波谱有明显的差异；耳北凹地地表岩性以石盐壳为主，合成光谱为暗褐色，与其周围地表出露地层岩性（主要为石膏钙芒硝）合成光谱颜色（灰绿色、灰蓝和灰紫色）有明显区别。可以认为，耳北凹地是罗布泊盐湖中的一种新类型的隐伏成钾凹地，该类型凹地的确定为今后找钾扩大了思路和方向。

1. 沉积特征

从地貌、地层与构造分析，耳北凹地的成因与罗北凹地相似。在中更新世—晚更新世早期，罗布泊中–北部出现盐湖沉积，出现盐类矿物相分带，即南部和西部以石膏为主，钙芒硝其次，北部及东部沉积以钙芒硝为主，石膏其次，还有少量石盐。在晚更新世初期，罗布泊北部盐湖沉积地层被抬升，由于北北东向断裂作用，在大耳朵湖区北部形成了耳北凹地，耳北凹地封闭性较好，其东部抬升的地层呈北北东向展布，为长条形隆起，由于隆起跨度仅几千米，很容易被大耳朵湖区湖水冲断，仅在中部残留一个孤岛。因此，在晚更新世时期大耳朵湖区湖水主要从东部和南部补给耳北凹地，当湖水位很高时，耳北凹地与大耳朵湖区连成一体，湖水位较低时，基本保持封闭–半封闭状态；相对罗北凹地等盐湖而言，耳北凹地受到大耳朵湖区湖水影响的强度要大，碎屑沉积物较多，该区的储卤层岩性可能以碎屑沉积物为主。

2. 水文地质与水化学特征

野外调查工作显示，该区地下水位为 0.82 ~ 2.47m；测得卤水密度为 $1.2224g/cm^3$，氯化钾品位为 1.09% ~ 1.45%，算术平均品位 1.26%。

3. 储卤层特征

耳北凹地的储卤层岩性有钙芒硝、石膏及碎屑砂等沉积物（表 7-15）。ZKD0303 钻孔、ZKD0304 钻孔、ZKD0305 钻孔沿耳北凹地长轴方向分布，平均储卤层厚度为 9.11m。

4. 资源量估算

储卤层厚度按 9.11m 计算，耳北凹地面积为 $290km^2$，卤水分布面积为 $200km^2$，孔隙度参照罗北凹地相同层位，即潜卤层平均值（24%）计算，卤水密度为 $1.2224g/cm^3$，卤水氯化钾平均品位为 1.26%，计算卤水氯化钾资源量：

$$资源量(t) = 面积×厚度×孔隙度×密度×品位$$
$$= 200×1000×1000×9.11×24\%×1.2224×1.26\% = 673.5×10^4$$

耳北凹地浅部卤水钾盐资源量已达到中型规模，预测深部存在承压卤水层，若其资源量与浅部相当，则耳北凹地卤水钾盐资源总量可达千万吨。

五、罗北西 3 号断裂带含矿性评价

在该断陷带中较小的次级洼地内，施工一个浅钻 ZKD0309 钻孔。卤水 KCl 质量分数 1.25% ~ 1.29%，平均质量分数为 1.27%，证实了以前预测该区存在卤水钾盐矿的推断。该断陷带总长度约 60km，平均宽 1000m，断陷带面积 $142km^2$，ZKD0309 揭露了浅部含卤层，用 EH-4 探测到含水断裂平均深 1000m，预测卤水资源潜力巨大。

第三节 小 结

（1）罗布泊地区是一个钾盐矿集区。平面分布上，除在罗北凹地外，在其外围分布的一些较小凹地内均赋存有富钾卤水矿或固体钾盐，在更远的地区也有富钾卤水分布，表现为"卫星式"分布模式；而垂向上，在地堑式断裂带延伸的深度范围区内出现富钾卤水。这些认识展示了罗布泊盐湖仍然具有巨大的卤水成矿潜力与找矿前景。

（2）罗布泊钾盐成矿区内新增钾盐矿的资源估算：①罗西凹地潜卤层与承压储层 KCl 资源量合计 $420.43 \times 10^4 t$；②铁南凹地浅部卤水钾盐资源总量为 $2321 \times 10^4 t$；③耳北凹地潜卤层卤水钾盐资源量 $673.50 \times 10^4 t$，预测深部存在承压卤水层。

结　　论

近 20 年来，笔者紧密围绕罗布泊盐湖钾盐大规模超前成矿等科学问题，在梳理前期及前人研究成果基础上，开展了大量地质调查与研究，从宏观的青藏高原隆升、塔里木盆地构造演化及区域气候水文演变，到罗布泊盐湖的中-微观地质特征（构造、地貌、岩石、矿物、晶间卤水等），对罗布泊盐湖形成构造、古气候、物质来源、卤水成因、盐类矿物及钙芒硝成因、沉积成岩及大规模钾聚集机理开展深入研究，总结罗布泊陆相盐湖的钾盐成矿规律，取得了大量数据和新的成果认识。

1. 构造方面

在近南北向的区域主压应力作用下，派生出的近东西向拉张应力形成了罗布泊凹陷，其演化主要受控于阿尔金走滑断裂系及库鲁克塔格走滑断裂系。区域主压应力作用在罗布泊北部形成了七条北北东走向的地堑式断陷带，构成了罗布泊地堑式断裂系，控制了罗北凹地及其外围次级小凹地的形成和发展演化。自中更新世以来，罗布泊南部相对沉降，北部大部抬升；同时库鲁克塔格山向南逆冲压制，导致罗北凹地呈现北深南浅的地势，成为一个封闭良好的次级深盆，为钾盐沉积提供了重要的空间。

2. 气候方面

孢粉组合特征表明，罗布泊地区早更新世中期—中更新世主要为半干旱气候，仅在距今 400～270ka 出现干旱气候，以后恢复为半干旱气候直到晚更新世末（距今 30ka），随后，转变为干旱气候。钙芒硝和石盐包裹体均一温度均反映了罗布泊的干热气候特征，此外，还发现无水芒硝。这些资料说明罗布泊在晚更新世—全新世时期，处于极度干旱气候条件，盐湖卤水经历了快速、强烈蒸发作用，使钾离子得到进一步富集。

3. 物源方面

研究查明了罗布泊的主要补给源水体（塔里木河流域内河水）具有富硫和钾、贫氯特征，其 SO_4^{2-}/Cl^- 值为 2.75，明显高于海水（0.14）与柴达木盆地河水（0.88），导致了卤水富硫酸根、相对贫氯；塔里木河水的 $K^+×10^3/(Cl^-+SO_4^{2-})$ 值为 14.90，与海水的 17.50 相近，显示罗布泊补给水体的富钾程度与海水相近。罗布泊固体硫酸盐矿物的硫同位素平均值为 10.6‰，卤水硫同位素的平均值 9.1‰，反映了封闭系统中，随着硫酸盐的结晶析出，出现了一定的同位素分馏。塔里木河河水中的硫酸根可能主要起源于塔里木盆地西部古近系—新近系蒸发岩。

4. 卤水成因

罗北凹地盐类晶间富钾卤水的 δD、$\delta^{18}O$ 值最高，盐湖外围微咸水的 δD、$\delta^{18}O$ 最低。钙芒硝晶间富钾卤水的 δD 值显著高于钙芒硝包裹体卤水的 δD 值，二者相差近 70‰，表明晶间卤水与寄主矿物钙芒硝形成时的卤水蒸发作用存在差异，晶间富钾卤水经历了更强烈的蒸发作用。

建立 LA-ICP-MS 法分析盐类矿物单个流体包裹体组成的方法。首次打开钙芒硝等晶体单个流体包裹体，揭示钙芒硝流体包裹体中钾离子质量浓度在多数样品中达 0.29 ~ 5g/L，部分样品质量浓度达 5 ~ 10g/L。可见，罗布泊盐湖演化到钙芒硝析出时，卤水中钾离子已得到了富集，并达到工业品位。

5. 盐类矿物

共鉴定出 22 种盐类矿物，主要钾盐矿物有杂卤石、钾石盐、光卤石、硫锶钾石（钾锶矾）、钾镁矾、钾盐镁矾、钾芒硝、钾石膏等。罗布泊首次发现的盐类矿物有钾锶矾、钾芒硝、天青石、重晶石、水氯镁石等。

钙芒硝晶体按形态大致分为菱形 I、菱形 II、长条板状三种类型，按成因分为沉积和交代作用两种类型。其形成过程为罗北凹地古湖水蒸发至石盐析出阶段前，不断受到富钙水的补给形成，而钙的来源除河水补给外，还有其他来源，很可能来自盆地深部地层氯化钙型水。

6. 沉积演化

罗布泊盐湖第一口科探深井（LDK01，深度 781.50m），岩心记录揭示罗布泊盐湖第四纪沉积地层由三大岩性段组成：①上部蒸发岩段（0 ~ 242.00m），属蒸发化学沉积，以钙芒硝、石膏为主，顶部发育石盐以及光卤石、钾盐镁矾及钾石盐等，该段钙芒硝为罗北凹陷富钾卤水主要储层；②中部中-细碎屑岩段（242.00 ~ 660.00m），以中-细砂岩、含砾中砂为主，部分碎屑层段含次生钾石盐、光卤石、杂卤石等盐类矿物；③下部粗碎屑岩段（660.00 ~ 781.50m），以砂砾岩、含砾砂岩为主。由此可见，罗布泊在第四纪经历了三个大的沉积演化阶段，即断陷湖盆、拗陷湖盆、萎缩湖盆；从老到新，干旱气候条件逐渐加剧、盐湖卤水浓度不断增加。盐湖阶段性演化与区域性构造、气候事件具有良好对应关系，显示成盐成钾过程是区域构造、气候条件演化等多种因素影响的结果。

7. 成岩作用

罗布泊盐湖含盐系成岩作用可分为压榨作用、溶蚀作用、重结晶作用、交代作用、胶结作用以及碎裂作用等 6 种类型。溶蚀作用主要包括大气降水垂向溶蚀、地下水的水平侧向溶蚀以及深部压榨水溶解；重结晶及胶结作用主要包括钙芒硝、石膏、石盐的重结晶及胶结作用；交代作用主要包括半水石膏交代石膏、钙芒硝交代（半水）石膏、杂卤石交代钙芒硝、石盐交代钙芒硝以及钠镁矾交代钙芒硝等类型。依据成岩作用的不同，将罗布泊盐湖含盐系成岩作用相分为压榨相、溶蚀相、交代相、重结晶相、胶结相及破裂相 6 种类型。

8. 成钾作用

钾盐富集过程：①塔里木河水相对富钾，在早期咸水湖的碳酸盐沉积阶段，钾离子在碎屑层（湖岸相）和孔隙水中得到初步富集，形成初级矿源层。②进入石膏沉积阶段，以大耳朵湖区含石膏地层承压水代表石膏阶段古湖水，其卤水钾离子含量 3.12g/L，密度 $1.056g/m^3$，换算成 KCl 质量分数为 0.56%。③罗布泊盐湖演化到钙芒硝大量析出阶段，卤水钾离子质量浓度、$K \times 10^3/(Cl^- + SO_4^{2-})$、$SO_4^{2-}/Cl^-$ 以及 Mg^{2+}、B^{3+}、Li^+ 等的演化轨迹与海水演化到石盐析出点基本一致，此时卤水钾离子已得到富集成矿。④进入石盐析出阶段，强烈蒸发作用使钾离子进一步富集成矿。

成钾规律：①多阶段富集—晚期极旱—爆发成矿，即原生沉积成钾作用；②盐类沉积埋藏后，断裂作用致使地层晶间卤水迁移、汇集成矿——"含水墙"成钾模式，即次生成钾作用。

9. 钾盐矿集区

确认罗布泊地区是一个钾盐矿集区，除在罗北凹地外，在其外围一些较小凹地内也有富钾卤水分布，钾盐矿床的空间分布表现为"卫星式"模式；而在其更远外围地区及深部地层也可能蕴藏有巨大的富钾卤水资源。

10. 钾盐资源量

罗布泊钾盐成矿区内的一些次级凹地钾盐资源估算：①罗西洼地潜卤层与承压储层 KCl 资源量合计 420.43×10^4t；②铁南断陷带浅部卤水钾盐资源总量为 2321×10^4t；③耳北凹地潜卤层卤水钾盐资源量 673.50×10^4t，预测深部存在承压卤水层。

11. 建立钾盐富集数学模型

估算罗布泊所汇聚钾离子总量，其中，黏土中的钾离子总量 439.32×10^8t，岩石中钾离子总量 262.02×10^8t，水体中钾离子总量 5.28×10^8t。模型预测罗布泊盐湖达品位的卤水氯化钾资源量为 8.02×10^8t。

总之，罗布泊盐湖尚有巨大的富钾卤水找矿空间，同时盆地碎屑地层中发现低品位的可溶性固体钾盐，资源潜力巨大。这些潜在资源可为罗布泊钾盐矿山未来可持续开发奠定物质基础。

参 考 文 献

安芷生，符淙斌．2001．全球变化科学的进展．地球科学进展，16（5）：671-680．

柏美祥．1992．阿尔金活动断裂带的运动学和动力学特征．新疆地质，（1）：57-61．

鲍荣华，闫卫东，姜雅，等．2018．我国钾盐供应风险分析．化肥工业，45（6）：58-62．

边伟华，王璞珺，孙晓猛，等．2010．塔里木盆地库鲁克塔格地区二叠纪末—中三叠世基性岩床的发现及其地质意义．岩石学报，26（1）：274-282．

伯英，刘成林，焦鹏程，等．2012．罗布泊地下卤水中幔源稀有气体及其意义．中国地质，（4）：978-984．

蔡观强，郭峰，刘显太，等．2007．沾化凹陷新近系沉积岩地球化学特征及其物源指示意义．地质科技情报，26（6）：17-24．

蔡茂堂，魏明建．2009．洛川地区倒数第二次间冰期气候变化研究．中国沙漠，29（3）：536-543．

蔡演军，Cheng H，安芷生，等．2005．洞穴碳酸盐^{230}Th-^{234}U-^{238}U 测年初始钍校正的等时线研究．地球科学进展，20（4）：414-420．

曹建廷，沈吉，王苏民．2000．内蒙古岱海湖泊沉积记录的小冰期气候环境．湖泊科学，12（2）：97-104．

曹军骥，张小曳，王丹，等．2001．晚新生代风尘沉积的稀土元素地球化学特征及其古气候意义．海洋地质与第四纪地质，21（1）：97-101．

曹晓峰．2012．新疆库鲁克塔格地块新元古代—早古生代构造热事件与成矿．武汉：中国地质大学（武汉）．

常凤琴，张虎才，雷国良，等．2010．湖相沉积物锶同位素和相关元素的地球化学行为及其在古气候重建中的应用——以柴达木盆地贝壳堤剖面为例．第四纪研究，30（5）：962-971．

陈发虎，朱艳，李吉均，等．2001．民勤盆地湖泊沉积记录的全新世千百年尺度夏季风快速变化．科学通报，46（17）：1414-1419．

陈汉林，杨树锋，董传万，等．1997．塔里木盆地地质热事件研究．科学通报，42（10）：1096-1099．

陈锦石，储雪蕾，邵茂茸．1986．三叠纪海的硫同位素．地质科学，（4）：330-338．

陈敬安，万国江，汪福顺，等．2002．湖泊现代沉积物碳环境记录研究．中国科学（D 辑），32（1）：73-80．

陈骏，李高军．2011．亚洲风尘系统地球化学示踪研究．中国科学：地球科学，41（9）：1211-1232．

陈林容．2010．四川盆地海相三叠纪硫同位素组成与地质成因分析．四川理工学院学报（自然科学版），（2）：119-122．

陈宣华，尹安，高荐，等．2002．阿尔金山区域热演化历史的初步研究．地质论评，（S1）：146-152．

陈郁华，袁鹤然，杜之岳．1988．陕北奥陶系钾盐层位的发现与研究．地质评论，44（1）：100-106．

陈正乐，张岳桥，王小凤，等．2001．新生代阿尔金山脉隆升历史的裂变径迹证据．地球学报，（5）：413-418．

陈忠，马海州，曹广超，等．2007．尕海地区晚冰期以来沉积记录的气候环境演变．海洋地质与第四纪地质，27（1）：131-138．

程海．2002．铀系年代学新进展——ICP-MS ^{230}Th 测年．第四纪研究，22（3）：292．

程其畴．1988．新疆巴州河流水文特征．水文，（5）：47-51．

崔之久，刘耕年，伍永秋．1997．昆仑–黄河运动的发现及其性质．科学通报，（18）：84-87．

崔之久，伍永秋，刘耕年，等．1998．关于"昆仑–黄河运动"．中国科学（D 辑），28（1）：53-59．

邓文峰，韦刚健，李献华．2005．不纯碳酸盐碳氧同位素组成的在线分析．地球化学，34（5）：495-500．

丁一汇，柳艳菊，梁苏洁，等．2014．东亚冬季风的年代际变化及其与全球气候变化的可能联系．气象学报，72（5）：835-852.

丁仲礼，孙继敏.1999.上新世以来毛乌素沙地阶段性扩张的黄土-红粘土沉积证据.科学通报，44（3）：324.

董顺利，李忠，高剑，等.2013.阿尔金—祁连—昆仑造山带早古生代构造格架及结晶岩年代学研究进展.地质论评，59（4）：731-746.

杜鹃，洪汉烈，张克信，等.2010.新疆其木干剖面中新世—上新世沉积物粘土矿物特征及其古气候指示意义.生态学杂志，29（5）：923-932.

段振豪，袁见齐.1988.察尔汗盐湖物质来源的研究.现代地质，2（4）：22-30.

范芳琴.1993.阿尔金地区构造应力场研究.内陆地震，7（4）：370-378.

方世虎，郭召杰，张志诚，等.2004.中新生代天山及其两侧盆地性质与演化.北京大学学报（自然科学版），40（6）：886-897.

方小敏，李吉均，朱俊杰，等.1995.临夏盆地约30Ma以来$CaCO_3$含量变化与气候演变//青藏项目专家委员会.青藏高原形成演化、环境变迁与生态系统研究：学术论文年刊（1994）.北京：科学出版社.

方小敏，吕连清，杨胜利，等.2001.昆仑山黄土与中国西部沙漠发育和高原隆升.中国科学（D辑），31（3）：177-184.

方小敏，史正涛，杨胜利，等.2002.天山黄土和古尔班通古特沙漠发育及北疆干旱化.科学通报，47（7）：540-545.

方小敏，徐先海，宋春晖，等.2007.临夏盆地新生代沉积物高分辨率岩石磁学记录与亚洲内陆干旱化过程及原因.第四纪研究，27（6）：989-1000.

方小敏，吴福莉，韩文霞，等.2008.上新世—第四纪亚洲内陆干旱化过程——柴达木中部鸭湖剖面孢粉和盐类化学指标证据.第四纪研究，28（5）：874-882.

冯锐，朱介寿，丁韫玉，等.1981.利用地震面波研究中国地壳结构.地震学报，3（4）：335-350.

高波，龙胜祥，刘彬.2007.中国西部与中亚前陆盆地油气地质特征类比分析.天然气地球科学，18（2）：187-191，223.

高东林，李秉孝，山发寿.2001.新疆罗布泊罗北洼地CK-2孔盐类沉积特征.盐湖研究，（1）：53-54.

高锐，黄东定，卢德源，等.2000.横过西昆仑造山带与塔里木盆地结合带的深地震反射剖面.科学通报，45（17）：1874-1879.

高锐，肖序常，高弘，等.2002.西昆仑—塔里木—天山岩石圈深地震探测综述.地质通报，21（1）：11-18.

葛肖虹，任收麦，马立祥，等.2006.青藏高原多期次隆升的环境效应.地学前缘，13（6）：118-130.

谷树起，蔺焕珠.1986.水钙芒硝的实验研究.科学通报，（9）：684-688.

顾家裕.1994.沉积相与油气.北京：石油工业出版社.

顾新鲁，赵振宏，李清海，等.2003.罗布泊地区罗北凹地潜卤水钾矿床成因与开发前景.水文地质工程地质，30（2）：32-36.

郭春涛，李忠，高剑，等.2015.塔里木盆地西北缘乌什地区石炭系沉积与碎屑锆石年代学记录及其反映的构造演化.岩石学报，31（9）：2679-2695.

郭召杰，张志诚.1995.罗布泊形成及演化的地质新说.高校地质学报，1（2）：82-87.

郭召杰，张志诚，刘树文，等.2003.塔里木克拉通早前寒武纪基底层序与组合：颗粒锆石U-Pb年龄新证据.岩石学报，19（3）：537-542.

郭召杰，张志诚，张臣，等.2008.青藏高原北缘阿尔金走滑边界的侧向扩展——甘肃北山晚新生代走滑构造与地壳稳定性分析.地质通报，27（10）：1678-1686.

郭泽清，刘卫红，钟建华，等.2005.柴达木盆地西部新生界异常高压：分布、成因及对油气运移的控制作用. 地质科学, 40 (3): 376-389.

何光玉, 韩永科, 李建立, 等. 2007. 阿尔金断裂花海段新生代变形特征及时间. 地质科学, 42 (1): 84-90.

郝诒纯, 关绍曾, 叶留生, 等. 2002. 塔里木盆地西部地区新近纪地层及古地理特征. 地质学报, 76 (3): 289-298.

何学贤, 杨淳, 刘敦一. 2003. 第四纪年代学的利器: 热电离质谱铀系定年技术. 地学前缘, 10 (2): 335-340.

胡东生, 张华京, 徐冰, 等. 2007. 罗布泊第四纪湖泊沉积序列及钾盐资源的形成. 海洋与湖沼, 38 (3): 279-288.

胡霭琴, 韦刚健. 2006. 塔里木盆地北缘新太古代辛格尔灰色片麻岩形成时代问题. 地质学报, 80 (1): 126-134.

胡守云, 王苏民, Appel E, 等. 1998. 呼伦湖湖泊沉积物磁化率变化的环境磁学机制. 中国科学 (D 辑), 28 (4): 334-339.

华玉山, 蒋平安, 武红旗, 等. 2009. 罗布泊"大耳朵"地区 L07-10 剖面沉积特征及其环境指示意义. 新疆农业大学学报, 32 (5): 36-39.

黄河, 张招崇, 张舒, 等. 2010. 新疆西南天山霍什布拉克碱长花岗岩体岩石学及地球化学特征——岩石成因及其构造与成矿意义. 岩石矿物学杂志, 29 (6): 707-718.

黄河, 张招崇, 张东阳, 等. 2011. 中国南天山晚石炭世—早二叠世花岗质侵入岩的岩石成因与地壳增生. 地质学报, 85 (8): 1305-1333.

黄建国, 崔春龙, 杨剑, 等. 2016. 西昆仑北缘塔尔一带三叠纪 S 型花岗质岩石特征及成岩构造环境. 矿物岩石, 36 (4): 23-30.

黄立功, 钟建华, 郭泽清, 等. 2004. 阿尔金造山带中、新生代的演化. 地球学报, 25 (3): 287-294.

吉磊. 1995. 中国过去 2000 年湖泊沉积记录的高分辨率研究: 现状与问题. 地球科学进展, 37 (3): 510-521.

季建清, 韩宝福, 朱美妃, 等. 2006. 西天山托云盆地及周边中新生代岩浆活动的岩石学、地球化学与年代学研究. 岩石学报, 22 (5): 1324-1340.

贾承造. 1997. 中国塔里木盆地构造特征与油气. 北京: 石油工业出版社.

贾红娟, 汪敬忠, 秦小光, 等. 2017. 罗布泊地区晚冰期至中全新世气候特征及气候波动事件. 第四纪研究, 37 (3): 510-521.

江思宏, 聂凤军. 2006. 北山地区花岗岩类的 ^{40}Ar/^{39}Ar 同位素年代学研究. 岩石学报, 22 (11): 2719-2732.

江新胜, 潘忠习. 2005. 中国白垩纪沙漠及气候. 北京: 地质出版社.

姜逢清, 胡汝骥, 马虹. 1998. 新疆气候与环境的过去、现在及未来情景. 干旱区地理, 21 (1): 1-9.

姜树叶, 王安建. 2014. 粮食的"食粮"中国钾盐资源战略研究报告.

焦鹏程, 刘成林, 齐继祥, 等. 2003. 高盐度地下水碳十四测年样品采集技术探讨. 地学前缘, 10 (2): 309-312.

焦鹏程, 刘成林, 颜辉, 等. 2014. 新疆罗布泊盐湖深部钾盐找矿新进展. 地质学报, 88 (6): 1011-1024.

金小赤, 王军, 陈炳蔚, 等. 2001. 新生代西昆仑隆升的地层学和沉积学记录. 地质学报, 75 (4): 459-467.

康磊, 校培喜, 高晓峰, 等. 2015. 西昆仑西段晚古生代—中生代花岗质岩浆作用及构造演化过程. 中国地质, 42 (3): 533-552.

柯珊，罗照华，莫宣学，等.2008.帕米尔构造结塔什库尔干碱性杂岩同位素年代学研究.岩石学报，24（2）：315-324.

李秉孝.1984.柴达木盆地盐湖盐类矿物及其沉积条件//中国-澳大利亚第四纪合作研究论文集：138-141.

李波涛.2012.新疆塔里木盆地罗布泊钾物质来源.北京：中国地质大学（北京）.

李春荣，陈开远.2004.潜江凹陷盐湖层序地层岩石地球化学古环境研究.海洋石油，24（3）：25-29.

李红春，朱照宇.2002.美国西部Owens湖地球化学记录及其古气候意义.第四纪研究，22（6）：578-588.

李华芹，陈富文.2004.中国新疆区域成矿作用年代学.北京：地质出版社.

李华芹，吴华，陈富文，等.2005.东天山白山铼钼矿区燕山期成岩成矿作用同位素年代学证据.地质学报，79（2）：249-255.

李华芹，陈富文，李锦轶，等.2006.再论东天山白山铼钼矿区成岩成矿时代.地质通报，25（8）：916-922.

李华勇，明庆忠，张虎才，等.2013.云南元谋盆地距今210—120ka间干热气候变化重建.地质力学学报，19（1）：14-25.

李蕙生，孙用传.1996.古盐湖沉积体系//李思田.含能源盆地沉积体系.武汉：中国地质大学出版社.

李吉均.1988.中国第四纪冰川研究新进展.冰川冻土，10（3）：238-243.

李吉均.1990.中国西北地区晚更新世以来环境变迁模式.第四纪研究，（3）：197-204.

李吉均.1999.青藏高原的地貌演化与亚洲季风.海洋地质与第四纪地质，19（1）：1-12.

李吉均.2006.青藏高原隆升与亚洲环境演变：李吉均院士论文选集.北京：科学出版社.

李吉均，方小敏，潘保田，等.2001.新生代晚期青藏高原强烈隆起及其对周边环境的影响.第四纪研究，21（5）：381-391.

李继彦，董治宝，李恩菊，等.2012.察尔汗盐湖雅丹地貌沉积物粒度特征研究.中国沙漠，32（5）：1187-1192.

李锦轶，王克卓，李亚萍，等.2006.天山山脉地貌特征、地壳组成与地质演化.地质通报，25（8）：895-909.

李明启，靳鹤龄，董光荣，等.2006.萨拉乌苏河流域微量元素揭示的气候变化.中国沙漠，26（2）：172-179.

李培清，樊白龙，李荣健，等.1987.罗布泊洼地钾盐形成条件、分布规律和资源评价//夏训诚.罗布泊科学考察与研究.北京：科学出版社：182-198.

李清，王建力，李红春，等.2008.重庆地区石笋记录中Mg/Ca比值及古气候意义.中国岩溶，27（2）：145-150.

李任伟，辛茂安.1989.东濮盆地蒸发岩的成因.沉积学报，7（4）：141-147.

李舢，王涛，童英.2010.中亚造山系中南段早中生代花岗岩类时空分布特征及构造环境.岩石矿物学杂志，29（6）：642-662.

李文明，任秉琛，杨兴科，等.2002.东天山中酸性侵入岩浆作用及其地球动力学意义.西北地质，35（4）：41-64.

李孝泽，董光荣.2006.中国西北干旱环境的形成时代与成因探讨.第四纪研究，26（6）：895-904.

李新贤，党新成.1995.开都河、博斯腾湖、孔雀河水质现状及灰色预测分析.干旱区研究，12（1）：55-61.

李煜航，杨兴科，晁会霞，等.2008.新疆北山黑山岭东南晚石炭世火山岩地质地球化学特征分析.矿物岩石地球化学通报，27（S1）：258-259.

李源, 杨经绥, 张健, 等. 2011. 新疆东天山石炭纪火山岩及其构造意义. 岩石学报, 27 (1): 193-209.

李曰俊, 孙龙德, 胡世玲, 等. 2003. 塔里木盆地塔参 1 井底部花岗闪长岩的 ^{40}Ar-^{39}Ar 年代学研究. 岩石学报, 19 (3): 530-536.

李曰俊, 杨海军, 赵岩, 等. 2009. 南天山区域大地构造与演化. 大地构造与成矿学, 33 (1): 94-104.

李忠, 彭守涛. 2013. 天山南北麓中-新生界碎屑锆石 U-Pb 年代学记录、物源体系分析与陆内盆山演化. 岩石学报, 29 (3): 739-755.

厉子龙, 杨树锋, 陈汉林, 等. 2008. 塔西南玄武岩年代学和地球化学特征及其对二叠纪地幔柱岩浆演化的制约. 矿物岩石地球化学通报, 27 (S1): 959-970.

梁涛, 罗照华, 柯珊, 等. 2007. 新疆托云火山群 SHRIMP 锆石 U-Pb 年代学及其动力学意义. 岩石学报, 23 (6): 1381-1391.

梁卓成, 顾德隆. 1984. 不纯碳酸盐样品年龄的铀系法测定. 地球化学, (1): 10-21.

林景星, 张静, 剧远景, 等. 2005. 罗布泊地区第四纪岩石地层、磁性地层和气候地层. 地层学杂志, 29 (4): 317-322.

林瑞芬, 卫克勤, 程志远, 等. 1996. 新疆玛纳斯湖沉积柱样的古气候古环境研究. 地球化学, 25 (1): 63-72.

林彦蒿, 张泽明, 贺振宇, 等. 2011. 中天山北缘华力西期造山作用——变质岩锆石 U-Pb 年代学限定. 中国地质, 38 (4): 820-828.

林耀庭. 2003. 四川盆地三叠纪海相沉积石膏和卤水的硫同位素研究. 盐湖研究, 11 (2): 1-7.

刘畅, 赵泽辉, 郭召杰. 2006. 甘肃北山地区煌斑岩的年代学和地球化学及其壳幔作用过程讨论. 岩石学报, 22 (5): 1294-1306.

刘成林. 2013. 大陆裂谷盆地钾盐矿床特征与成矿作用. 地球学报, 34 (5): 515-527.

刘成林, 王弭力. 1999. 罗布泊第四纪沉积环境演化与成钾作用. 地球学报, 20 (增刊): 264-270.

刘成林, 王弭力, 陈永志, 等. 1996. 柴达木盆地西部盐类矿床形成机理——"反向湖链"模式//郑绵平. 盐湖资源环境与全球变化. 北京: 地质出版社.

刘成林, 王弭力, 焦鹏程. 1999. 新疆罗布泊盐湖氢氧锶硫同位素地球化学及钾矿成矿物质来源. 矿床地质, 18 (3): 268-275.

刘成林, 王弭力, 焦鹏程, 等. 2002. 罗布泊第四纪卤水钾矿储层孔隙成因与储集机制研究. 地质评论, 48 (4): 437-444.

刘成林, 焦鹏程, 王弭力, 等. 2003a. 新疆罗布泊第四纪盐湖上升卤水流体及其成钾意义. 矿床地质, 22 (4): 386-392.

刘成林, 焦鹏程, 王弭力, 等. 2003b. 罗布泊第四纪含盐系成岩作用特征研究. 沉积学报, 21 (2): 240-246.

刘成林, 陈永志, 焦鹏程, 等. 2006. 罗布泊盐湖钙芒硝结晶实验与化学反应探讨. 矿床地质, (S1): 233-236.

刘成林, 焦鹏程, 王弭力, 等. 2007. 罗布泊盐湖巨量钙芒硝沉积及其成钾效应分析. 矿床地质, 26 (3): 322-329.

刘成林, 王弭力, 焦鹏程, 等. 2008a. 罗布泊杂卤石沉积特征及成因机理探讨. 矿床地质, 27 (6): 705-713.

刘成林, 焦鹏程, 曹养同. 2008b. 蒸发岩盆地构造反转对钾盐成矿控制研究//第九届全国矿床会议论文集. 北京: 地质出版社.

刘成林, 王弭力, 焦鹏程, 等. 2009. 罗布泊盐湖钾盐矿床分布规律及控制因素分析. 地球学报, 30 (6): 796-802.

刘成林, 焦鹏程, 陈永志, 等.2010a. 罗布泊断陷带内形成富钾卤水机理研究. 矿床地质, 29 (4):
602-608.

刘成林, 焦鹏程, 王弭力.2010b. 盆地钾盐找矿模型探讨. 矿床地质, 29 (4): 581-592.

刘成林, 马黎春, 焦鹏程, 等.2010c. 罗布泊盐湖化学沉积序列及其控制因素. 矿床地质, 29 (4):
625-630.

刘成林, 赵艳军, 方小敏, 等.2015. 板块构造对海相钾盐矿床分布与成矿模式的控制. 地质学报,
89 (11): 1893-1907.

刘传联, 赵泉鸿, 汪品先.2001. 湖相碳酸盐氧碳同位素的相关性与生油古湖泊类型. 地球化学,
30 (4): 363-367.

刘春茹, 尹功明, 高璐, 等.2011. 第四纪沉积物 ESR 年代学研究进展. 地震地质, 33 (2): 490-498.

刘东生, 张宗祜.1962. 中国的黄土. 地质学报, 42 (1): 1-14.

刘东生, 丁仲礼.1992. 二百五十万年来季风环流与大陆冰量变化的阶段性耦合过程. 第四纪研究, (1):
12-21.

刘东生, 安芷生, 袁宝印.1985. 中国的黄土与风尘堆积. 第四纪研究, 6 (1): 113-125.

刘东生, 刘嘉麒, 吕厚远.1998. 玛珥湖高分辨率古环境研究的新进展. 第四纪研究, (4): 289-295.

刘景彦, 杨海军, 杨永恒, 等.2012. 塔里木盆地东北缘志留纪构造活动的 U-Pb 年代证据及盆内响应.
中国科学: 地球科学, 42 (8): 1218-1233.

刘浪涛, 陈杰, 李涛.2017. 帕米尔、南天山及其会聚带现代河流沉积物碎屑锆石 U-Pb 测年. 地震地质,
39 (3): 497-516.

刘群, 陈郁华.1987. 中国中、新生代陆源碎屑-化学岩型盐类沉积. 北京: 北京科学技术出版社.

刘群, 杜之岳, 陈郁华, 等.1997. 陕北奥陶系和塔里木石炭系钾盐找矿远景. 北京: 原子能出版社.

刘文, 吴春明, 吕新彪, 等.2016. 库鲁克塔格早寒武世泥质岩的地球化学特征及其地质意义. 中国地
质, 43 (6): 1999-2010.

刘永江, 葛肖虹, Genser J, 等.2003. 阿尔金断裂带构造活动的 ^{40}Ar-^{39}Ar 年龄证据. 科学通报,
48 (12): 1335-1341.

刘永江, Neubauer F, 葛肖虹, 等.2007. 阿尔金断裂带年代学和阿尔金山隆升. 地质科学, 42 (1):
134-146.

陆松年, 李怀坤, 陈志宏.2003. 塔里木与扬子新元古代热-构造事件特征、序列和时代——扬子与塔里
木连接（YZ-TAR）假设. 地学前缘, 10 (4): 321-326.

鹿化煜, 安芷生, 王晓勇, 等.2004. 最近 14Ma 青藏高原东北缘阶段性隆升的地貌证据. 中国科学（D
辑）, 34 (9): 855-864.

鹿化煜, 王先彦, 李郎平.2008. 晚新生代亚洲干旱气候发展与全球变冷联系的风尘沉积证据. 第四纪研
究, 28 (5): 949-956.

罗超, 彭子成, 杨东, 等.2006. 新疆罗布泊地区的环境演化. 自然杂志, 28 (1): 37-41.

罗超, 杨东, 彭子成, 等.2007. 新疆罗布泊地区近 3.2 万年沉积物的气候环境记录. 第四纪研究,
27 (1): 114-121.

罗超, 彭子成, 杨东, 等.2008. 多元地球化学指标指示的 32~9ka B.P. 罗布泊地区环境及其对全球变
化的响应. 地球化学, 37 (2): 139-148.

罗金海, 车自成, 曹远志, 等.2008. 南天山南缘早二叠世酸性火山岩的地球化学、同位素年代学及其构
造意义. 岩石学报, 24 (10): 2281-2288.

罗金海, 车自成, 张小莉, 等.2011. 塔里木盆地东北部新元古代花岗质岩浆活动及地质意义. 地质学
报, 85 (4): 467-474.

罗照华, 白志达, 赵志丹, 等. 2003. 塔里木盆地南北缘新生代火山岩成因及其地质意义. 地学前缘, (3)：179-189.

吕凤琳, 刘成林, 焦鹏程, 等. 2015. 亚洲大陆内部盐湖沉积特征、阶段性演化及其控制因素探讨——基于罗布泊 LDK01 深孔岩心记录. 岩石学报, 31 (9)：2770-2782.

吕明强. 1993. 塔里木盆地河流水化学特征. 水科学进展, 4 (1)：51-56.

吕延武, 顾兆炎, Aldahan A, 等. 2010. 内蒙古额济纳盆地戈壁^{10}Be 暴露年龄与洪积作用的演化. 科学通报, 55 (27)：2719-2727.

马乐天, 张招崇, 董书云, 等. 2009. 南天山英买来花岗岩：磁铁矿系列还是钛铁矿系列? 现代地质, 23 (6)：1039-1048.

马妮娜, 郑绵平, 马志邦, 等. 2011. 柴达木盆地大浪滩地区表层芒硝的形成时代及环境意义. 地质学报, 85 (3)：433-444.

马志邦, 郑绵平, 吴中海, 等. 2010. 不纯碳酸盐 U-Th 等时线定年及同位素分馏对年龄的影响. 地质学报, 84 (8)：1146-1154.

毛雪, 蒋汉朝, 杨桂芳, 等. 2011. 我国末次冰消期古气候时空演化特征初探. 第四纪研究, 31 (1)：57-65.

毛友亮, 樊双虎, 陈淑娥, 等. 2014. 南天山高钾钙碱性花岗岩年代学、岩石成因及其地质意义. 高校地质学报, 20 (1)：58-67.

孟令顺, 齐立, 高锐, 等. 1998. 青藏高原北缘重力场研究. 物探与化探, 22 (3)：183-190.

苗来成, 朱明帅, 张福勤. 2014. 北山地区中生代岩浆活动与成矿构造背景分析. 中国地质, 41 (4)：1190-1204.

穆桂金. 1994. 塔克拉玛干沙漠的形成时代及发展过程. 干旱区地理, 17 (3)：1-9.

穆桂金, 包安民, 郝杰. 2001. 新疆主要尾闾湖演变的构造环境. 干旱区地理, 24 (3)：193-200.

潘家伟, 李海兵, 孙知明, 等. 2013. 青藏高原西北部晚第四纪以来的隆升作用——来自西昆仑阿什库勒多级河流阶地的证据. 岩石学报, 29 (6)：2199-2210.

裴军令, 李海兵, 司家亮, 等. 2011. 早更新世以来青藏高原隆升作用在塔里木盆地腹地的响应. 岩石学报, 27 (11)：3487-3498.

彭子成. 1997. 第四纪年龄测定的新技术——热电高质谱铀系法的发展近况. 第四纪研究, 17 (3)：258-264.

彭子成, 刘卫国, 张兆峰, 等. 2001. 罗布泊湖相沉积石膏的热电离质谱–铀系定年. 科学通报, 46 (9)：767-770.

钱一雄, 尤东华, 陈代钊, 等. 2012. 塔东北库鲁克塔格中上寒武统白云岩岩石学、地球化学特征与成因探讨——与加拿大西部盆地惠而浦 (Whirlpool point) 剖面对比. 岩石学报, 28 (8)：2525-2541.

秦全新. 2003. 新疆若羌县罗北凹地液体钾盐矿床地质特征及成因探讨. 新疆有色金属, (S2)：2-4.

屈建军, 郑本兴, 俞祁浩, 等. 2004. 罗布泊东阿奇克谷地雅丹地貌与库姆塔格沙漠形成的关系. 中国沙漠, 24 (3)：294-300.

曲懿华. 1997. 兰坪–思茅盆地与泰国呵叻盆地含钾卤水同源性研究——兼论该区找钾有利层位和地区. 化工矿产地质, 19 (2)：81-84, 98.

曲懿华, 钱自强, 韩蔚田. 1979. 盐矿物鉴定手册. 北京：地质出版社.

沈吉, 薛滨, 吴敬禄, 等. 2010. 湖泊沉积与环境演化. 北京：科学出版社.

施炜, 刘成林, 杨海军, 等. 2009. 基于砂箱模拟实验的罗布泊盆地新构造变形特征分析. 大地构造与成矿学, 33 (4)：529-534.

施炜, 田蜜, 马寅生, 等. 2011. 罗布泊盆地新构造变形数值模拟分析. 地质力学学报, 17 (3)：

223-231.

施雅风，李吉均．1999．晚新生代青藏高原的隆升与东亚环境变化．地理学报，（1）：10-21．

施雅风，文忠启，曲耀光，等．1990．新疆柴窝堡盆地第四纪气候环境变迁和水文地质条件．北京：海洋
　　出版社．

史忠生，陈开远，何生．2005．东濮凹陷古近系锶、硫、氧同位素组成及古环境意义．地球科学——中国
　　地质大学学报，30（4）：430-436．

司家亮，李海兵，Laurie B，等．2007．青藏高原西北缘晚新生代的隆升特征——来自西昆仑山前盆地的
　　沉积学证据．地质通报，26（10）：1356-1367．

宋春晖，方小敏，李吉均，等．2001．青藏高原北缘酒西盆地13Ma以来沉积演化与构造隆升．中国科学
　　（D辑），31（B12）：155-162．

宋春晖，高东林，方小敏，等．2005．青藏高原昆仑山垭口盆地晚新生代高精度磁性地层及其意义．科学
　　通报，50（19）：2145-2154．

宋文杰，李曰俊，胡世玲，等．2003．巴楚瓦基里塔格基性–超基性杂岩 ^{40}Ar-^{39}Ar 定年．新疆石油地质，
　　24（4）：284-285．

孙大鹏，帅开业，高建华，等．1998．氯化物型钾盐矿床氯同位素地球化学的初步研究．现代地质，12
　　（2）：229-234．

孙继敏，刘卫国，柳中晖，等．2017．青藏高原隆升与新特提斯海退却对亚洲中纬度阶段性气候干旱的影
　　响．中国科学院院刊，32（9）：951-958．

孙枢，王成善．2009．"深时"（Deep Time）研究与沉积学．沉积学报，27（5）：792-810．

孙小虹．2013．罗布泊盐湖盐类矿物特征、成因与成钾作用．北京：中国地质科学院．

孙小虹，刘成林，焦鹏程，等．2016．罗布泊盐湖富钾卤水成因再探讨．矿床地质，35（6）：1190-1204．

孙有斌，安芷生．2001．最近7Ma黄土高原风尘通量记录的亚洲内陆干旱化的历史和变率．中国科学（D
　　辑），31（9）：769-776．

孙有斌，刘青松．2007．晚上新世—早更新世北太平洋和黄土高原的风尘沉积记录的初步对比．第四纪研
　　究，27（2）：263-269．

孙镇城，冯晓杰，杨藩，等．1997．中国西部晚第三纪—第四纪有孔虫和钙质超微化石的发现及其地质意
　　义．现代地质，（3）：269-274．

谭明，侯居峙，程海．2002．定量重建气候历史的石笋年层方法．第四纪研究，22（3）：209-219．

汤良杰．1997．略论塔里木盆地主要构造运动．石油实验地质，19（2）：108-114．

汤庆艳，张铭杰，李文渊，等．2015．新疆北山二叠纪大型镁铁–超镁铁质岩体的动力学背景及成矿潜力．
　　中国地质，42（3）：468-481．

滕晓华，韩文霞，叶程程，等．2013．柴达木盆地SG-1孔1.0Ma以来碳酸盐同位素记录的亚洲内陆干旱
　　化及成因．第四纪研究，33（5）：866-875．

瓦里亚什科 М Г．1965．钾盐矿床形成的地球化学规律．北京：中国工业出版社．

汪品先．1998．亚洲形变与全球变冷——探索气候与构造的关系．第四纪研究，18（3）：213-221．

王超，刘良，罗金海，等．2007．西南天山晚古生代后碰撞岩浆作用：以阔克萨彦岭地区巴雷公花岗岩为
　　例．岩石学报，23（8）：1830-1840．

王成善，戴紧根，刘志飞，等．2009．西藏高原与喜马拉雅的隆升历史和研究方法：回顾与展望．地学前
　　缘，16（3）：1-30．

王得林．2000．新疆古近纪和新近纪古地理．新疆地质，18（4）：352-356．

王富葆，马春梅，夏训诚，等．2008．罗布泊地区自然环境演变及其对全球变化的响应．第四纪研究，
　　28（1）：150-153．

王恒纯.1991.同位素水文地质概论.北京：地质出版社.

王进峰.1995.人地关系演进及其调控——全球变化、自然灾害、人类活动中国典型区研究.北京：科学出版社.

王筠，赵元杰.2010.近200年以来罗布泊地区红柳沙包孢粉组合特征及其反映的植被和气候变化.第四纪研究，30（3）：609-619.

王盟，张进江，戚国伟，等.2014.新疆南天山南缘库车河流域早二叠世酸性火山岩的地球化学、锆石年代学及构造意义.地质科学，49（1）：242-258.

王弭力，王仪杰，刘成林，等.1993.柴达木盆地大浪滩盐矿床基本特征及形成机理.中国地质科学院院报，（26）：97-108.

王弭力，李廷祺，刘成林，等.1996.新疆罗布泊罗北凹地钾矿的重大发现//"八五"地质科学重要成果学术交流会议论文选集.北京：冶金工业出版社：446-449.

王弭力，杨志琛，刘成林，等.1997a.柴达木盆地北部盐湖钾矿床及其开发前景.北京：地质出版社.

王弭力，刘成林，杨智琛，等.1997b.罗布泊罗北凹地特大型钾矿床特征及其成因初探.地质论评，43（3）：249.

王弭力，刘成林，焦鹏程，等.2001.罗布泊盐湖钾盐资源.北京：地质出版社.

王弭力，刘成林，焦鹏程.2006.罗布泊盐湖钾盐矿床调查科研进展与开发现状.地质评论，52（6）：757-764.

王乃昂，李卓仑，程弘毅，等.2011.阿拉善高原晚第四纪高湖面与大湖期的再探讨.科学通报，56（17）：1367-1377.

王苏民，李建仁.1991.湖泊沉积——研究历史气候的有效手段——以青海湖、岱海为例.科学通报，36（1）：54-54.

王苏民，吉磊，薛滨，等.1995.东南季风区及青藏高原东部湖泊沉积研究与古环境重建.第四纪研究，15（3）：243-248.

王文祥，李文鹏，刘成林，等.2013.第四纪以来塔里木河流域对罗布泊的钾离子输运量.矿床地质，32（6）：1285-1290.

王永，赵振宏.2001.罗布泊东部阿奇克谷地第四纪古地理.古地理学报，3（2）：23-28.

王永，赵振宏，严富华，等.2000.罗布泊八一泉剖面孢粉组合及意义.干旱区地理，23（2）：112-115.

王永，赵振宏，林景星.2004.罗布泊AK1孔沉积物地球化学组成与古气候.地球学报，25（6）：653-658.

王永，王军，肖序常，等.2009.西昆仑山前河流阶地的形成及其构造意义.地质通报，28（12），1779-1785.

王瑜，万景林.2002.阿尔金山北段阿克塞—当金山口一带新生代山体抬升和剥蚀的裂变径迹证据.地质学报，76（2）：191-198.

王跃，董光荣，金炯，等.1992.新构造运动在塔里木盆地演化中作用.地质论评，38（5）：426-430.

王云飞.1993.青海湖、岱海的湖泊碳酸盐化学沉积与气候环境变化.海洋与湖沼，24（1）：31-36.

魏新俊，姜继学.1993.柴达木盆地第四纪盐湖演化.地质学报，（3）：255-265.

邬光辉，张宝收，张承泽，等.2007.英吉苏凹陷碎屑锆石测年及其对沉积物源的指示.新疆地质，25（4）：351-355.

邬光辉，孙建华，郭群英，等.2010.塔里木盆地碎屑锆石年龄分布对前寒武纪基底的指示.地球学报，31（1）：65-72.

邬光剑，潘保田，管清玉，等.2002.中更新世气候转型与100ka周期研究.地球科学进展，17（4）：605-611.

吴崇筠, 薛叔浩. 1993. 中国含油气盆地沉积学. 北京: 石油工业出版社.

吴根耀. 2007. 造山带古地理学——重建区域构造古地理的若干思考. 古地理学报, 9 (6): 635-650.

吴国干, 李华启, 初宝洁, 等. 2002. 塔里木盆地东部大地构造演化与油气成藏. 大地构造与成矿学, 26 (3): 229-234.

吴敬禄. 1995. 新疆艾比湖全新世沉积特征及古环境演化. 地理科学, 15 (1): 39-46.

吴敬禄, 王苏民. 1996. 青藏高原东部 RM 孔碳酸盐氧同位素揭示的末次间冰期气候特征. 科学通报, 41 (17): 1601-1604.

吴敬禄, 王苏民, 潘红玺, 等. 1997. 青藏高原东部 RM 孔 140ka 以来湖泊碳酸盐同位素记录的古气候特征. 中国科学 (D 辑), 27 (3): 255-259.

吴瑞金. 1993. 湖泊沉积物的磁化率、频率磁化率及其古气候意义——以青海湖、岱海近代沉积为例. 湖泊科学, 5 (2): 128-135.

吴玉书. 1994. 新疆罗布泊 F_4 浅坑孢粉组合及意义. 干旱区地理, 17 (1): 24-29.

夏林圻, 李向民, 夏祖春, 等. 2006. 天山石炭-二叠纪大火成岩省裂谷火山作用与地幔柱. 西北地质, 39 (1): 1-49.

夏训诚. 1987. 罗布泊科学考察与研究. 北京: 科学出版社.

夏训诚. 2007. 中国罗布泊. 北京: 科学出版社.

肖爱芳, 黎敦朋. 2010. 塔里木盆地西南缘片麻状花岗岩锆石 SHRIMP U-Pb 定年. 西北地质, 43 (4): 87-94.

肖序常. 1992. 新疆北部及其邻区大地构造. 北京: 地质出版社.

谢富仁, 刘光勋. 1989. 阿尔金断裂带中段区域新构造应力场分析. 中国地震, 5 (3): 26-36.

谢晓安, 吴奇之, 高岩, 等. 1997. 塔里木盆地压扭断裂带构造特征与油气聚集. 石油学报, 18 (2): 13-17.

新疆维吾尔自治区地质矿产局. 1993. 新疆维吾尔自治区区域地质志. 北京: 地质出版社.

邢大韦, 韩凤霞. 1994. 我国西北干旱地区环境与发展问题. 干旱区资源与环境, 8 (4): 1-8.

熊尚发, 丁仲礼, 刘东生. 1999. 北京邻区 1.2Ma 以来黄土沉积及其对东部沙漠扩张的指示. 海洋地质与第四纪地质, 19 (3): 67-73.

徐学义, 马中平, 夏祖春, 等. 2006. 天山中西段古生代花岗岩 TIMS 法锆石 U-Pb 同位素定年及岩石地球化学特征研究. 西北地质, 39 (1): 50-75.

闫顺, 穆桂金, 许英勤, 等. 1998. 新疆罗布泊地区第四纪环境演变. 地理学报, 53 (4): 332-340.

闫义, 林舸, 王岳军, 等. 2002. 盆地陆源碎屑沉积物对源区构造背景的指示意义. 地球科学进展, 17 (1): 85-90.

严富华, 叶永英, 麦学舜. 1983. 新疆罗布泊罗 4 井的孢粉组合及其意义. 地震地质, 5 (4): 75-80.

颜茂都, 方小敏, 陈诗越, 等. 2001. 青藏高原更新世黄土磁化率和磁性地层与高原重大气候变化事件. 中国科学 (D 辑), 31 (S1): 182-186.

杨富全, 傅旭杰. 2000. 新疆南天山成矿带矿床成矿系列. 地球学报, 21 (1): 38-43.

杨经绥, 史仁灯, 吴才来, 等. 2004. 柴达木盆地北缘新元古代蛇绿岩的厘定——罗迪尼亚大陆裂解的证据? 地质通报, 23 (9-10): 892-898.

杨克明, 熊永旭, 李晋光, 等. 1992. 中国西北地区板块构造与盆地类型. 石油与天然气地质, 13 (1): 47-56.

杨莉, 陈文, 张斌, 等. 2016. 新疆额尔宾山花岗岩侵位年龄和成因及其对南天山洋闭合时代的限定. 地质通报, 35 (1): 152-166.

杨瑞东, 张传林, 罗新荣, 等. 2007. 新疆库鲁克塔格地区新元古代末期汉格尔乔克冰期成因新证据. 地质论评, 53 (2): 228-233.

杨树锋, 陈汉林, 董传万, 等. 1996. 塔里木盆地二叠纪正长岩的发现及其地球动力学意义. 地球化学, 25 (2): 121-128.

杨树锋, 陈汉林, 王清华, 等. 2006. 塔里木板块早-中二叠世玄武质岩浆作用的沉积响应//全国岩石学与地球动力学研讨会论文集.

杨艺, 王汝建, 刘健, 等. 2014. 新疆罗布泊 45ka BP 以来沉积物元素地球化学特征及其环境指示意义. 海洋地质与第四纪地质, 34 (4): 133-144.

杨艺, 王汝建, 刘健, 等. 2015. 新疆罗布泊 45ka BP 以来沉积物粒度敏感组分记录的区域沙尘活动历史. 地学前缘, 22 (5): 247-258.

杨屹. 2003. 阿尔金大平沟金矿床成矿时代 Rb-Sr 定年. 新疆地质, 21 (3): 303-306.

姚轶锋, 王霞, 谢淦, 等. 2015a. 孢粉记录的新疆地区新近纪植被格局与气候环境演化. 第四纪研究, 35 (3): 683-697.

姚轶锋, 王霞, 谢淦, 等. 2015b. 新疆地区全新世植被演替与气候环境演变. 科学通报, 60 (31): 2963-2976.

于峻川, 莫宣学, 董国臣, 等. 2011. 塔里木北部二叠纪长英质火山岩年代学及地球化学特征. 岩石学报, 27 (7): 2184-2194.

袁见齐, 霍承禹, 蔡克勤. 1983. 高山深盆的成盐环境——一种新的成盐模式的剖析. 地质评论, 29 (2): 159-165.

曾建元, 杨宏仪, 万渝生, 等. 2006. 北祁连山变质杂岩中新元古代 (~775Ma) 岩浆活动纪录的发现: 来自 SHRIMP 锆石 U-Pb 定年的证据. 科学通报, 51 (5): 575-581.

曾允孚, 林文球, 唐德章. 1981. 湖南城步地区铺头黄铁矿含矿层时代探讨. 成都地质学院学报, (4): 52-57.

张传林, 李怀坤, 王洪燕. 2012. 塔里木地块前寒武纪地质研究进展评述. 地质论评, 58 (5): 923-936.

张虎才, 史正涛, 戴雪荣. 1997. 深海氧同位素第 5 阶段的气候记录: 武都黄土剖面与极地冰心、深海沉积同位素记录的对比. 兰州大学学报, (4): 107-115.

张华, 刘成林, 曹养同, 等. 2013. 塔里木古海湾新生代海退时限及方式的初步探讨. 地球学报, 34 (5): 577-584.

张家富, 莫多闻, 夏正楷, 等. 2009. 沉积物的光释光测年和对沉积过程的指示意义. 第四纪研究, 29 (1): 23-33.

张林源, 蒋北理. 1992. 论我国西北干旱气候的成因. 干旱区地理, 15 (2): 1-12.

张秀莲. 1985. 碳酸盐岩中氧、碳稳定同位素与古盐度、古水温的关系. 沉积学报, 3 (4): 17-30.

张英利, 王宗起, 闫臻, 等. 2011. 库鲁克塔格地区新元古代沉积物源分析: 来自碎屑锆石年代学的证据. 岩石学报, 27 (1): 121-132.

张岳桥, 陈正乐, 杨农. 2001. 阿尔金断裂晚新生代左旋走滑位错的地质新证据. 现代地质, 15 (1): 8-12.

张振克, 王苏民. 1999. 中国湖泊沉积记录的环境演变: 研究进展与展望. 地球科学进展, 14 (4): 417-422.

张志诚, 郭召杰, 刘玉琳, 等. 2004. 新疆库鲁克塔格地区基性岩墙群氩氩同位素组成及其地质意义. 新疆地质, 22 (1): 12-15.

赵海彤. 2013. 罗布泊巨厚钙芒硝沉积特征及其成因. 北京: 中国地质大学 (北京).

赵海彤, 刘成林, 焦鹏程, 等. 2014. 罗布泊干盐湖钙芒硝形貌特征及生长影响因素. 矿物学报, 34 (1): 97-106.

赵希涛，郑绵平，李道明．2009．青海格尔木三岔河组年龄测定与昆仑古湖发育．第四纪研究，29（1）：89-97.

赵振宏，侯光才，齐万秋，等．2001．浅谈新疆罗布泊地区第四纪下限．干旱区地理，24（2）：130-135.

赵振宏，侯光才，蔡青勤，等．2002．罗布泊钾卤水矿床成矿地质背景．新疆地质，20（3）：210-213.

赵志军，方小敏，李吉均，等．2001．酒泉砾石层的古地磁年代与青藏高原隆升．科学通报，46（14）：1208-1212.

郑度，姚檀栋．2004．青藏高原隆升与环境效应．北京：科学出版社．

郑洪波，Butcher K，Powell C．2002．新疆叶城晚新生代山前盆地演化与高原北缘的隆升——Ⅰ地层学与岩石学证据．沉积学报，20（2）：274-281.

郑洪波，Butcher K，Powell C．2003．新疆叶城晚新生代山前盆地演化与青藏高原北缘的隆升——Ⅱ沉积相与沉积盆地演化．沉积学报，21（1）：46-51.

郑洪波，贾军涛，王可．2009．塔里木盆地南缘新生代沉积：对青藏高原北缘隆升和塔克拉玛干沙漠演化的指示．地学前缘，16（6）：154-161.

郑绵平，向军，魏新俊，等．1989．青藏高原盐湖．北京：北京科学技术出版社．

郑喜玉．1988．西藏盐湖微量元素的分布．海洋与湖沼，19（1）：52-63.

郑喜玉，单兰娣．1996．新疆盐湖沉积特征．沉积学报，14（2）：137-143.

中国地质科学院矿产资源研究所．2011．罗布泊盐湖深部钾盐资源调查研究（内部报告，焦鹏程等编写）．

周长进，董锁成．2002．柴达木盆地主要河流的水质研究及水环境保护．资源科学，24（2）：37-41.

朱大岗，赵希涛，孟宪刚，等．2004．藏北高原东南部古大湖演化．地质学报，78（4）：576.

朱青，王富葆，曹琼英，等．2009．罗布泊全新世沉积特征及其环境意义．地层学杂志，33（3）：283-290.

朱日祥，岳乐平，白立新．1995．中国第四纪古地磁学研究进展．第四纪研究，15（2）：162-173.

朱筱敏．2008．沉积岩石学．北京：石油工业出版社．

朱筱敏，康安，王贵文，等．1998．三塘湖盆地侏罗系辫状河三角洲沉积特征．石油大学学报（自然科学版），22（1）：14-17.

朱允铸，吴必豪，李文生，等．1989．青海省柴达木盆地一里坪和东、西台吉乃尔湖地质新认识．地质论评，35（6）：558-565.

朱允铸，钟坚华，吴必豪，等．1990．阿尔金山上升史与塔里木、柴达木成盐关系初探．石油与天然气地质，11（2）：136-143.

朱照宇，顾德隆，罗尚德，等．2001．青藏高原甜水海湖泊沉积物铀系等时线测年．科学通报，46（2）：163-167.

朱志新．2007．新疆南天山地质组成和构造演化．北京：中国地质科学院．

朱志新，李锦轶，董连慧，等．2008．新疆南天山肓起苏晚石炭世侵入岩的确定及对南天山洋盆闭合时限的限定．岩石学报，24（12）：2761-2766.

朱志新，李锦轶，董连慧，等．2009．新疆南天山构造格架及构造演化．地质通报，28（12）：1863-1870.

Alley R B，Meese D，Shuman C A，et al. 1993. Abrupt accumulation increase at the Younger Dryas termination in the GISP2 ice core. Nature，362：527-529.

An Z S. 2014. Late Cenozoic climate change in Asia：loess，monsoon and monsoon-arid environment evolution. Dordrecht：Springer.

An Z S，Kutzbach J E，Prell W L，et al. 2001. Evolution of Asian monsoons and phased uplift of the Himalaya-

Tibetan plateau since late miocene times. Nature, 411 (6833): 62-66.

Anderson R Y, Kirkland D W. 1980. Dissolution of salt deposits by brine density flow. Geology, 8 (2): 66-69.

Anderson T. 2005. Detrital zircons as tracers of sedimentary provenance: limiting conditions from statistics and numerical simulation. Chemical Geology, 216: 249-270.

Ao S J, Xiao W J, Han C M, et al. 2010. Geochronology and geochemistry of Early Permian mafic- ultramafic complexes in the Beishan area, Xinjiang, NW China: implications for late Paleozoic tectonic evolution of the southern Altaids. Gondwana Research, 18 (2-3): 466-478.

Bard E, Hamelin B, Fairbanks R G, et al. 1990. Calibration of the ^{14}C timescale over the past 30,000 years using mass spectrometric U-Th ages from Barbados corals. Nature, 345 (6274): 405-410.

Berry R F, Jenner G A, Meffre S, et al. 2001. A North American provenance for Neoproterozoic to Cambrian sandstones in Tasmania. Earth and Planetary Science Letters, 192: 207-222.

Bischoff J L, Fitzpatrick J A. 1991. U- series dating of impure carbonates: an isochron technique using total- sample dissolution. Geochimica et Cosmochimica Acta, 55 (2): 543-554.

Blatt H, Middleton G V, Murray R. 1972. Origin of sedimentary rocks. New Jersey: Prentice- Hall.

Blott S J, Pye K. 2001. GRADISTAT: a grain size distribution and statistics package for the analysis of unconsolidated sediments. Earth Surface Processes and Landforms, 26 (11): 1237-1248.

Bo Y, Liu C L, Jiao P C, et al. 2013. Hydrochemical characteristics and controlling factors for waters' chemical composition in the Tarim Basin, Western China. Chemie der Erde-Geochemistry, 73 (3): 343-356.

Bobst A L, Lowenstein T K, Jordan T E, et al. 2001. A 106 ka paleoclimate record from drill core of the Salar de Atacama, northern Chile. Palaeogeography, Palaeoclimatology, Palaeoecology, 173: 21-42.

Boos W R, Kuang Z. 2010. Dominant control of the South Asian monsoon by orographic insulation versus plateau heating. Nature, 463 (7278): 218-222.

Bosboom R E, Dupont-Nivet G, Houben A J, et al. 2011. Late Eocene sea retreat from the Tarim Basin (west China) and concomitant Asian paleoenvironmental change. Palaeogeography, Palaeoclimatology, Palaeoecology, 299 (3): 385-398.

Bosboom R E, Dupont- Nivet G, Grothe A, et al. 2014a. Linking Tarim Basin sea retreat (west China) and Asian aridification in the late Eocene. Basin Research, 26 (5): 621-640.

Bosboom R E, Dupont- Nivet G, Grothe A, et al. 2014b. Timing, cause and impact of the late Eocene stepwise sea retreat from the Tarim Basin (west China). Palaeogeography, Palaeoclimatology, Palaeoecology, 403: 101-118.

Boynton W V. 1984. Cosmochemistry of the rare earth elements: meteorite studies. Developments in Geochemistry, 2 (2): 63-114.

Bryant R G, Sellwood B W, Millington A C, et al. 1994. Marine- like potash evaporite formation on a continental playa: case study from Chott el Djerid, southern Tunisia. Sedimentary Geology, 90 (3): 269-291.

Bust J F. 1969. Diagenesis of gulf coast clayed sediments and its possible relation to petroleum migration. American Association PetroleumGeologists, 53: 73-93.

Cao X, Lü X, Liu S, et al. 2011. LA- ICP- MS zircon dating, geochemistry, petrogenesis and tectonic implications of the Dapingliang Neoproterozoic granites at Kuluketage block, NW China. Precambrian Research, 186 (1): 205-219.

Cao Y T, Liang L, Chao W. 2010. Geochemical, zircon U- Pb dating and Hf isotope compositions studies for Tatelekebulake granite in South Altyn Tagh. Acta Petrologica Sinica, 26 (11): 3259-3271.

Carrapa B, Mustapha F S, Cosca M, et al. 2014. Multisystem dating of modern river detritus from Tajikistan and

China: implications for crustal evolution and exhumation of the Pamir. Lithosphere, 6 (6): 443-455.

Cawood P A, Nemchin A A. 2000. Provenance record of a rift basin: U/Pb ages of detrital zircons from the Perth Basin, Western Australia. Sedimentary Geology, 134 (3-4): 209-234.

Cerling T E, Wang Y, Quade J. 1993. Expansion of C4 ecosystems as an indicator of global ecological change in the late Miocene. Nature, 361 (6410): 344-345.

Cerling T E, Harris J M, MacFadden B J, et al. 1997. Global vegetation change through the Miocene-Pliocene boundary. Nature, 389 (6647): 153-158.

Chang H, An Z S, Liu W G, et al. 2012. Magnetostratigraphic and paleoenvironmental records for a Late Cenozoic sedimentary sequence drilled from Lop Nor in the eastern Tarim Basin. Global and Planetary Change, 80: 113-122.

Chang H, An Z S, Wu F, et al. 2013. A Rb/Sr record of the weathering response to environmental changes in westerly winds across the Tarim Basin in the late Miocene to the early Pleistocene. Palaeogeography, Palaeoclimatology, Palaeoecology, 386 (6): 364-373.

Chao L, Zicheng P, Dong Y, et al. 2009. A lacustrine record from Lop Nur, Xinjiang, China: implications for paleoclimate change during Late Pleistocene. Journal of Asian Earth Sciences, 34 (1): 38-45.

Chapman J B, Scoggin S H, Kapp P, et al. 2018. Mesozoic to cenozoic magmatic history of the pamir. Earth & Planetary Science Letters, 482: 181-192.

Chen F, Yu Z, Yang M, et al. 2008. Holocene moisture evolution in arid central Asia and its out-of-phase relationship with Asian monsoon history. Quaternary Science Reviews, 27 (3-4): 351-364.

Chen F H, Chen J H, Holmes J, et al. 2010. Moisture changes over the last millennium in arid central Asia: a review, synthesis and comparison with monsoon region. Quaternary Science Reviews, 29 (7): 1055-1068.

Chen X H, Yin A N, Egehrels G, et al. 2004. Mesozoic N-S extension in the eastern altyn tagh range on the northern margin of the Qinghai-Tibet Plateau. Journal of Geomechanics, 10 (3): 193-212.

Chen X J, Shu L S, Santosh M. 2011. Late Paleozoic post-collisional magmatism in the Eastern Tianshan Belt, Northwest China: new insights from geochemistry, geochronology and petrology of bimodal volcanic rocks. Lithos, 127: 581-598.

Chen Y L, Niu F L, Liu R F, et al. 2010. Crustal structure beneath China from receiver function analysis. Journal of Geophysical Research, 115 (B3): 1-22.

Chen Y, Xu B, Zhan S, et al. 2004. First mid-Neoproterozoic paleomagnetic results from the Tarim Basin (NW China) and their geodynamic implications. Precambrian Research, 133 (3): 271-281.

Cheng H, Edwards R L, Hoff J, et al. 2000. The half-lives of uranium-234 and thorium-230. Chemical Geology, 169 (1): 17-33.

Cheng H, Edwards R L, Shen C C, et al. 2013. Improvements in ^{230}Th dating, ^{230}Th and ^{234}U half-life values, and U-Th isotopic measurements by multi-collector inductively coupled plasma mass spectrometry. Earth and Planetary Science Letters, 371: 82-91.

Clark P U, Shakun J D, Baker P A, et al. 2012. Global climate evolution during the last deglaciation. Proceedings of the National Academy of Sciences of the United States of America, 109 (19): 7140-7141.

Clark T R, Zhao J X, Feng Y X, et al. 2012. Spatial variability of initial ^{230}Th/^{232}Th in modern porites, from the inshore region of the Great Barrier Reef. Geochimica et Cosmochimica Acta, 78 (3): 99-118.

Coleman M. 1995. Evidence for Tibetan uplift before 14 Myr ago from a new minimum age for east-west extension. Nature, 374: 49-52.

Cowgill E, Yin A, Harrison T M, et al. 2003. Reconstruction of the altyn tagh fault based on U-Pb geochronology:

role of back thrusts, mantle sutures, and heterogeneous crustal strength in forming the Tibetan Plateau. Journal of Geophysical Research Solid Earth, 108 (B7): 457-470.

Dai J, Zhao X, Wang C, et al. 2012. The vast proto-tibetan plateau: new constraints from paleogene Hoh Xil Basin. Gondwana Research, 22 (2): 434-446.

Dellwig L F. 1955. Origin of the Salina salt of Michigan. Journal of Sedimentary Research, 25 (2): 83-110.

Dickinson W R, Beard L S, Brakenridge G R, et al. 1983. Provenance of North American Phanerozoic sandstones in relation to tectonic setting. Geological Society of America Bulletin, 94 (2): 222-235.

Ding Z L, Xiong S F, Sun J M, et al. 1999. Pedostratigraphy and paleomagnetism of a 7.0Ma eolian loess- red clay sequence at Lingtai, Loess Plateau, north-central China and the implications for paleomonsoon evolution. Palaeogeography, Palaeoclimatology, Palaeoecology, 152 (1-2): 49-66.

Ding Z L, Derbyshire E, Yang S L, et al. 2005. Stepwise expansion of desert environment across northern China in the past 3.5Ma and implications for monsoon evolution. Earth and Planetary Science Letters, 237 (1-2): 45-55.

Ding Z, Yu Z, Rutter N W, et al. 1994. Towards an orbital time scale for Chinese loess deposits. Quaternary Science Reviews, 13 (1): 39-70.

Drummond C N, Patterson W P, Walker J C. 1995. Climatic forcing of carbon- oxygen isotopic covariance in temperate- region marl lakes. Geology, 23 (11): 1031-1034.

Edwards R L, Chen J H, Wasserburg G J. 1987. ^{238}U-^{234}U-^{230}Th-^{232}Th systematics and the precise measurement of time over the past 500,000 years. Earth and Planetary Science Letters, 81 (2-3): 175-192.

England P, Molnar P. 1990. Surface uplift, uplift of rocks, and exhumation of rocks. Geology, 18 (12): 1173-1177.

Epstein S, Mayeda T. 1953. Variation of ^{18}O content of waters from natural sources. Geochimica et Cosmochimica Acta, 4 (5): 213-224.

Falley N. 1998. Cainozoic stratigraphy, paleoenvironments and geological evolution of the Lake Eyre Basin. Paleogeograpy, Paleoclimatology, Paleoecology, 144: 239-263.

Fan Q S, Lai Z P, Long H, et al. 2010. OSL chronology for lacustrine sediments recording high stands of Gahai Lake in Qaidam Basin, northeastern Qinghai-Tibetan Plateau. Quaternary Geochronology, 5 (2-3): 223-227.

Fang X M, Li J J, Van der Voo R. 1999. Rock magnetic and grain size evidence for intensified Asian atmospheric circulation since 800,000 years BP related to Tibetan uplift. Earth and Planetary Science Letters, 165 (1): 129-144.

Fang X, Lü L, Yang S, et al. 2002a. Loess in Kunlun Mountains and its implications on desert development and Tibetan Plateau uplift in West China. Science China- Earth Sciences, 45: 289-299.

Fang X, Shi Z, Yang S, et al. 2002b. Loess in the Tian Shan and its implications for the development of the Gurbantunggut Desert and drying of northern Xinjiang. Chinese Science Bulletin, 47: 1381-1387.

Fang X, Li M, Wang Z, et al. 2016. Oscillation of mineral compositions in Core SG-1b, western Qaidam Basin, NE Tibetan Plateau. Scientific Reports, 6 (32848): 1-7.

Folk R L, Ward W C. 1957. Brazos river bar: a study in the signification of grain size parameters. Journal of Sedimentary Petrology, 27: 3-27.

Fonneland H C, Lien T, Martinsen O J, et al. 2004. Detrital zircon ages: a key to understanding the deposition of deep marine sandstones in the norwegian sea. Sedimentary Geology, 164 (1-2): 147-159.

Fontes J C, Gasse F, Gibert E. 1996. Holocene environmental changes in Lake Bangong basin (Western Tibet). Part 1: chronology and stable isotopes of carbonates of a Holocene lacustrine core. Palaeogeography, Palaeoclimatology, Palaeoecology, 120 (1-2): 25-47.

Friedli H, Lötscher H, Oeschger H, et al. 1986. Ice core record of the $^{13}C/^{12}C$ ratio of atmospheric CO_2 in the past two centuries. Nature, 324 (6094): 237-238.

Frogley M R, Tzedakis P C, Heaton T H. 1999. Climate variability in northwest greece during the last interglacial. Science, 285 (5435): 1886-1889.

Gasse F, Fontes J C, Plaziat J C, et al. 1987. Biological remains, geochemistry and stable isotopes for the reconstruction of environmental and hydrological changes in the holocene lakes from North Sahara. Palaeogeography, Palaeoclimatology, Palaeoecology, 60: 1-46.

Gat J R. 1995. Stable isotopes of fresh and saline lakes//Lerman A, Imboden D M, Gat J R. Physics and chemistry of lakes. Heidelberg: Springer.

Ge R, Zhu W, Wilde S A, et al. 2014. Zircon U-Pb-Lu-Hf-O isotopic evidence for ⩾3.5 Ga crustal growth, reworking and differentiation in the northern Tarim Craton. Precambrian Research, 249: 115-128.

Gehrels G E, Yin A. 2003. Magmatic history of the northeastern Tibetan Plateau. Journal of Geophysical Research, 108 (B9): 2423.

Goncharenko O P. 2006. Potassic salts in Phanerozoic evaporite basins and specific features of salt deposition at the final stage of halogenesis. Lithology and Mineral Resources, 41 (4): 378-388.

Gu L X, Hu S X, Chu Q, et al. 1999. Pre-collision granites and postcollision intrusive assemblage of the Kelameili-Harlik orogenic belt. Acta Geologica Sinica, 73 (3): 316-329.

Guo Z T, Ruddiman W F, Hao Q Z, et al. 2002. Onset of Asian desertification by 22 Myr ago inferred from loess deposits in China. Nature, 416 (6877): 159-163.

Han B F, Ji J Q, Song B, et al. 2004. SHRIMP zircon U-Pb ages of Kalatongke No. 1 and Huangshandong Cu-Ni-bearing mafic-ultramafic complexes, North Xinjiang, and geological implications. Chinese Science Bulletin, 49 (22): 2424-2429.

Han B F, He G Q, Wang X C, et al. 2011. Late Carboniferous collision between the Tarim and Kazakhstan-Yili terranes in the western segment of the South Tian Shan Orogen, Central Asia, and implications for the Northern Xinjiang, western China. Earth-Science Reviews, 109: 74-93.

Han W X, Lai Z P, Fang X M, et al. 2013. Wind erosion on the north-eastern Tibetan Plateau: constrains from OSL and U-Th dating of playa salt crust in the Qaidam Basin. Earth Surface Processes and Landforms, 39: 779-789.

Han Z, Liu D, Hovan S, et al. 2002. Lightness timescale for terrestrial sediments in the past 500,000 years. Paleoceanography, 17 (3): 20-1-20-7.

Hao H, Ferguson D K, Chang H, et al. 2012. Vegetation and climate of the Lop Nur area, China, during the past 7 million years. Climatic Change, 113: 323-338.

Harrison T M, Copeland P, Kidd W S F, et al. 1992. Raising Tibet. Science, 255 (5052): 1663-1670.

Hattori Y, Suzuki K, Honda M, et al. 2003. Re-Os isotope systematics of the Taklimakan Desert sands, moraines and river sediments around the Taklimakan Desert, and of Tibetan soils. Geochimica et Cosmochimica Acta, 67 (6): 1203-1213.

Hearty P J, Tormey B R. 2017. Sea-level change and super storms: geologic evidence from late last interglacial (MIS 5e) in bahamas and bermuda offers ominous prospects for a warming earth. Marine Geology, 390: 347-365.

Hellstrom J. 2006. U-Th dating of speleothems with high initial ^{230}Th using stratigraphical constraint. Quaternary Geochronology, 1 (4): 289-295.

Hendrix M S. 2000. Evolution of mesozoic sandstone compositions, Southern Junggar, Northern Tarim, and Western Turpan Basins, Northwest China: a detrital record of the ancestral Tian Shan. Journal of Sedimentary Research, 70 (3): 520-532.

Hietpas J, Samson S, Moecher D, et al. 2011. Enhancing tectonic and provenance information from detrital zircon studies: assessing terrane-scale sampling and grain-scale characterization. Journal of the Geological Society, 168 (2): 309-318.

Holser W T, Kaplan I R. 1966. Isotope geochemistry of sedimentary sulfates. Chemical Geology, 1: 93-135.

Horita J. 2014. Oxygen and carbon isotope fractionation in the system dolomite-water-CO_2 to elevated temperatures. Geochimica et Cosmochimica Acta, 129: 111-124.

Hoskin P W O, Schaltegger U. 2003. The composition of zircon and igneous and metamorphic petrogenesis// Hanchar J M, Hoskin P W O. Zircon. Reviews in Mineralogy & Geophysics, 53: 27-62.

Hsü K J, Ryan W B F, Cita M B. 1973. Late Miocene desiccation of the Mediterranean. Nature, 242 (5395): 240-244.

Hu A Q, Wei G J. 2006. On the age of the Neo-archean qingir gray gneisses from the northern Tarim Basin, Xinjiang, China. Acta Geologica Sinica, 80 (1): 126-134.

Hu S Y, Wang S M, Appel E, et al. 2000. Environmental mechanism of magnetic susceptibility changes of lacustrine sediments from Lake Hulun, China. Science in China (Series D), 43 (5): 534-540.

Hudson A M, Quade J, Ali G, et al. 2017. Stable C, O and clumped isotope systematics and ^{14}C geochronology of carbonates from the Quaternary Chewaucan closed-basin lake system, Great Basin, USA: implications for paleoenvironmental reconstructions using carbonates. Geochimica et Cosmochimica Acta, 212: 274-302.

Jia H J, Wang J Z, Qin X G, et al. 2017. Palynological implications for Late Glacial to middle Holocene vegetation and environmental history of the Lop Nur Xinjiang Uygur Autonomous Region, northwestern China. Quaternary International, 436 (Part A): 162-169.

Jiang C Y, Cheng S L, Ye S F, et al. 2006. Lithogeochemistry and petrogenesis of Zhongposhanbei mafic rock body, at Beishan region, Xinjiang. Acta Petrologica Sinica, 22 (1): 115-126.

Jolivet M, Brunel M, Seward D, et al. 2001. Mesozoic and Cenozoic tectonics of the northern edge of the Tibetan plateau: fission-track constraints. Tectonophysics, 343 (1-2): 111-134.

Kampschulte A, Strauss H. 2004. The sulfur isotopic evolution of Phanerozoic seawater based on the analysis of structurally substituted sulfate in carbonates. Chemical Geology, 204 (3-4): 255-286.

Kelts K. 1988. Environment of depositional of lacustrine petroleum source rocks: an introduction. Geological Society Special Publications, 40 (1): 3-26.

Kelts K, Talbot M. 1990. Lacustrine carbonates as geochemical archives of environmental change and biotic/abiotic interactions//Tilzer M M, Serruya C. Large lakes. Heidelberg: Springer.

Konopelko D, Bisk G, Seltmann R, et al. 2007. Hercynian post-collisional A-type granites of the Kokshaal Range, Southern Tien Shan, Kyrgyzstan. Lithos, 97 (1-2): 140-160.

Konopelko D, Seltmann R, Biske G, et al. 2009. Possible source dichotomy of contemporaneous post-collisional barren I-type versus tin-bearing A-type granites, lying on opposite sides of the South Tien Shan suture. Ore Geology Reviews, 35 (2): 206-216.

Krijgsman W, Hilgen F J, Raffi I, et al. 2001. Chronology, causes and progression of the Messinian salinity crisis. Nature, 400 (6745): 652-655.

Kutzbach J E, Prell W L. 2001. Evolution of Asian monsoons and phased uplift of the Himalaya-Tibetan Plateau since Late Miocene times. Nature, 411 (6833): 62-66.

Kutzbach J E, Prell W L, Ruddiman W F. 1993. Sensitivity of Eurasian climate to surface uplift of the Tibetan Plateau. The Journal of Geology, 101 (2): 177-190.

LePichon X, Fournier M, Jolivet L. 1992. Kinematics, topography, shortening, and extrusion in the India-Eurasia collision. Tectonics, 11 (6): 1085-1098.

Leier A L, Kapp P, Gehrels G E, et al. 2007. Detrital zircon geochronology of Carboniferous-Cretaceous strata in the Lhasa terrane, Southern Tibet. Basin Research, 19: 361-378.

Leng M J, Marshall J D. 2004. Palaeoclimate interpretation of stable isotope data from lake sediment archives. Quaternary Science Reviews, 23 (7): 811-831.

Li J J. 1991. The environmental effects of the uplift of the Qinghai-Xizang Plateau. Quaternary Science Reviews, 10 (6): 479-483.

Li J, L M, Fang X, et al. 2017. Isotopic composition of gypsum hydration water in deep core SG-1, western Qaidam Basin (NE Tibetan Plateau), implications for paleoclimatic evolution. Global and Planetary Change, 155: 70-77.

Li M, Fang X, Yi C, et al. 2010. Evaporite minerals and geochemistry of the upper 400m sediments in a core from the western Qaidam Basin, Tibet. Quaternary International, 218 (1-2): 176-189.

Li R Q, Liu C L, Xu H M, et al. 2020. Genesis of glauberite sedimentation in Lop Nur Salt Lake-Constraints from thermodynamic simulation of the shallow groundwater in the Tarim River Basin, China. Chemical Geology, 537: 119461.

Li Z, Peng S T. 2010. Detrital zircon geochronology and its provenance implications: responses to Jurassic through Neogene basin-range interactions along northern margin of the Tarim Basin, Northwest China. Basin Research, 22 (1): 126-138.

Lisiecki L E, Raymo M E. 2005. A Pliocene-Pleistocene stack of 57 globally distributed benthic δ^{18} O records. Paleoceanography and Paleoclimatology, 20 (1): PA1003.

Liu C L, Wang M L, Jiao P C, et al. 2006. Features and formation mechanism of faults and potash-forming effect in the Lop Nur salt lake, Xinjang, China. Acta Geologica Sinica, 80 (6): 936-943.

Liu C L, Jiao P C, Lv F L, et al. 2015. The impact of the linked factors of provenance, tectonics and climate on potash formation: an example from the potash deposits of Lop Nur Depression in Tarim Basin, Xinjiang, Western China. Acta Geologica Sinica, 89 (6): 1801-1818.

Liu C L, Zhang J F, Jiao P C, et al. 2016. The Holocene history of Lop Nur and its palaeoclimate implications. Quaternary Science Reviews, 148: 163-175.

Liu D L, Fang X M, Song C H, et al. 2010. Stratigraphic and paleomagnetic evidence of mid-Pleistocene rapid deformation and uplift of the NE Tibetan Plateau. Tectonophysics, 486 (1-4): 108-119.

Liu D D, Jolivet M, Yang W, et al. 2013. Latest Paleozoic-Early Mesozoic basin-range interactions in South Tian Shan (northwest China) and their tectonic significance: constraints from detrital zircon U-Pb ages. Tectonophysics, 599: 197-213.

Liu J Y, Yang H J, Yang Y H, et al. 2012. The U-Pb chronologic evidence and sedimentary responses of Silurian tectonic activities at northeastern margin of Tarim Basin. Science China (Earth Sciences), 55 (9): 1445-1460.

Liu W, Liu Z, An Z, et al. 2014. Late Miocene episodic lakes in the arid Tarim Basin, western China. Proceedings of the National Academy of Sciences of the United States of America, 111 (46): 16292-16296.

Liu X J, Lai Z P, Fan Q S, et al. 2010. Timing of high lake levels of Qinghai Lake in the Qinghai-Tibetan

Plateau since Last Interglaciation based on quartz OSL dating. Quaternary Geochronology, 5 (2): 218-222.

Liu Y S, Hu Z C, Gao S, et al. 2008. In situ analysis of major and trace elements of anhydrous minerals by LA-ICP-MS without applying an internal standard. Chemical Geology, 257 (1-2): 34-43.

Liu Y S, Hu Z C, Zong K Q, et al. 2010. Reappraisement and refinement of zircon U-Pb isotope and trace element analyses by LA-ICP-MS. Chinese Science Bulletin, 55 (15): 1535-1546.

Liu Z, Herbert T D. 2004. High-latitude influence on the eastern equatorial pacific climate in the early pleistocene epoch. Nature, 427 (6976): 720-723.

Lowenstein T K, Hardie L A. 1985. Criteria for the recognition of salt-pan evaporites. Sedimentology, 32 (5): 627-644.

Lu H J, Xiong S F. 2009. Magnetostratigraphy of the Dahonggou section, northern Qaidam Basin and its bearing on Cenozoic tectonic evolution of the Qilian Shan and Altyn Tagh Fault. Earth and Planetary Science Letters, 288 (3-4): 539-550.

Lü H Y, Wang S M, Wu N Q, et al. 2001. A new pollen record of the last 2.8 Ma from the Co Ngoin, central Tibetan Plateau. Science in China (Series D), 44 (S1): 292-300.

Ludwig K R. 2000. Decay constant errors in U-Pb concordia-intercept ages. Chemical Geology, 166 (3-4): 315-318.

Ludwig K R, Simmons K R, Szabo B J, et al. 1992. Mass-spectrometric ^{230}Th-^{234}U-^{238}U dating of the Devils Hole calcite vein. Science, 258 (5080): 284-288.

Lukens C E, Carrapa B, Singer B S, et al. 2012. Miocene exhumation of the pamir revealed by detrital geothermochronology of Tajik rivers. Tectonics, 31 (2): TC2014.1-TC2014.12.

Luo C, Yang D, Peng Z, et al. 2008. Multi-proxy evidence for late Pleistocene-Holocene climatic and environmental changes in Lop-Nur, Xinjiang, Northwest China. Chinese Journal of Geochemistry, 27 (3): 257-264.

Luo C, Peng Z C, Yang D, et al. 2009. A lacustrine record from Lop Nur, Xinjiang, China: implications for paleoclimate change during Late Pleistocene. Journal of Asian Earth Sciences, 34 (1): 38-45.

Luo S, Ku T L. 1991. U-series isochron dating: a generalized method employing total-sample dissolution. Geochimica et Cosmochimica Acta, 55 (2): 555-564.

Ma C M, Wang F B, Cao Q Y, et al. 2008. Climate and environment reconstruction during the medieval warm period in Lop Nur of Xinjiang, China. Chinese Science Bulletin, 53 (19): 3016-3027.

Ma Y Z, Fang X M, Li J J, et al. 2005. The vegetation and climate change during Neocene and Early Quaternary in Jiuxi Basin, China. Science in China (Series D), 48 (5): 676-688.

Madsen D B, Ma H Z, Rhode D, et al. 2008. Age constraints on the late Quaternary evolution of Qinghai Lake, Tibetan Plateau. Quaternary Research, 69: 316-325.

Magee J W, Miller G H. 1998. Lake Eyre paleohydrology from 60ka to the present: beach ridges and glacial maximum aridit. Paleogeography, Paleoclimatology, Paleoecology, 144: 307-329.

Malusà M G, Carter A, Limoncelli M, et al. 2013. Bias in detrital zircon geochronology and thermochronometry. Chemical Geology, 359 (6): 90-107.

Mao J W, Pirajno F, Zhang Z H, et al. 2006. Late Variscan Post-collisional Cu-Ni sulfide deposits in east Tianshan and Altay in China: principal characteristics and possible relationship with mantle plume. Acta Geologica Sinica, 80: 925-942.

Mcbride M O, Hayes E F. 1962. Dune cross-bedding on Mustang Island, Texas: geological notes. American Association of Petroleum Geologists Bulletin, 46 (4): 546-551.

McCulloch M T, Mortimer G E. 2008. Applications of the ^{238}U-^{230}Th decay series to dating of fossil and modern corals using MC-ICPMS. Australian Journal of Earth Sciences, 55 (6-7): 955-965.

Mckenzie J A. 1985. Carbon isotopes and productivity in the lacustrine and marine environment//Stumm W. Chemical processes in lakes. Toronto: Wiley.

Miao Y, Fang X, Herrmann M, et al. 2011. Miocene pollen record of KC-1 core in the Qaidam Basin, NE Tibetan Plateau and implications for evolution of the East Asian monsoon. Palaeogeography, Palaeoclimatology, Palaeoecology, 299 (1): 30-38.

Miller K G, Fairbanks R G, Mountain G S. 1987. Tertiary oxygen isotope synthesis, sea level history, and continental margin erosion. Paleoceanography and Paleoclimatology, 2 (1): 1-19.

Mischke S, Liu C L, Zhang J F, et al. 2017. The world's earliest Aral-Sea type disaster: the decline of the Loulan Kingdom in the Tarim Basin. Scientific Reports, 7: 43102.

Moecher D P, Samson S D. 2006. Differential zircon fertility of source terranes and natural bias in the detrital zircon record: implications for sedimentary provenance analysis. Earth and Planetary Science Letters, 247 (3): 252-266.

Molnar A, Melnyk C W, Bassett A, et al. 2010. Small silencing RNAs in plants are mobile and direct epigenetic modification in recipient cells. Science, 328 (5980): 872-875.

Molnar P. 2005. Mio-Pliocene growth of the Tibetan Plateau and evolution of East Asian climate. Palaeontologia Electronica, 8 (1): 1-23.

Mudelsee M, Schulz M. 1997. The Mid-Pleistocene climate transition: onset of 100 ka cycle lags ice volume build-up by 280 ka. Earth and Planetary Science Letters, 151 (1-2): 117-123.

Nie J, Peng W, Möller A, et al. 2001. Provenance of of the Himalaya-Tibetan plateau since Late Miocene times. Nature, 411 (6833): 62-66.

Nie J, King J, Fang X. 2008a. Link between benthic oxygen isotopes and magnetic susceptibility in the red-clay sequence on the Chinese Loess Plateau. Geophysical Research Letters, 35 (3): L03703. 1-L03703. 5.

Nie J S, King J W, Fang X M. 2008b. Late Pliocene-early Pleistocene 100-ka problem. Geophysical Research Letters, 35 (21): 21606.

Nie J, Peng W, Möller A, et al. 2014. Provenance of the upper miocene-pliocene red clay deposits of the chinese loess plateau. Earth and Planetary Science Letters, 407 (407): 35-47.

Osmond J K, Cowart J B. 1976. The theory of uses of natural uranium isotopic variations in hydrology. Atomic Energy Review, 14 (4): 621-679.

Pälike H, Hilgen F. 2008. Rock clock synchronization. Nature Geoscience, 1: 282.

Pan B, Wang J, Gao H, et al. 2005. Paleomagnetic dating of the topmost terrace in Kouma, Henan and its indication to the Yellow River's running through Sanmen Gorges. Chinese Science Bulletin, 50 (7): 657-664.

Parris A S, Bierman P R, Noren A J, et al. 2010. Holocene paleostorms identified by particle size signatures in lake sediments from the northeastern United States. Journal of Paleolimnology, 43 (1): 29-49.

Parrish J T. 1993. Climate of the Supercontinent Pangea. The Journal of Geology, 101 (2): 215-233.

Peng Z, Liu W, Zhang P, et al. 2001. Precise timing of lacustrine gypsum in Luobubo, Xinjiang using the thermal ionization mass spectrometry U-series method. Chinese Science Bulletin, 46 (18): 1538-1541.

Pereira M F, Gama C, Chichorro M, et al. 2016. Evidence for multi-cycle sedimentation and provenance constraints from detrital zircon U-Pb ages: Triassic strata of the Lusitanian basin (western Iberia). Tectonophysics, 681 (8): 318-331.

Phillips F M, Zreda M G, Ku T L, et al. 1993. ^{230}Th/^{234}U and ^{36}Cl dating of evaporite deposits from the western

Qaidam Basin, China: implications for glacial- period dust export from Central Asia. Geological Society of America Bulletin, 105 (12): 1606-1616.

Porter S C, An Z S. 1995. Correlation between climate events in the North Atlantic and China during the last glaciation. Nature, 375: 305-308.

Prins M A, Vriend M, Nugteren G, et al. 2007. Late Quaternary aeolian dust input variability on the Chinese Loess Plateau: inferences from unmixing of loess grain- size records. Quaternary Science Reviews, 26 (1-2): 230-242.

Qiang X K, Li Z X, Powell C, et al. 2001. Magnetostratigraphic record of the Late Miocene onset of the East Asia monsoon, and Pliocene uplift of northern Tibet. Earth and Planetary Sciences Letters, 187: 83-93.

Qiang X K, An Z S, Song Y G, et al. 2011. New eolian red clay sequence on the western Chinese Loess Plateau linked to onset of Asian desertification about 25 Ma ago. Science China Earth Sciences, 54 (1): 136-144.

Qiao Y, Guo Z, Hao Q, et al. 2003. Loess-soil sequences in southern Anhui Province: magnetostratigraphy and paleoclimatic significance. Chinese Science Bulletin, 48 (19): 2088-2093.

Qin K Z, Su B X, Sakyi P A, et al. 2011. SIMS zircon U-Pb geochronology and Sr-Nd isotopes of Ni-Cu-Bearing Mafic- Ultramafic Intrusions in Eastern Tianshan and Beishan in correlation with flood basalts in Tarim Basin (NW-China): contraints on a ca. 280Ma mantle plume. American Journal of Science, 311 (3): 237-260.

Ramsey C B. 2001. Development of the radicocarbon calibration program. Radiocarbon, 43 (2A): 355-363.

Raymo M E, Ruddiman W F. 1992. Tectonic forcing of late Cenozoic climate. Nature, 359 (6391): 117.

Raymo M E, Ruddiman W F, Froelich P N. 1988. Influence of late Cenozoic mountain building on ocean geochemical cycles. Geology, 16 (7): 649-653.

Rea D K. 1992. Delivery of Himalayan sediment to the Northern Indian Ocean and its relation to global climate, sea level, uplift, and seawater strontium. Geophys Monogr, 70: 387-420.

Rea D K, Snoeckx H, Joseph L H. 1998. Late Cenozoic eolian deposition in the North Pacific: Asian drying, Tibetan uplift, and cooling of the northern hemisphere. Paleoceanography, 13 (3): 215-224.

Rhode D, Ma H, Madsen D B, et al. 2010. Paleoenvironmental and archaeological investigations at Qinghai Lake, Western China: geomorphic and chronometric evidence of lake level history. Quaternary International, 218 (1): 29-44.

Rink W J, Bartoll J, Schwarc H P, et al. 2007. Testing the reliability of ESR dating of optically exposed buried quartz sediments. Radiation Measurements, 42 (10): 1618-1626.

Risacher F, Clement A. 2001. A computer program for the simulation of evaporation of natural waters to high concentration. Computers & Geosciences, 27 (2): 191-201.

Rittner M, Vermeesch P, Carter A, et al. 2016. The provenance of Taklamakan desert sand. Earth and Planetary Science Letters, 437: 127-137.

Ritts B D, Yue Y, Graham S A, et al. 2008. From sea level to high elevation in 15 million years: uplift history of the northern Tibetan Plateau margin in the Altun Shan. American Journal of Science, 308 (5): 657-678.

Robinson L F, Henderson G M, Slowey N C. 2002. U-Th dating of marine isotope stage 7 in Bahamas slope sediments. Earth and Planetary Science Letters, 196 (3): 175-187.

Rowley D B, Currie B S. 2006. Palaeo- altimetry of the late Eocene to Miocene Lunpola basin, central Tibet. Nature, 439 (7077): 677-681.

Rowley D B, Garzione C N. 2007. Stable isotope- based paleoaltimetry. Annual Review of Earth and Planetary Sciences, (35): 463-508.

Rubinson M, Clayton R N. 1969. Carbon- 13 fractionation between aragonite and calcite. Geochimica et

Cosmochimica Acta, 33 (8): 997-1002.

Ruddiman W F, Kutzbach J E. 1989. Forcing of late Cenozoic Northern Hemisphere climate by plateau uplift in southern Asia and the American West. Journal of Geophysical Research Atmospheres, 94 (D15): 18409-18427.

Ségalen L, Lee-Thorp J A, Cerling T. 2007. Timing of C4 grass expansion across sub-saharan Africa. Journal of Human Evolution, 53 (5): 549-559.

Shackleton N J, Berger A, Peltier W R. 1990. An alternative astronomical calibration of the lower Pleistocene timescale based on ODP Site 677. Earth and Environmental Science Transactions of the Royal Society of Edinburgh, 81 (4): 251-261.

Shu L S, Deng X L, Zhu W B, et al. 2011. Precambrian tectonic evolution of the Tarim Block, NW China: new geochronological insights from the Quruqtagh domain. Journal of Asian Earth Sciences, 42 (5): 774-790.

Si J, Li H, Pei J, et al. 2009. Uplift of northwest margin of Tibetan Plateau: indicated by zircon LA-ICP-MS U-Pb dating of conglomerate from Mazartagh, Tarim basin. Journal of Earth Science, 20 (2): 401-416.

Sircombe K N, Freeman M J. 1999. Provenance of detrital zircons on the western australia coastline—implications for the geologic history of the Perth Basin and denudation of the Yilgarn Craton. Geology, 27 (10): 879.

Sláma J, Kosler J, Condon D J, et al. 2008. Plešovice zircon—A new natural reference material for U-Pb and Hf isotopic microanalysis. Chemical Geology, 249: 1-35.

Slowey N C, Henderson G M, Curry W B. 1996. Direct U-Th dating of marine sediments from the two most recent interglacial periods. Nature, 383 (6597): 242.

Sobel E R, Arnaud N. 1999. A possible middle Paleozoic suture in the Altyn Tagh, NW China. Tectonics, 18 (1): 64-74.

Spicer R A, Harris N B W, Widdowson M, et al. 2003. Constant elevation of southern Tibet over the past 15 million years. Nature, 421 (6923): 622-624.

Stevens T, Carter A, Watson T P, et al. 2013. Genetic linkage between the Yellow River, the Mu Us desert and the Chinese Loess Plateau. Quaternary Science Reviews, 78 (19): 355-368.

Stirling C H, Esat T M, McCulloch M T, et al. 1995. High-precision U-series dating of corals from Western Australia and implications for the timing and duration of the Last Interglacial. Earth and Planetary Science Letters, 135 (1-4): 115-130.

Strauss H. 1999. Geological evolution from isotope proxy signals-sulfur. Chemical Geology, 161 (1): 89-101.

Stuiver M. 1970. Oxygen and carbon isotope ratios of fresh-water carbonates as climatic indicators. Journal of Geophysical Research, 75 (27): 5247-5257.

Su B X, Qin K Z, Sakyi P A, et al. 2010a. Geochemistry and geochronology of acidic rocks in the Beishan region, NW China: petrogenesis and tectonic implications. Journal of Asian Earth Sciences, 41: 31-43.

Su B X, Qin K Z, Sakyi P A, et al. 2010b. U-Pb ages and Hf-O isotopes of zircons from Late Paleozoic mafic ultramafic units in the southern Central Asian Orogenic Belt: tectonic implications and evidence for an Early-Permian mantle plume. Gondwana Research, 20: 516-531.

Sun D H, Shaw J, An Z S, et al. 1998. Magnetostratigraphy and paleoclimatic interpretation of a continuous 7.2 Ma Late Cenozoic eolian sediments from the Chinese Loess Plateau. Geophysical Research Letters, 25 (1): 85-88.

Sun J, Zhang L, Deng C, et al. 2008. Evidence for enhanced aridity in the Tarim Basin of China since 5.3 Ma. Quaternary Science Reviews, 27 (9-10): 1012-1023.

Sun J, Lü T, Gong Y, et al. 2013. Effect of aridification on carbon isotopic variation and ecologic evolution at 5.3

Ma in the Asian interior. Earth and Planetary Science Letters, 380: 1-11.

Sun J M, Liu T S. 2006. The age of the Taklimakan Desert. Science, 312 (5780): 1621.

Sun J M, Jiang M S. 2013. Eocene seawater retreat from the southwest Tarim Basin and implications for early Cenozoic tectonic evolution in the Pamir Plateau. Tectonophysics, 588: 27-38.

Sun J M, Zhang Z Q, Zhang L Y. 2009. New evidence on the age of the Taklimakan Desert. Geology, 37: 159-162.

Sun J M, Ye J, Wu W Y, et al. 2010. Late Oligocene-Miocene mid-latitude aridification and wind patterns in the Asian interior. Geology, 38 (6): 515-518.

Sun J M, Gong Z J, Tian Z H, et al. 2015a. Late Miocene stepwise aridification in the Asian interior and the interplay between tectonics and climate. Palaeogeography, Palaeoclimatology, Palaeoecology, 421: 48-59.

Sun J M, Alloway B, Fang X, et al. 2015b. Refuting the evidence for an earlier birth of the Taklimakan Desert. Proceedings of the National Academy of Sciences, 112: 5556-5557.

Sun J M, Windley B F, Zhang Z L, et al. 2016. Diachronous seawater retreat from the southwestern margin of the Tarim Basin in the late Eocene. Journal of Asian Earth Sciences, 116: 222-231.

Sun J M, Liu W G, Liu Z H, et al. 2017. Extreme aridification since the beginning of the Pliocene in the Tarim Basin, western China. Palaeogeography, Palaeoclimatology, Palaeoecology, 485: 189-200.

Sun X H, Zhao Y J, Liu C L, et al. 2017. Paleoclimatic information recorded in fluid inclusions in halites from Lop Nur, Western China. Sci Rep 7, 16411. https://doi.org/10.1038/s41598-017-16619-4.

Sun X J, Wang P X. 2005. How old is the Asian monsoon system? Palaeobotanical records from China. Palaeogeography, Palaeoclimatology, Palaeoecology, 222 (3): 181-222.

Sun X H, Hu M Y, Liu C L et al. 2013. Composition determination of single fluid inclusions in salt minerals by laser ablation ICP-MS. Chinese Journal of Analytical Chemistry, 41 (2): 235-241.

Sun Y, An Z. 2005. Late Pliocene-Pleistocene changes in mass accumulation rates of eolian deposits on the central Chinese Loess Plateau. Journal of Geophysical Research, 110 (D23). https://doi.org/10.1029/2005JD006064.

Sun Z, Feng X, Li D, et al. 1999. Cenozoic ostracoda and palaeoenvironments of the northeastern Tarim Basin, Western China. Palaeogeography, Palaeoclimatology, Palaeoecology, 148 (1-3): 37-50.

Sun Z, Yang Z, Pei J, et al. 2005. Magnetostratigraphy of Paleogene sediments from northern Qaidam Basin, China: implications for tectonic uplift and block rotation in northern Tibetan plateau. Earth and Planetary Science Letters, 237 (3): 635-646.

Talbot M R. 1990. A review of the palaeohydrological interpretation of carbon and oxygen isotopic ratios in primary lacustrine carbonates. Chemical Geology: Isotope Geoscience Section, 80 (4): 261-279.

Tapponnier P, Zhiqin X, Roger F, et al. 2001. Oblique stepwise rise and growth of the Tibet plateau. Science, 294 (5547): 1671-1677.

Taylor S R, Mclennan S M. 1985. The continental crust: its composition and evolution, an examination of the geochemical record preserved in sedimentary rocks. Journal of Geology, 94 (4): 632-633.

Thomas W A. 2011. Detrital-zircon geochronology and sedimentary provenance. Lithosphere, 3 (4): 304-308.

Thompson L G. 1997. Tropical climate instability: the last glacial cycle from a Qinghai-Tibetan ice core. Science, 276 (5320): 1821-1825.

Tian J, Zhao Q, Wang P, et al. 2008. Astronomically modulated neogene sediment records from the South China Sea. Paleoceanography and Paleoclimatology, 23 (3): PA3210.

Vengosh A, Chivas A R, Staringsky A, et al. 1995. Chemical and boron isotope compositions of nonmarine brines from the Qaidam Basin, Qinghai, China. Chemical Geology, 120 (1): 135-154.

Vermeesch P. 2013. Multi-sample comparison of detrital age distributions. Chemical Geology, 341 (2): 140-146.

Wan T F. 2012. The tectonics of China: data, maps and evolution. Heidelberg: Springer.

Wang M L, Pu Q Y, Liu C L, et al. 2000. Quaternary climate and environment in the Lop Nur, Xinjiang. Acta Geologica Sinica, 74 (2): 273-278.

Wang M L, Liu C L, Jiao P C, et al. 2005. Minerogenic theory of the superlarge Lop Nur potash deposit, Xinjiang, China. Acta Geologica Sinica, 79: 53-65.

Wang Y J, Cheng H, Edwards R L, et al. 2001. A high-resolution absolute-dated late Pleistocene monsoon record from Hulu Cave, China. Science, 294 (5550): 2345-2348.

Warren J K. 2006. Evaporites: Sediments, resources and hydrocarbons. Heidelberg: Springer.

Warren J K. 2010. Evaporites through time: tectonic, climatic and eustatic controls in marine and nonmarine deposits. Earth Science Reviews, 98 (3): 217-268.

Wiedenbeck M, Alle P, Corfu F, et al. 1995. Three natural zircon standards for U-Th-Pb, Lu-Hf, trace element and REE analyses. Geostandards and Geoanalytical Research, 19 (1): 1-23.

Winograd I, Coplen T, Landwehr J, et al. 1992. Continuous 500,000 year climate record from vein calcite in Devils Hole, Nevada. Science, 258 (5080): 255-260.

Wu F, Fang X, Herrmann M, et al. 2011. Extended drought in the interior of Central Asia since the Pliocene reconstructed from sporopollen records. Global and Planetary Change, 76: 16-21.

Wu Y, Zheng Y. 2004. Genesis of zircon and its constraints on interpretation of U-Pb age. Chinese Science Bulletin, 49 (15): 1554-1569.

Xiao H, Han W, Guo F. 2013. The tectonic and uplift history of the kuruketage area in the North-East edge of the Tarim Basin, China: constraints from detrital zircon and apatite fission track data. Applied Mechanics and Materials, 330: 1067-1070.

Xiao J, Jin Z D, Wang J, et al. 2015. Hydrochemical characteristics, controlling factors and solute sources of groundwater within the tarim river basin in the extreme arid region, NW Tibetan plateau. Quaternary International, 380-381 (5): 237-246.

Xu B, Xiao S, Zou H, et al. 2009. SHRIMP zircon U-Pb age constraints on Neoproterozoic Quruqtagh diamictites in NW China. Precambrian Research, 168 (3): 247-258.

Yang B, Wang J, Bräuning A, et al. 2009. Late Holocene climatic and environmental changes in arid central Asia. Quaternary International, 194 (1-2): 68-78.

Yang D, Peng Z C, Luo C, et al. 2013. High-resolution pollen sequence from Lop Nur, Xinjiang, China: implications on environmental changes during the late Pleistocene to the early Holocene. Review of Palaeobotany and Palynology, 192: 32-41.

Yang J, Wu C, Zhang J, et al. 2006. Protolith of eclogites in the north qaidam and altun uhp terrane, NW China: earlier oceanic crust? Journal of Asian Earth Sciences, 28 (2-3): 185-204.

Yang W, Jolivet M, Dupont-Nivet G, et al. 2013. Source to sink relations between the Tian Shan and Junggar Basin (northwest China) from Late Palaeozoic to Quaternary: evidence from detrital U-Pb zircon geochronology. Basin Research, 25: 219-240.

Yang X, Zhu B, White P D. 2007. Provenance of aeolian sediment in the Taklamakan Desert of western China, inferred from REE and major-elemental data. Quaternary International, 175 (1): 71-85.

Yin A, Rumelhart P E, Butler R, et al. 2002. Tectonic history of the Altyn Tagh fault system in northern Tibet inferred from Cenozoic sedimentation. Geological Society of America Bulletin, 114 (114): 1257-1295.

Yu H B, Remer L A, Chin M, et al. 2012. Aerosols from overseas rival domestic emissions over North

America. Science, 337: 566-569.

Zachos J, Pagani M, Sloan L, et al. 2001. Trends, rhythms, and aberrations in global climate 65 Ma to present. Science, 292 (5517): 686-693.

Zeebe R E. 2010. A new value for the stable oxygen isotope fractionation between dissolved sulfate ion and water. Geochimica et Cosmochimica Acta, 74: 818-828.

Zhang C L, Xu Y G, Li Z X, et al. 2010. Diverse Permian magmatism in the Tarim Block, NW China: genetically linked to the Permian Tarim mantle plume? Lithos, 119 (3-4): 537-552.

Zhang J F, Liu C L, Wu X H, et al. 2012. Optically stimulated luminescence and radiocarbon dating of sediments from Lop Nur (Lop Nor), China. Quaternary Geochronology, 10: 150-155.

Zhao J X, Wang Y J, Collerson K D, et al. 2003. Speleothem U-series dating of semi-synchronous climate oscillations during the last deglaciation. Earth and Planetary Science Letters, 216 (1): 155-161.

Zhao J X, Yu K F, Feng Y X. 2009. High-precision ^{238}U-^{234}U-^{230}Th disequilibrium dating of the recent past: a review. Quaternary Geochronology, 4 (5): 423-433.

Zhao Z J, Fang X M, Li J J, et al. 2001. Paleomagnetic dating of the Jiuquan Gravel in the Hexi Corridor: implication on mid-Pleistocene uplift of the Qinghai-Tibetan Plateau. Chinese Science Bulletin, 46 (23): 2001-2005.

Zhao Z, Zhang Z, Santosh M, et al. 2015. Early paleozoic magmatic record from the northern margin of the tarim craton: further insights on the evolution of the central Asian Orogenic Belt. Gondwana Research, 28 (1): 328-347.

Zheng H B, Powell C M, Rea D K, et al. 2004. Late Miocene and Mid-Pliocene enhancement of the East Asian monsoon as viewed from the land and sea. Global and Planetary Change, 41 (3-4): 147-155.

Zheng H, Tada R, Jia J, et al. 2009. Cenozoic sediments in the southern Tarim Basin: implications for the uplift of northern Tibet and evolution of the Taklimakan Desert. Geological Society London Special Publications, 342 (1): 67-78.

Zheng H, Wei X, Tada R, et al. 2015. Late Oligocene-early miocene birth of the Taklimakan Desert. Proceedings of the National Academy of Sciences, 112 (25): 7662-7667.